经典译丛·电力电子学

隔离式直流-直流变换器软开关技术

Soft Commutation Isolated DC-DC Converters

[巴西] Ivo Barbi
Fabiana Pöttker 著

文天祥 译

電子工業出版社
Publishing House of Electronics Industry
北京·BEIJING

内 容 简 介

本书详细介绍了隔离式直流-直流（DC-DC）变换器中的软开关技术。作为提高电源效率的主要手段之一，软开关技术一直备受推崇，本书对隔离式 DC-DC 变换器的软开关过程、时序，以及开关参数的量化都有详尽的分析，从最简单的谐振变换器入手，对半桥、全桥、三电平、非对称半桥、有源钳位正激等多种拓扑的软开关技术分章加以介绍，囊括了当前电力电子/电源设计中常用的电路结构。

本书适合作为电力电子专业本科高年级、研究生的专业课教材，也可以为电力电子/电源设计工程人员等提供参考。

图书在版编目（CIP）数据

隔离式直流-直流变换器软开关技术 /（巴西）伊沃・巴尔比（Ivo Barbi），（巴西）法比亚纳・波特克尔（Fabiana Pottker）著；文天祥译. —北京：电子工业出版社，2021.6
（经典译丛・电力电子学）
书名原文：Soft Commutation Isolated DC-DC Converters
ISBN 978-7-121-41328-5

I. ①隔… II. ①伊… ②法… ③文… III. ①交流-直流变换器—高等学校—教材 IV. ①TM933.14

中国版本图书馆 CIP 数据核字（2021）第 110627 号

责任编辑：杨　博
印　　刷：天津千鹤文化传播有限公司
装　　订：天津千鹤文化传播有限公司
出版发行：电子工业出版社
　　　　　北京市海淀区万寿路 173 信箱　　邮编：100036
开　　本：787×1092　1/16　印张：15.25　字数：390 千字
版　　次：2021 年 6 月第 1 版
印　　次：2021 年 6 月第 1 次印刷
定　　价：79.00 元

凡所购买电子工业出版社图书有缺损问题，请向购买书店调换。若书店售缺，请与本社发行部联系，联系及邮购电话：（010）88254888，88258888。

质量投诉请发邮件至 zlts@phei.com.cn，盗版侵权举报请发邮件至 dbqq@phei.com.cn。

本书咨询联系方式：yangbo2@phei.com.cn。

推　荐　序

第一次听说 Barbi 教授是在我读研究生的时候，那时知道 Barbi 教授在三电平 DC-DC 方面做了很多开创性的工作。十几年弹指一挥间，电力电子拓扑及其控制发生了翻天覆地的变化。功率器件也从传统的硅基向宽禁带方向发展。随着开关频率的逐渐提高，为了降低开关损耗，软开关技术变得越来越重要和必要。本书英文版在 Springer 出版社出版，为了国内的电力电子工程师、研究工作者、学生可以更清晰和便捷地学习这本书的内容，文天祥先生翻译了本书。

本书第 1 章以晶闸管为开关器件，探讨了晶闸管和阻、感、容组成的基本电路。第 2 章和第 3 章讲述了串联谐振变换器，系统的闭环通过调节开关频率实现。对于串联谐振变换器第 4 章增加了辅助开关管，实现在定频开关频率下闭环控制。第 5 章对于开关频率高于谐振频率情况下的串联谐振进行了研究，实现了 ZVS 软开关。在串联谐振的基础上，第 6 章详细阐述了 LLC 谐振变换器，这是一个目前无论在学术界和工业界都在关注的拓扑，具有强大的生命力。该章的分析对于该变换器的工作原理、关键参数的设计提供了重要的参考。第 7 章、第 8 章研究了 ZVS-PWM 全桥变换器，目前在中、大功率的宽增益变换场合依然占据重要的位置。第 9 章阐述了中点钳位型三电平 ZVS-PWM 变换器，对于低压器件应用在高压场合提供了重要的参考。第 10 章讨论了非对称 ZVS-PWM 半桥变换器。第 11 章对于有源钳位 ZVS-PWM 正激变换器进行了研究，当然有源钳位也可以用在其他拓扑如反激中。软开关技术的发展经历了螺旋式上升的过程，在问题中寻找答案，在答案中提出新的问题。

本书对于软开关 DC-DC 变换器进行了多维度的分析，为电力电子的从业者提供了重要的参考。今天电力电子的软开关技术早已从学术殿堂进入到很多工业应用的变换器中，在效率提升、电磁兼容性和变换器的可靠性方面厥功至伟。当然 DC-DC 软开关的理论和方法也可以拓展到 AC-DC 及 DC-AC 变换器中，先进和高速数字控制和宽禁带器件的发展，不断丰富和发展着软开关技术，新的软开关的形式也推陈出新，但是万变不离其宗。电力电子的先行者们如 Barbi 教授一直辛勤耕耘，推动着软开关技术的发展，不断地激发电力电子研发人员的灵感。一本好的专业图书值得细细品味、慢慢琢磨，随着工程经验的进一步丰富，才有豁然开朗、原来如此的感慨。期待着更多电力电子人能够从本书中汲取营养和力量，推动电能变换的更加绿色化和高效化。

沙德尚

2019.11 于延园

译 者 序

在电力电子的发展过程中，变换器的高效率一直是业界追求的目标。电源变换器从最开始笨重的工频功率变换，经历了硅基器件的发展和成熟，到现今的宽禁带器件开始全面应用，无一不在为高效率、低损耗的变换器设计而努力。本文以软开关技术为主线，并贯穿全书，对当前主流的软开关拓扑进行了详细的理论分析和数值推导，建立了软开关技术理论数值分析的基本流程。

全书共 11 章，从二极管、晶闸管及电阻、电容、电感器件构成的基本开关电路开始，对串联谐振变换器及其改进结构，包括目前流行的 LLC 拓扑、非对称半桥拓扑，调频控制和定频软开关管控制均有分析，对大中功率的全桥式软开关电路、三电平拓扑的工作原理、软开关过程进行了详细分析，最后对有源钳位正激电路进行了探讨，这同样可以应用到目前广泛使用的有源钳位反激拓扑中。在每一章中，都提供了具体的实例数值计算、仿真分析对比，为读者呈现了完整的知识体系。

本书原作者 Ivo Barbi 教授在软开关、多电平拓扑上建树颇丰。在本书的翻译过程中，我有幸得到北京理工大学研究员、博士生导师沙德尚教授作推荐序，沙教授长期从事高效电力电子变换技术研究，其专业知识的深度和广度令我钦佩。感谢好友长崎大学博士王吉喆、台达电子徐朋、戴尔张远征、方正芯源张正，以及符致华、杨帅、张珅华、曹珂杰等在专业术语方面给出的宝贵建议。感谢电子工业出版社杨博编辑的专业编校，使本书得以顺利出版。感谢妻子和 Jerry 小夕宝(正在慢慢长大变成大夕宝了)的陪伴，让我安心完成此书的翻译工作。

如书中翻译或理解存在不足，也请提出宝贵建议，可以通过邮箱 eric.wen.tx@gmail.com 或在微信公众号（Aladdin 阿拉丁）中给予反馈，同时我在公众号中给出了一些相关参考文献。希望本书的出版能为电力电子界工程、学术研究人员在电源变换领域提供有意义的指导。

文天祥

2020 年 12 月于上海

前　言[①]

电力电子学是一门利用功率半导体器件作为开关来进行电能处理的一门应用科学。20 世纪以来，利用静态功率变换器来处理和控制电能已经发展成为与社会经济极为相关的重要技术。与之前的技术相比，电力电子器件具有许多优点，如更低的成本，更高的效率和功率密度，且控制简单。

静态功率变换器根据输入和输出是交流的还是直流的，可以分成四种类型：DC-DC 变换器、AC-DC 变换器、DC-AC 变换器和 AC-AC 变换器。DC-DC 变换器将直流电源变换成另一种直流电源，它可以是单向转换也可以是双向转换，可以是隔离的也可以是非隔离的。其功率范围可以从几瓦到几百千瓦，电压范围可以从几伏到数十千伏。

DC-DC 变换器广泛用于个人计算机、手机、电动汽车、照明、轨道交通系统、微电网、医疗设备、航空航天等许多领域。

为了提高隔离式 DC-DC 变换器的效率，软开关换流是一种重要的方法，特别是在高功率密度应用场合。

作者撰写本书的目的是给读者提供目前最常见的单向隔离式 DC-DC 软开关变换器的工作过程的描述和定量分析，研究其软开关换流过程，对变换器定量分析和数学分析，以及对开关参数的量化。

本书基于作者在巴西两所大学多年的教学经验转化而来：圣卡塔琳娜联邦大学（USFC）和巴拉那州联邦理工大学（UTFPR）的研究生和本科生的电气工程课程。因此，本书为电力电子工程师、相关专业的本科生和研究生，以及大学和研究机构的工作人员提供了有意义的参考。

在本书的策划和写作过程中，我们得到了许多人的帮助，特别是我们的研究生，他们连续几届作为教材使用，帮助我们改进了文字内容、工作方法，以及教学方式。

Florianópolis, Santa Catarina, Brazil　　Ivo Barbi
Curitiba, Paraná, Brazil　　Fabiana Pöttker
June 2018

① 本书部分符号和电路图与原书保持一致。

目　录

致　　谢

Ivo Barbi 对 José Airton Beckhäuser Filho, Leonardo Freire Pacheco, Guilherme Martins Leandro 和 Ygor Pereira Marca 的帮助予以感谢！

Fabiana Pöttker 感谢巴拉那州联邦理工大学给予足够的时间和三个月的休假，得以完成此书的写作。

第1章　基本开关电路

符　号　表

V_i	输入直流电压
E_1	直流电压
v_C	电容电压
i_C	电容电流
v_L	电感电压
v_R	电阻电压
v_S	开关管电压
λ	时间常数
S	开关(管)
D	二极管
T，T_1，T_2	晶闸管
I_o，$i_L(\infty)$	稳态电感电流
$v_L(\infty)$，$v_R(\infty)$	稳态时的电感电压和电阻电压
W	能量
t_f	能量恢复时区
N_1，N_2	变压器原边侧和副边侧的匝数
L_m	变压器励磁电感
L'_m	折算到变压器副边侧的励磁电感
v_1，v_2	变压器原边侧电压和副边侧电压
Δt_1，Δt_2	时区1和时区2
i_1, i_2	时区1和时区2的电流
I_1，I_2	时区1和时区2的初始电流
V_1	折算到变压器副边侧的输入直流电压
V_{C0}，I_{L0}	电容和电感初始状态

1.1　引言

本章将对基本的电子电路以及开关电路进行分析，为后续章节奠定基础。对于这些静态变换器的每个工作时区的拓扑结构，用一阶和二阶等效电路进行呈现。此外，在数学分析过程中，所有的半导体器件均视为理想器件。

1.2　RC和RL直流电路

在本节中，分析了含有开关管、二极管，以及晶闸管的RC和RL直流电路。

1.2.1　串联晶闸管的 RC 直流电路

本节所分析的电路如图 1.1 所示。

在时刻 $t = 0\text{s}$，晶闸管 T 被触发导通，所以电流源 V_i 与 RC 电路串联。因为此电路中仅有一个能量存储元件，所以这是一个一阶电路。考虑到电容电压初始条件［$v_C(0)=0$］，可以写出式(1.1)和式(1.2)：

$$V_i = v_C(t) + Ri_C(t) \tag{1.1}$$

$$i_C(t) = C\frac{dv_C(t)}{dt} \tag{1.2}$$

将式(1.2)代入式(1.1)有

$$V_i = v_C(t) + RC\frac{dv_C(t)}{dt} \tag{1.3}$$

求解方程(1.3)，可得

$$v_C(t) = V_i(1 - e^{-\frac{t}{\lambda}}) \tag{1.4}$$

电容电流可以由下式给出

$$i_C(t) = C\frac{dv_C(t)}{dt} = \frac{V_i}{R}e^{-\frac{t}{\lambda}} \tag{1.5}$$

式中，$\lambda = RC$ 为电路时间常数。

电容电压和电流波形如图 1.2 所示，最开始电容初始化放电，电压 V_i 加在电阻上，从而电流为 V_i / R。因为电容被充电，电流减小，在稳态时(大约经过 $t = 5\lambda$ 的时间)电流达到零，晶闸管自动关断。

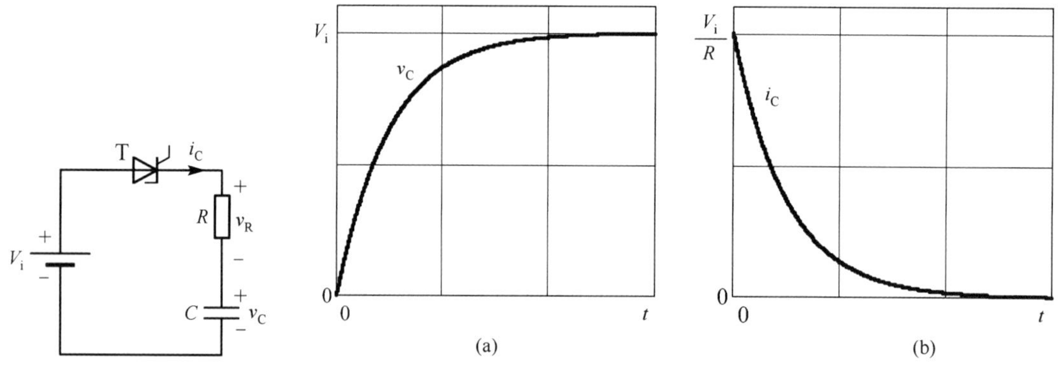

图 1.1　串联 RCT 电路

图 1.2　电容电压和电流波形

1.2.2　串联晶闸管的 RL 直流电路

本节所分析的电路如图 1.3 所示。

在初始状态 $t=0\,\text{s}$ 时，晶闸管 T 被触发导通，电压源 V_i 与 RL 电路相串联。此电路中仅有电感为储能元件，所以这也是一个一阶电路。考虑到电感电流初始状态为零[$i_L(0)=0$]，可以得到式 (1.6) 和式(1.7)：

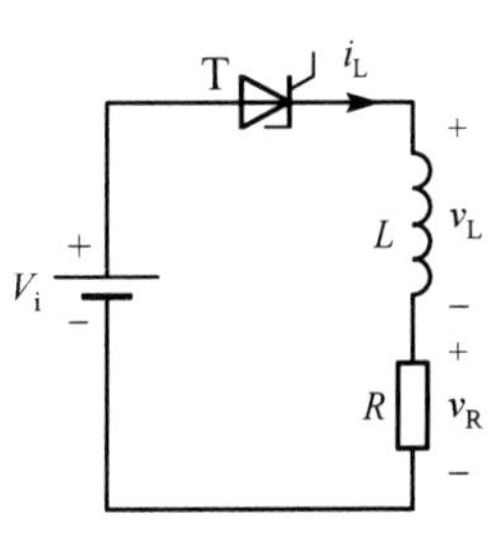

图 1.3　RLT 串联电路

$$V_i = v_L(t) + Ri_L(t) \tag{1.6}$$

$$v_L(t) = L\frac{di_L(t)}{dt} \tag{1.7}$$

将式(1.7)代入式(1.6)得到

$$V_i = L\frac{di_L(t)}{dt} + Ri_L(t) \tag{1.8}$$

求解方程(1.8)，得到电感电流和电感电压分别如下

$$i_L(t) = \frac{V_i}{R}(1 - e^{-\frac{t}{\lambda}}) \tag{1.9}$$

$$v_L(t) = L\frac{di_L(t)}{dt} = V_i e^{-\frac{t}{\lambda}} \tag{1.10}$$

式中，$\lambda = L/R$ 为电路时间常数。

电感电压和电感电流的波形如图 1.4 所示。

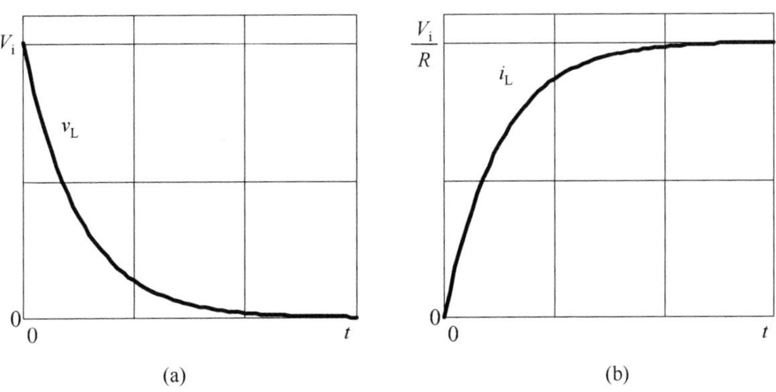

图 1.4　电感电压和电感电流的波形

1.2.3　串联开关管和续流二极管的 RL 直流电路

本节所分析的电路如图 1.5 所示。

在时区 1，开关管 S 闭合，且二极管 D 由于输入电压 V_i 被反向截止。如图 1.6(a)所示，电流流经开关管 S 、电阻 R 和电感 L。因此，在此时区内的稳态电路方程如式(1.11)、式(1.12)和式(1.13)所示：

$$i_L(\infty) = I_o = \frac{V_i}{R} \tag{1.11}$$

$$v_L(\infty) = 0 \tag{1.12}$$

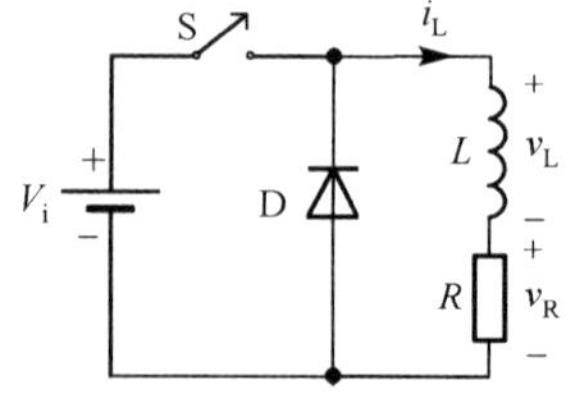

图 1.5 带串联开关管和续流二极管的 RL 直流电路

$$v_R(\infty) = V_i \tag{1.13}$$

在时刻 $t=0\,\text{s}$，开关管S关断。由于电感 L 存在，二极管D正向偏置导通，进入时区 2，这也称为续流时间，如图 1.6(b)所示。在此时区内，可以得到式(1.14)：

$$L\frac{di_L(t)}{dt} + Ri_L(t) = 0 \tag{1.14}$$

求解式(1.14)，有

$$i_L(t) = I_o e^{-\frac{t}{\lambda}} \tag{1.15}$$

在续流时间内，储存在电感 L 中的能量通过电阻 R 释放。电感的退磁时间取决于电阻值的大小。阻值越大，电感退磁越快。

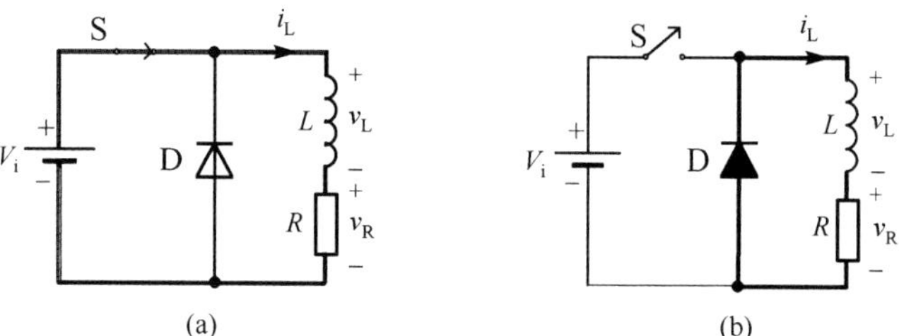

图 1.6 带串联开关管和续流二极管的 RL 直流电路：(a)时区 1 的等效电路图；(b)时区 2 的等效电路图[①]

通过电阻释放总的能量为

$$W = \frac{1}{2}LI_0^2 \tag{1.16}$$

如果没有续流二极管 D，开关管S在关断时刻会产生不受控制的高电压。

1.3 电感直流电路

在本节中，分析了含有开关管、二极管、变压器的电感直流电路。

1.3.1 串联开关管、续流二极管和能量回馈的电感直流电路

在许多应用场合下，由于效率的原因，需要将电感中的能量回馈。基本的回馈电路如图 1.7 所示。

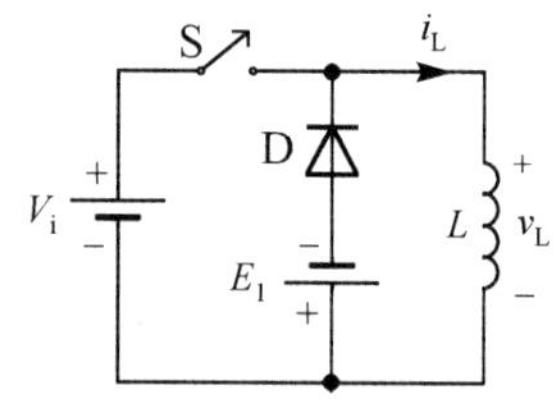

图 1.7 串联开关管、续流二极管和能量回馈线路的电感直流电路

在时区 1，开关管 S 关断，能量储存在电感 L 中，如图 1.8(a)所示。

在时刻 $t=0\,\text{s}$，开关管 S 关断，电感电流为 $i_L(0)=I_o$。二极管D因电感 L 而正向偏置导通，进入到续流阶段，如图 1.8(b)所示。式(1.17)即为整个时区内，电感 L 中的能量转移到电压源 E_1 中的表达式：

$$L\frac{di_L(t)}{dt} = -E_1 \tag{1.17}$$

① 二极管 D 的符号涂黑表示电流流过，全书同。——编者注

求解式(1.17)有

$$i_L(t) = I_o - \frac{E_1}{L}t \tag{1.18}$$

在时刻 $t = t_f$，即式(1.19)，电感电流达到 0。根据表达式，电压源 E_1 越大，能量回馈时间 t_f 越短。

$$t_f = \frac{LI_o}{E_1} \tag{1.19}$$

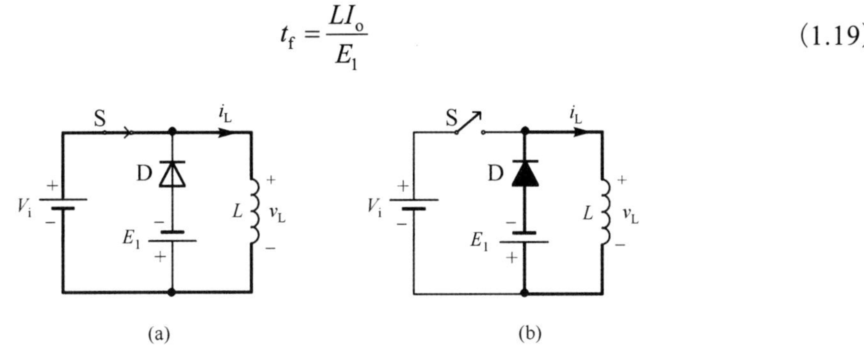

图 1.8　串联开关管、续流二极管和能量回馈的电感直流电路：(a)时区 1 的等效电路图；(b)时区 2 的等效电路图

1.3.2　串联开关管、续流二极管和能量回馈变压器的电感直流电路

另一个用于回馈电感能量的电路如图 1.9 所示。变压器将电感能量回馈到电压源 V_i。这种技术通常用在一些隔离式 DC-DC 电路中，如正激变换器中用于变压器退磁。

假设变压器为理想器件(没有漏感和寄生电阻)，其等效电路如图 1.10 所示，图中的励磁电感为折算到变压器原边侧的值。

在时区 1，如图 1.11 所示，开关管 S 导通，能量从输入电压源 V_i 被转移到变压器励磁电感中。同样，二极管 D 因为副边侧电压而反向截止。

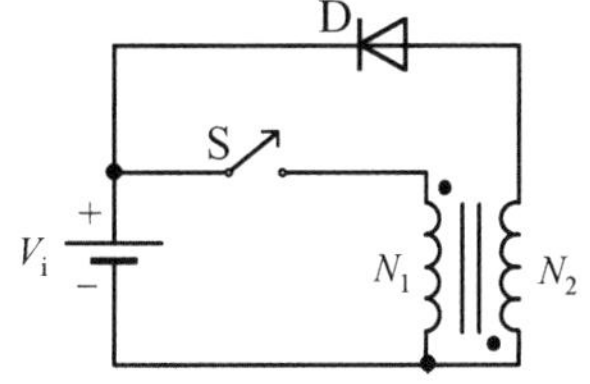

图 1.9　串联开关管、续流二极管和能量回馈变压器的电感直流电路

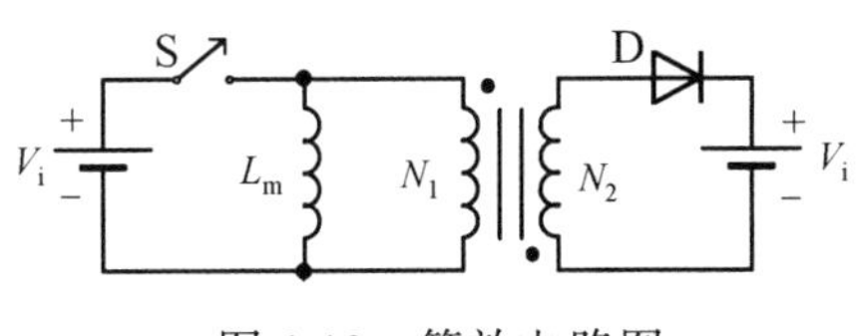

图 1.10　等效电路图

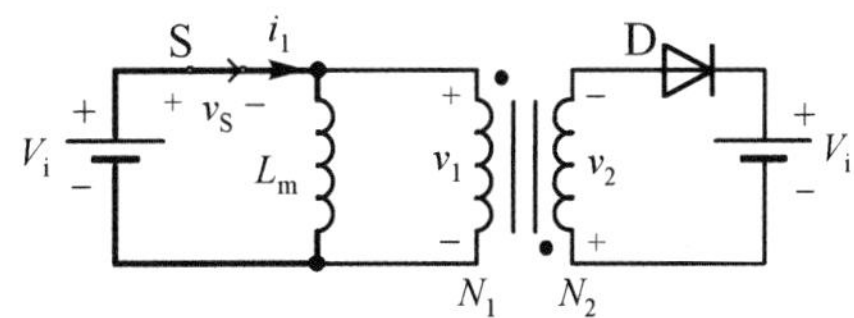

图 1.11　时区 1 的等效电路图

当开关管 S 关断时，开始时区 2，在这个时区内等效电路图如图 1.12 所示，励磁电感为折算到变压器副边侧的值。随后，二极管 D 正向导通，变压器磁场中累积的能量被转移到输入电压源 V_i。

电流 i_1 和 i_2 分别对应于时区 1(Δt_1)和时区 2(Δt_2)，如图 1.13 所示的波形，同时图中也画出了开关管 S 两端的电压(v_S)。

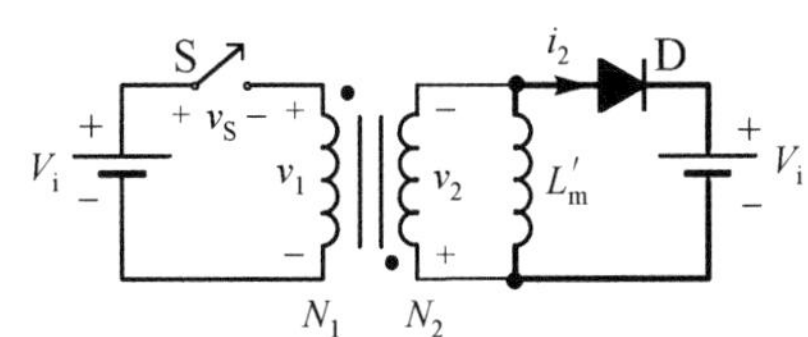

图 1.12　时区 2 的等效电路图

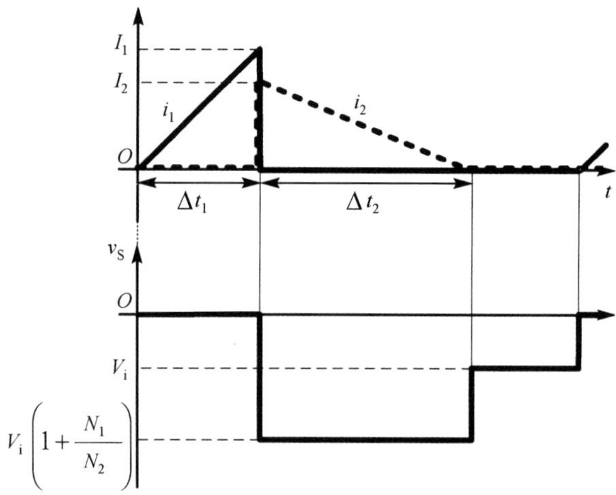

图 1.13 电流 i_1 和 i_2 以及开关管电压 v_S

初始化电流 I_1 和 I_2 由如下方程决定：

$$I_1 = \frac{V_i}{L_m}\Delta T_1 \tag{1.20}$$

$$I_2 = \frac{N_1}{N_2}I_1 \tag{1.21}$$

时区 2 的电流表达式可以写成

$$i_2(t) = I_2 - \frac{V_i}{L'_m}t \tag{1.22}$$

在时区 2 结束时电流达到 0，因此有

$$0 = I_2 - \frac{V_i}{L'_m}\Delta T_2 \tag{1.23}$$

将式(1.21)代入式(1.23)、式(1.24)，可以得到

$$\frac{N_1}{N_2}I_1 - \frac{V_i}{L'_m}\Delta T_2 = 0 \tag{1.24}$$

将变压器副边侧电感 L'_m 折算到变压器原边侧有

$$\frac{N_1}{N_2}I_1 = \frac{V_i\Delta T_2 N_1^2}{L_m N_2^2} \tag{1.25}$$

将式(1.20)代入式(1.25)、式(1.26)得到

$$\frac{V_i}{L_m}L_m\Delta T_1 = V_i\Delta T_2\frac{N_1}{N_2} \tag{1.26}$$

因此有

$$\Delta T_2 = \frac{N_2}{N_1}\Delta T_1 \tag{1.27}$$

根据式(1.27)可知，能量回馈时间 ΔT_2 可以由变压器的匝数比进行调节。

而在时区 2，开关管 S 两端的电压为

$$v_S = -(V_i + V_1) \tag{1.28}$$

式中，

$$V_1 = \frac{N_1}{N_2} V_i \tag{1.29}$$

将式(1.29)代入式(1.28)得到

$$v_S = -\left(1 + \frac{N_1}{N_2}\right) V_i \tag{1.30}$$

在时区 2 末尾，电流降到 0，同时开关管 S 两端的电压为 $v_S = V_i$。

1.4　恒流电容充电电路

恒流电容充电电路如图 1.14 所示。在时区 1，如图 1.15(a)所示，开关管 S 导通。电容电压 $v_C = 0$，电流 I 流经二极管 D。在时刻 $t = 0$ s 开关管 S 导通，二极管截止，电流 I 开始流向电容 C，如图 1.15(b)所示，此时充电电流为恒定值。

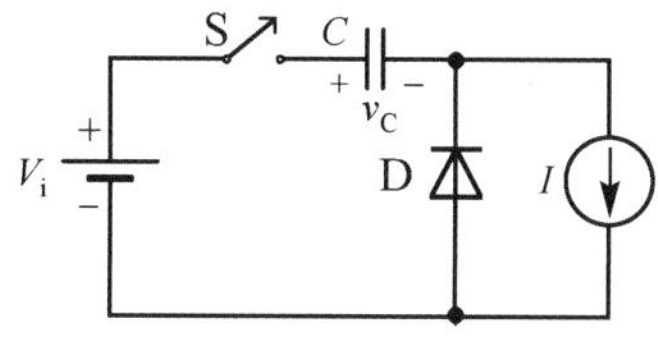

图 1.14　恒流电容充电电路

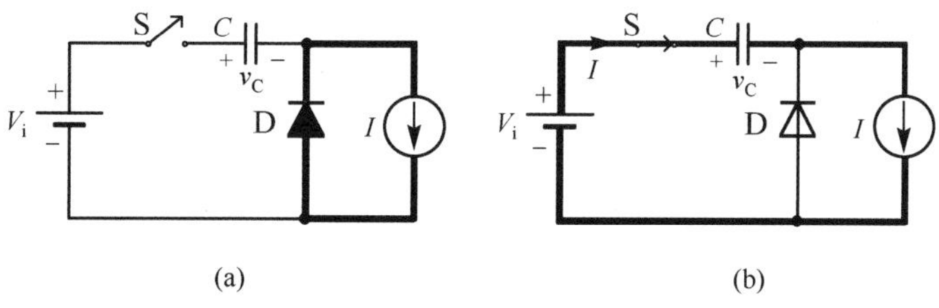

图 1.15　恒流电容充电电路：(a)时区 1 的等效电路图；(b)时区 2 的等效电路图

在时区 2 时，电容上的电压为

$$v_C(t) = \frac{I}{C} t \tag{1.31}$$

当 $v_C(t) = V_i$ 时，二极管 D 正向导通，电压源 V_i 对电容充电，时区 2 的充电时间可以计算如下

$$\Delta t_2 = \frac{V_i C}{I} \tag{1.32}$$

电容电压波形如图 1.16 所示。

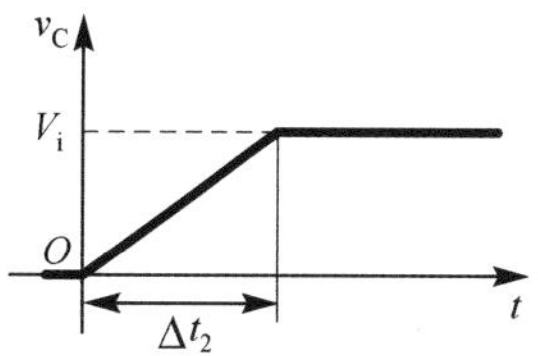

图 1.16　电容 C 两端的电压波形

1.5　LC 和 RLC 直流电路

在本节中，分析串联有开关管和晶闸管的 LC 和 RLC 直流电路。

1.5.1 串联开关管的 LC 直流电路

串联开关管的 LC 直流电路如图 1.17 所示。其电路初始状态为 $v_C(0)=V_{C0}$， $i_L(0)=I_{L0}$。在时刻 $t=0\,s$，开关管 S 导通，可以得到如下电路方程：

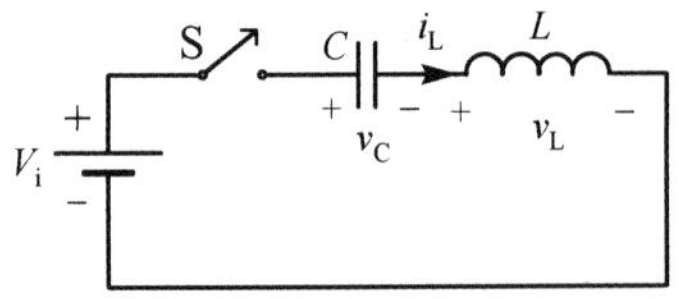

$$V_i = v_C(t) + L\frac{di_L(t)}{dt} \tag{1.33}$$

$$i_L(t) = C\frac{dV_C(t)}{dt} \tag{1.34}$$

图 1.17 串联开关管的 LC 直流电路

将式(1.34)代入式(1.33)有

$$V_i = v_C(t) + LC\frac{d^2 v_C(t)}{dt^2} \tag{1.35}$$

求解式(1.35)，可以得到如下表达式

$$v_C(t) = -(V_i - V_{C0})\cos(\omega_o t) + I_{L0}\sqrt{\frac{L}{C}}\sin(\omega_o t) + V_i \tag{1.36}$$

$$\sqrt{\frac{L}{C}}i_L(t) = (V_i - V_{C0})\sin(\omega_o t) + I_{L0}\sqrt{\frac{L}{C}}\cos(\omega_o t) \tag{1.37}$$

将式(1.37)乘以算子 j，并代入式(1.36)可得

$$\begin{aligned} v_C(t) + j\sqrt{\frac{L}{C}}i_L(t) &= -(V_i - V_{C0})[\cos(\omega_o t) - j\sin(\omega_o t)] \\ &\quad + jI_{L0}\sqrt{\frac{L}{C}}[\cos(\omega_o t) - j\sin(\omega_o t)] + V_i \end{aligned} \tag{1.38}$$

式中，$\omega_o = \dfrac{1}{\sqrt{LC}}$。

我们定义 $z(t)$，z_1 如下

$$z(t) = v_C(t) + j\sqrt{\frac{L}{C}}i_L(t) \tag{1.39}$$

$$z_1 = -(V_i - V_{C0}) + jI_{L0}\sqrt{\frac{L}{C}} \tag{1.40}$$

因为

$$e^{-j\omega_o t} = \cos(\omega_o t) - j\sin(\omega_o t) \tag{1.41}$$

$z(t)$ 可以重新写为

$$z(t) = z_1 e^{-j\omega_o t} + V_i \tag{1.42}$$

1. 特殊情形

(1) $V_{C0}=0, I_{L0}=0, V_i \neq 0$

根据此特殊情形的初始条件，利用之前的方程，我们可以得到

$$z_1 = -V_i \tag{1.43}$$

在时刻 $t = 0\,\text{s}$，我们有 $z(0) = 0$，因此

$$z(t) = -V_i e^{-j\omega_o t} + V_i \tag{1.44}$$

图 1.18 为此特殊情形下的相平面轨迹图。

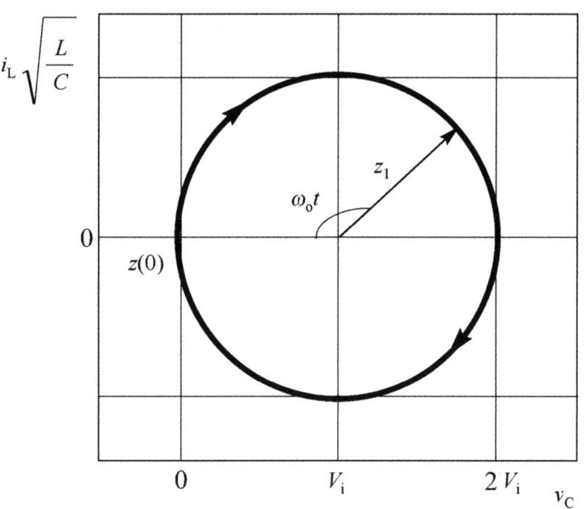

图 1.18　$V_{C0} = I_{L0} = 0$ 且 $V_i \neq 0$ 情形下的相平面轨迹图

（2）$I_{L0} = 0, V_i = 0, V_{C0} > 0$

根据此特殊情形的初始条件，利用之前的方程，我们有

$$z_1 = V_{C0} \tag{1.45}$$

$$z(t) = V_{C0} \tag{1.46}$$

$$z(t) = V_{C0} e^{-j\omega_o t} \tag{1.47}$$

图 1.19 为此特殊情形下的归一化相平面轨迹图。

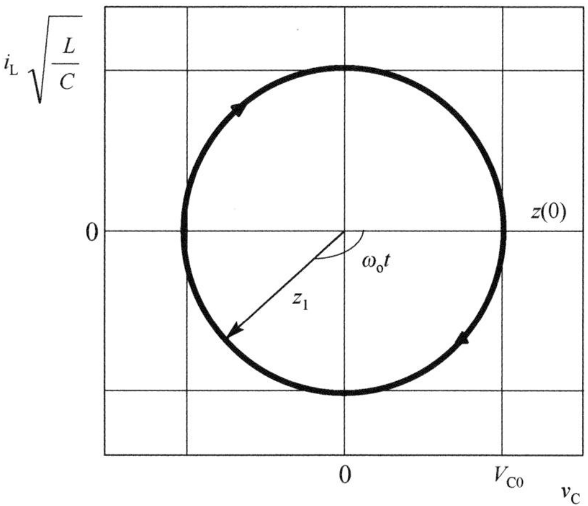

图 1.19　$I_{L0} = 0, V_i = 0$ 且 $V_{C0} > 0$ 情形下的归一化相平面轨迹图

(3) $V_{C0}=V_i=0, I_{L0}>0$

利用这些初始条件，可以得到

$$z_1 = jI_{L0}\sqrt{\frac{L}{C}} \tag{1.48}$$

$$z(0) = jI_{L0}\sqrt{\frac{L}{C}} \tag{1.49}$$

$$z(t) = jI_{L0}\sqrt{\frac{L}{C}}e^{-j\omega_o t} \tag{1.50}$$

对应的相平面轨迹图如图 1.20 所示。

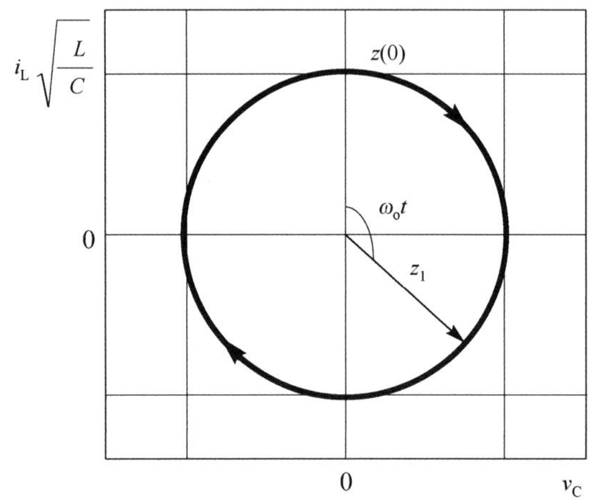

图 1.20 $V_{C0}=V_i=0$ 且 $I_{L0}>0$ 情形下的相平面轨迹图

不管上述情况如何，总有

$$v_C(t) = \mathrm{Re}\{z(t)\} \tag{1.51}$$

$$i_L(t)\sqrt{\frac{L}{C}} = \mathrm{Im}\{z(t)\} \tag{1.52}$$

将 $z(t)$ 代入式(1.51)、式(1.52)得到

$$v_C(t) = \mathrm{Re}\{z_1 e^{-j\omega_o t}\} + V_i \tag{1.53}$$

$$i_L(t)\sqrt{\frac{L}{C}} = \mathrm{Im}\{z_1 e^{-j\omega_o t}\} \tag{1.54}$$

1.5.2 串联晶闸管的 LC 直流电路

串联晶闸管的 LC 直流电路如图 1.21 所示。初始条件为 $v_C(0)=0$，$i_L(0)=0$。在时刻 $t=0\,\mathrm{s}$，晶闸管 T 导通。对应电容电压和电感电流的归一化相平面轨迹图如图 1.22 所示。电容电压和电感电流的波形如图 1.23 所示。

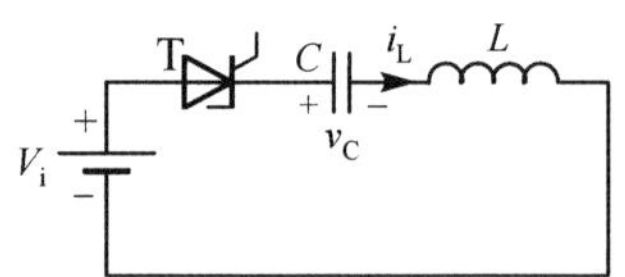

图 1.21 串联晶闸管的 LC 直流电路

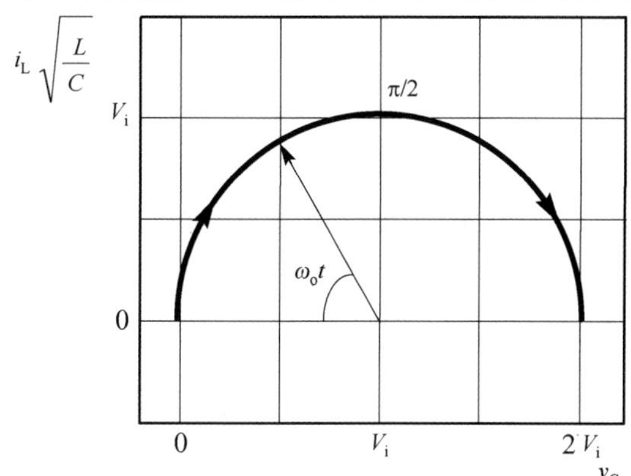

图 1.22　LCT 电路的归一化相平面轨迹图

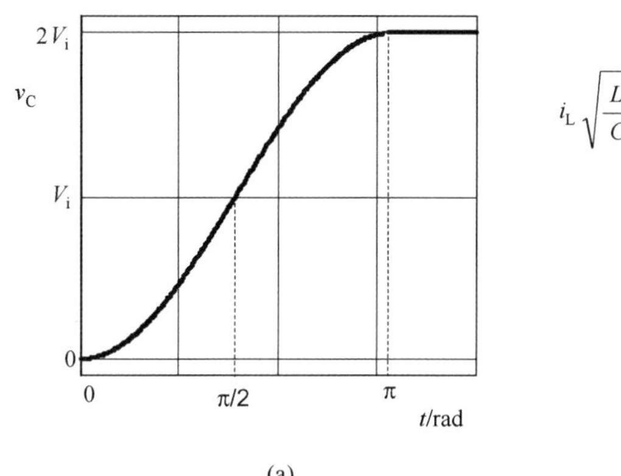

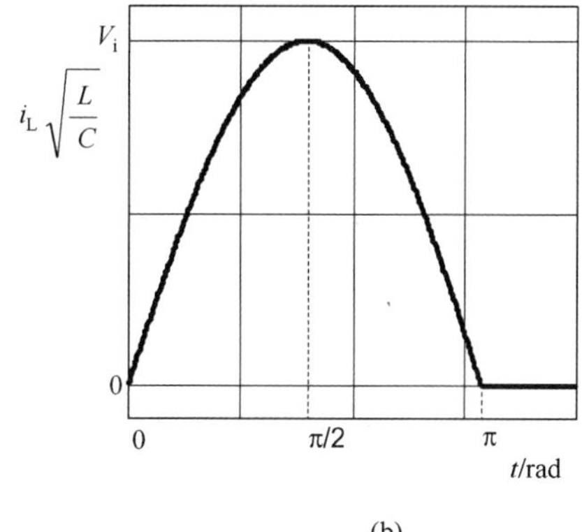

图 1.23　(a)电容电压波形；(b)电感电流波形

在时刻 $t=\dfrac{\pi}{\omega_o}$，电感电流达到零，晶闸管 T 自然关断。此时电容被充电且电压等于 $2V_i$。

电容电压和电感电流与时间的函数关系为

$$v_C(t)=-V_i\cos(\omega_o t)+V_i \tag{1.55}$$

$$i_L(t)\sqrt{\frac{L}{C}}=V_i\sin(\omega_o t) \tag{1.56}$$

1.5.3　电容电压极性翻转电路

电容电压极性翻转电路如图 1.24 所示。

在时刻 $t=0\,\text{s}$ 晶闸管 T 触发导通，电容 C 的初始电压为 $v_C(0)=-V_o$。对应的相平面轨迹图如图 1.25 所示，对应的电容电压和电感电流的波形如图 1.26 所示。电感电流达到零的时刻对应的电容电压为 $v_C\left(\dfrac{\pi}{\omega_o}\right)=+V_o$，相对于初始电压，极性发生了翻转。

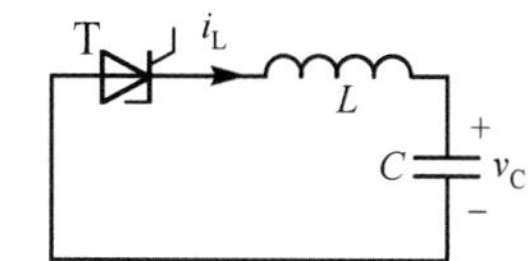

图 1.24　电容电压极性翻转电路

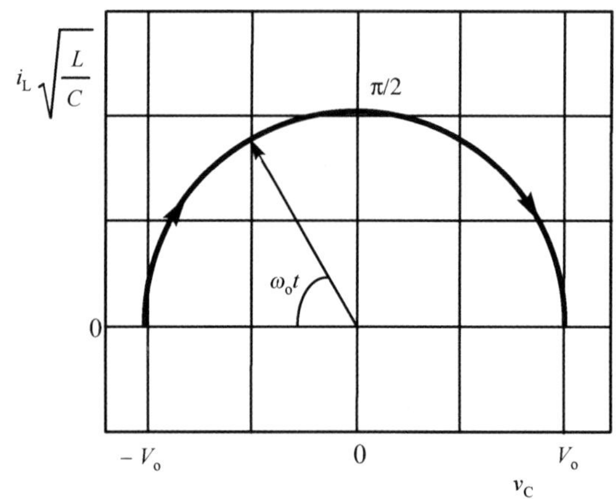

图 1.25　图 1.24 所示电路的相平面轨迹图

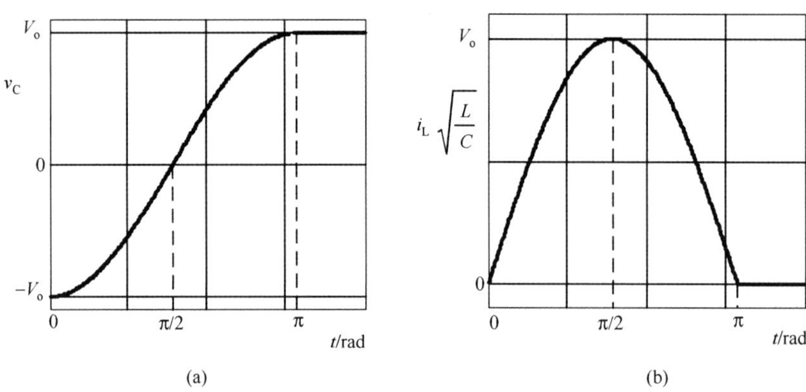

图 1.26　(a)电容电压波形；(b)电感电流波形

1.5.4　电容充电电路

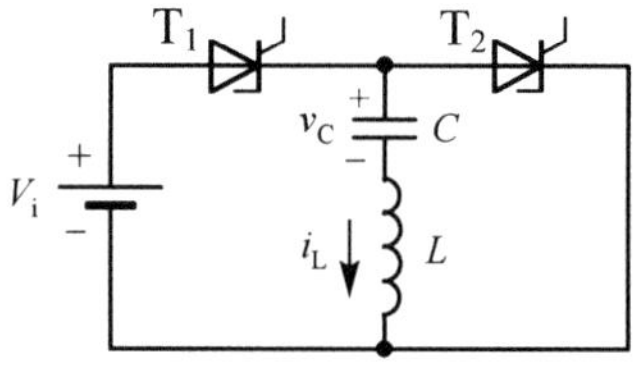

1. 第一种电路

本节分析的第一种电路如图 1.27 所示。

图 1.27　电容充电电路

晶闸管 T_1 和 T_2 以低于谐振频率的开关频率导通。对应的电容电压和电感电流的波形如图 1.28 所示，其相平面轨迹图如图 1.29 所示。

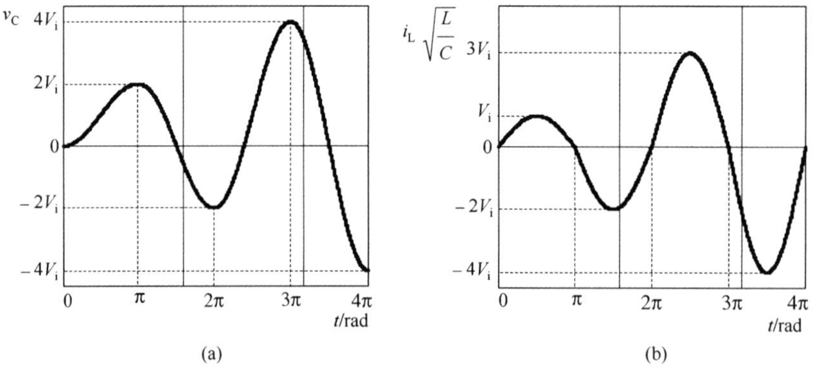

图 1.28　(a)电容电压波形；(b)电感电流波形

为简化考虑，所有器件均为理想元件。因此，电路的阻尼因子为零，理论上，能量转移到电容的时间为无限长。

2. 第二种电路

本节分析的第二种电路如图 1.30 所示，其初始条件为 $V_{C0}<0, I_{L0}=0$，在时刻 $t=0$ s，T_1 被触发导通。电容电压和电流随着时间的推移而变化，在电流达到零之前 T_2 导通，T_1 关断。因此，能量从输入电压源 V_i 转移到电容 C 上，电容电压达到 V_i。电容电压和电感电流的波形如图 1.31 所示。

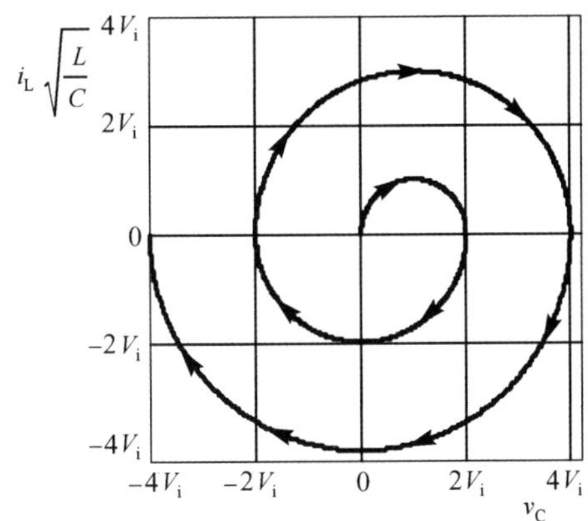

图 1.29　图 1.27 所示电路的相平面轨迹图

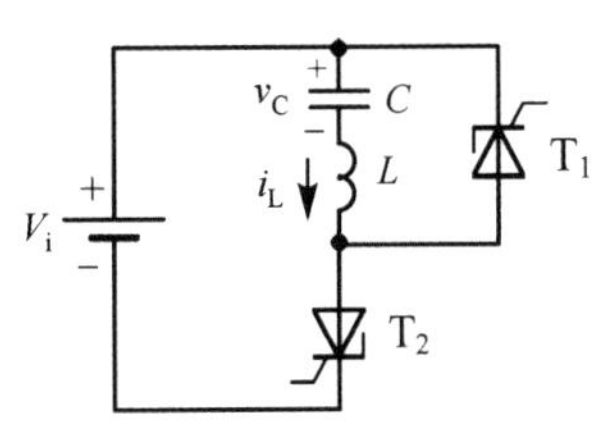

图 1.30　电容充电电路

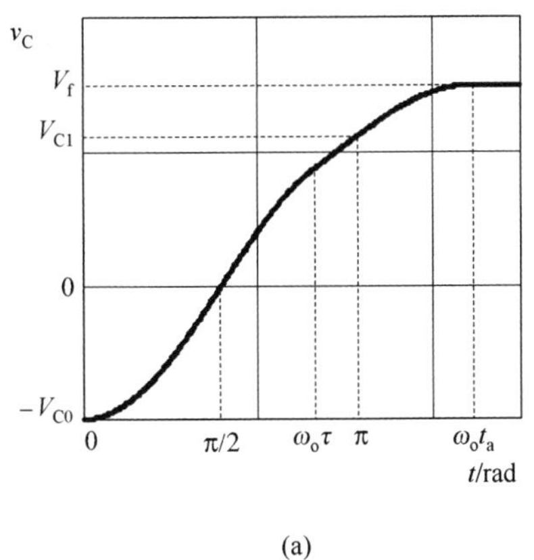

(a)

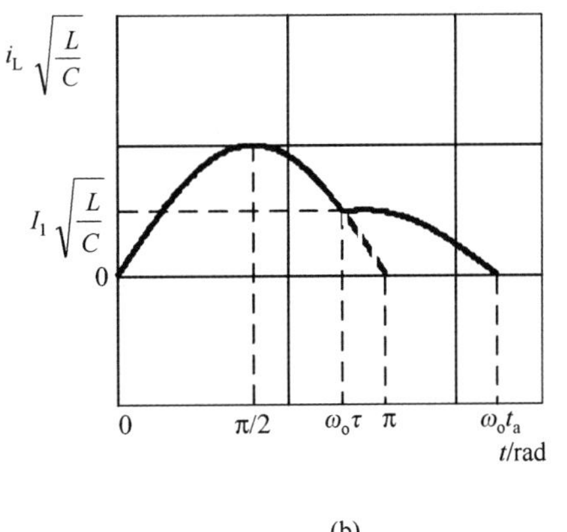

(b)

图 1.31　图 1.30 的电路：(a)电容电压波形；(b)电感电流波形

在 T_1 闭合时区内，电容电压表达式为

$$v_C(t)=-V_{C0}\cos(\omega_o t) \tag{1.57}$$

在此时区末尾，电容电压和电流表达式分别由式(1.58)和式(1.59)给出

$$V_1=-V_{C0}\cos(\omega_o \tau) \tag{1.58}$$

$$\sqrt{\frac{L}{C}}I_1=V_{C0}\sin(\omega_o \tau) \tag{1.59}$$

当 T_2 导通时，有

$$z_1 = (V_1 - V_i) + jI_1\sqrt{\frac{L}{C}} \tag{1.60}$$

$$z(0) = V_1 + jI_1\sqrt{\frac{L}{C}} \tag{1.61}$$

在此时区结束时，电容电压为

$$V_f = V_i + |z_1| \tag{1.62}$$

将式(1.58)、式(1.59)代入式(1.60)整理得到

$$|z_1|^2 = [V_{C0}\cos(\omega_o\tau) - V_i]^2 + V_{C0}^2\sin^2(\omega_o\tau) \tag{1.63}$$

再将式(1.63)代入式(1.62)，有

$$V_f = V_i + \sqrt{(V_{C0}\cos(\omega_o\tau) - V_i)^2 + V_{C0}^2\sin^2(\omega_o\tau)} \tag{1.64}$$

根据式(1.64)，电容电压是受控于相角 $\omega_o\tau$ 的。在 $\omega_o\tau = \pi$ 的特殊情形下，电容最终电压值 V_f 为

$$V_f = V_i + \sqrt{(-V_{C0} - V_i)^2} = V_i - V_i - V_{C0} \tag{1.65}$$

或是

$$V_f = -V_{C0} \tag{1.66}$$

此电路在谐振变换器中用于辅助换流，其相平面轨迹图如图 1.32 所示。

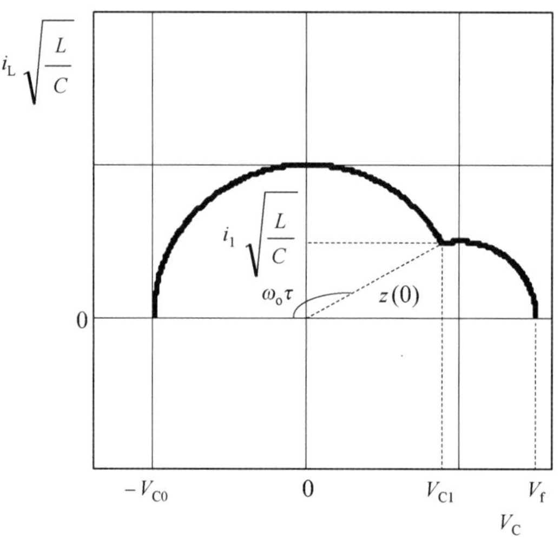

图 1.32 图 1.30 所示电路的相平面轨迹图

1.5.5 低阻尼因子的 RLC 电路

现在考虑图 1.33 所示的电路，电容电流和电压方程分别由式(1.67)和式(1.68)给出

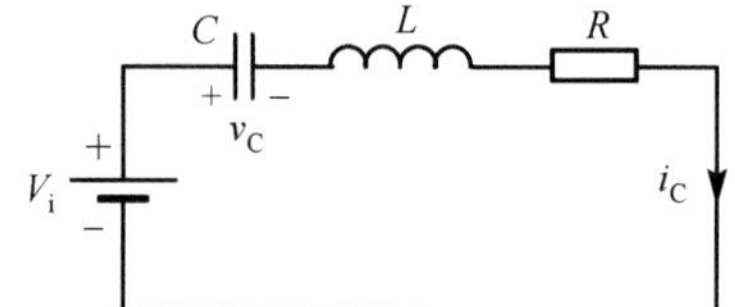

图 1.33 低阻尼因子的 RLC 电路

$$i_C(t) = \frac{V_i - V_o}{\omega_L}e^{-\alpha t}\sin(\omega t) - I_o\frac{\omega_o}{\omega}e^{-\alpha t}\sin(\omega t - \gamma) \tag{1.67}$$

$$v_{\mathrm{C}}(t)=V_{\mathrm{i}}-(V_{\mathrm{i}}-V_{\mathrm{o}})\frac{\omega}{\omega_{\mathrm{o}}}\mathrm{e}^{-\alpha t}\sin(\omega t+\gamma)+\frac{I_{\mathrm{o}}}{\omega C}\mathrm{e}^{-\alpha t}\sin(\omega t) \tag{1.68}$$

其中，

$$\omega_{\mathrm{o}}=\frac{1}{\sqrt{LC}} \tag{1.69}$$

$$\alpha=\frac{R}{2L} \tag{1.70}$$

$$\gamma=\mathrm{acrtan}\left(\frac{\omega}{\alpha}\right) \tag{1.71}$$

$$\omega^2=\omega_{\mathrm{o}}^2-\alpha^2 \tag{1.72}$$

假设电路的品质因数很高，电路损耗很小，有

$$\omega_{\mathrm{o}}\cong\omega \tag{1.73}$$

定义

$$X=\sqrt{\frac{L}{C}}=\omega L\cong\frac{1}{\omega C} \tag{1.74}$$

$$\psi=\frac{X}{R} \tag{1.75}$$

$$\frac{\alpha}{\omega}=\frac{R}{2\omega L}=\frac{1}{2\psi} \tag{1.76}$$

$$\gamma=\frac{\pi}{2} \tag{1.77}$$

$$\sin(\omega t-\gamma)=-\cos(\omega t) \tag{1.78}$$

整理式(1.74)～式(1.78)得到

$$i_{\mathrm{L}}(t)=\left(\frac{V_{\mathrm{i}}-V_{\mathrm{o}}}{X}\sin(\omega t)+I_{\mathrm{o}}\cos(\omega t)\right)\mathrm{e}^{-\frac{\omega t}{2\psi}} \tag{1.79}$$

$$v_{\mathrm{C}}(t)=V_{\mathrm{i}}+[XI_{\mathrm{o}}\sin(\omega t)-(V_{\mathrm{i}}-V_{\mathrm{o}})\cos(\omega t)]\mathrm{e}^{-\frac{\omega t}{2\psi}} \tag{1.80}$$

其中，$\mathrm{e}^{-\frac{\omega t}{2\psi}}=\mathrm{e}^{-\alpha t}$，写成级数形式有

$$\mathrm{e}^{-\alpha t}=1-\alpha t+\frac{\alpha^2t^2}{2}-\frac{\alpha^3t^3}{6} \tag{1.81}$$

对于很小的α，有下式成立

$$\mathrm{e}^{-\alpha t}=1-\alpha t \tag{1.82}$$

已知

$$z(t)=v_{\mathrm{C}}(t)+\mathrm{j}\sqrt{\frac{L}{C}}i_{\mathrm{L}}(t) \tag{1.83}$$

相应地，经过推导可得

$$z(t)=V_{\mathrm{i}}+z_1\mathrm{e}^{-\mathrm{j}\omega t}\mathrm{e}^{-\alpha t} \tag{1.84}$$

在理想电路中，$\alpha=0$，所以式(1.84)即为式(1.42)。

1.5.6 含有电压源和电流源的 LC 电路

含有电压源和电流源的 LC 电路如图 1.34 所示。

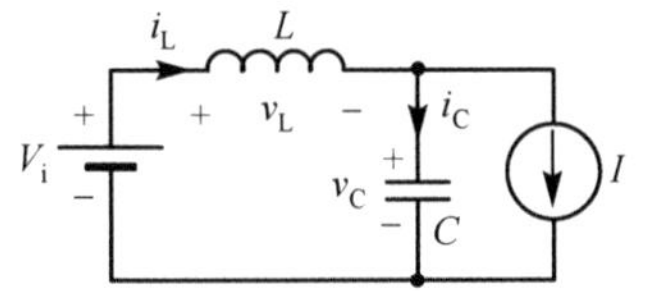

图 1.34 含有恒压源和恒流源的 LC 电路

根据基尔霍夫电压和电流定律，有

$$V_{\mathrm{i}}=v_{\mathrm{L}}(t)+v_{\mathrm{C}}(t) \tag{1.85}$$

和

$$i_{\mathrm{L}}(t)=i_{\mathrm{C}}(t)+I \tag{1.86}$$

瞬时电感电压和瞬时电容电流表达式分别为

$$v_{\mathrm{L}}(t)=L\frac{\mathrm{d}i_{\mathrm{L}}(t)}{\mathrm{d}t}=L\frac{\mathrm{d}(I+i_{\mathrm{C}}(t))}{\mathrm{d}t}=L\frac{\mathrm{d}i_{\mathrm{C}}(t)}{\mathrm{d}t} \tag{1.87}$$

$$i_{\mathrm{C}}(t)=C\frac{\mathrm{d}v_{\mathrm{C}}(t)}{\mathrm{d}t} \tag{1.88}$$

将式(1.88)代入式(1.87)得到

$$v_{\mathrm{L}}(t)=LC\frac{\mathrm{d}^2v_{\mathrm{C}}(t)}{\mathrm{d}t^2} \tag{1.89}$$

将式(1.89)代入式(1.85)有

$$V_{\mathrm{i}}=LC\frac{\mathrm{d}^2v_{\mathrm{C}}(t)}{\mathrm{d}t^2}+v_{\mathrm{C}}(t) \tag{1.90}$$

重写式(1.90)有

$$\frac{\mathrm{d}^2v_{\mathrm{C}}(t)}{\mathrm{d}t^2}+\frac{v_{\mathrm{C}}(t)}{LC}=\frac{V_{\mathrm{i}}}{LC} \tag{1.91}$$

微分方程式(1.91)的解为

$$v_{\mathrm{C}}(t)=(V_{\mathrm{C0}}-V_{\mathrm{i}})\cos(\omega_{\mathrm{o}}t)+\sqrt{\frac{L}{C}}(I_{\mathrm{L0}}-I)\sin(\omega_{\mathrm{o}}t)+V_{\mathrm{i}} \tag{1.92}$$

将式(1.92)代入式(1.88)和式(1.87)，并整理得到

$$\sqrt{\frac{L}{C}}i_{\mathrm{L}}(t)=-(V_{\mathrm{C0}}-V_{\mathrm{i}})\sin(\omega_{\mathrm{o}}t)+\sqrt{\frac{L}{C}}(I_{\mathrm{L0}}-I)\cos(\omega_{\mathrm{o}}t)+\sqrt{\frac{L}{C}}I \tag{1.93}$$

$z(t)$ 由下式给出

$$z(t)=v_{\mathrm{C}}(t)+\mathrm{j}\sqrt{\frac{L}{C}}i_{\mathrm{L}}(t) \tag{1.94}$$

将 $\sqrt{\frac{L}{C}}i_{\mathrm{L}}(t)$ 和 $v_{\mathrm{C}}(t)$，分别代入式(1.92)、式(1.93)和式(1.94)有

$$z(t)=\left(V_{\mathrm{i}}+\mathrm{j}\sqrt{\frac{L}{C}}I\right)+\left[(V_{\mathrm{C0}}-V_{\mathrm{i}})+\mathrm{j}\sqrt{\frac{L}{C}}(I_{\mathrm{L0}}-I)\right]\mathrm{e}^{-\mathrm{j}\omega_{\mathrm{o}}t} \tag{1.95}$$

z_{o} 和 z_1 分别由式(1.96)和式(1.97)定义

$$z_{\mathrm{o}}=V_{\mathrm{i}}+\mathrm{j}\sqrt{\frac{I}{C}}I \tag{1.96}$$

$$z_1=(V_{\mathrm{C0}}-V_{\mathrm{i}})+\mathrm{j}\sqrt{\frac{I}{C}}(I_{\mathrm{L0}}-I) \tag{1.97}$$

将式(1.96)和式(1.97)代入式(1.95)，有

$$z(t)=z_{\mathrm{o}}+z_1\mathrm{e}^{-\mathrm{j}\omega_{\mathrm{o}}t} \tag{1.98}$$

对应的相平面轨迹图如图 1.35 所示。

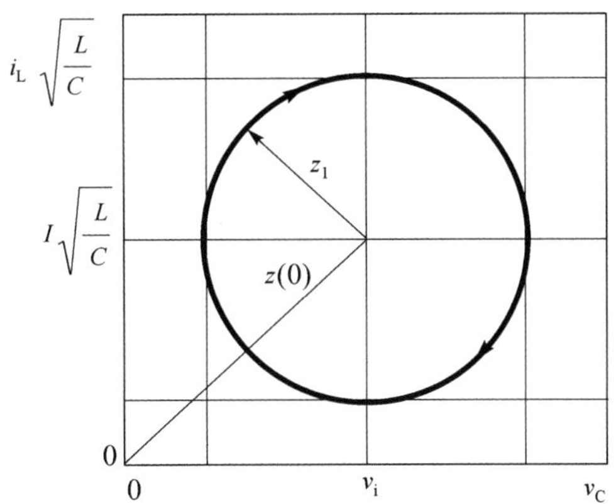

图 1.35　图 1.34 所示电路图的相平面轨迹图

1．第一种特殊情形 $I=0$

假设 $I=0$，可以从式(1.97)得到

$$z(t)=V_{\mathrm{i}}+\left[(V_{\mathrm{C0}}-V_{\mathrm{i}})+\mathrm{j}\sqrt{\frac{L}{C}}I_{\mathrm{L0}}\right]\mathrm{e}^{-\mathrm{j}\omega_{\mathrm{o}}t} \tag{1.99}$$

此特殊情形在 1.2.1 节有过分析。

2．第二种特殊情形 $V_{\mathrm{i}}=0$

令 $V_{\mathrm{i}}=0$，并代入式(1.97)，得

$$z(t)=\mathrm{j}\sqrt{\frac{L}{C}}I+\left[(V_{\mathrm{C0}}-V_{\mathrm{i}})+\mathrm{j}\sqrt{\frac{L}{C}}(I_{\mathrm{L0}}-I)\right]\mathrm{e}^{-\mathrm{j}\omega t} \tag{1.100}$$

式(1.100)为图 1.36 所示的电感 L 和电容 C 与电流源 I 并联的电路方程。

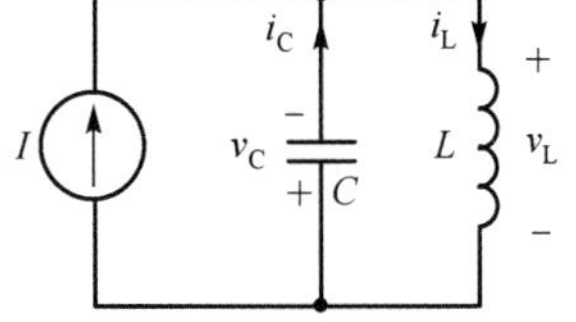

图 1.36　LC 电路并联到直流电流源

1.6　例题解析

电路如图 1.37 所示，假设晶闸管 T 在时刻 $t=0\,\mathrm{s}$ 导通，电路元件参数为 $L=30\,\mu\mathrm{H}$，

$C=120\,\mu\text{F}$，且 $V_{C0}(0)=-75\,\text{V}$，求 $i(t)$、$v_L(t)$、$v_C(t)$、$i_D(t)$ 的表达式，并画出其与时间的关系图。

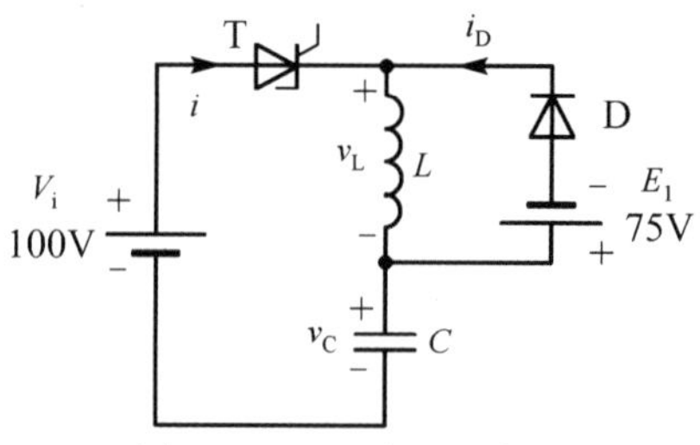

图 1.37　习题 3 电路图

第 1 个时区：$0\leqslant t\leqslant t_1$，等效电路图如图 1.38 所示。这是一个二阶 LC 电路，将电路参数值 L、C、$V_{C0}(0)$ 代入式(1.36)和式(1.37)得到

$$v_C(t)=V_i+(V_{C0}-V_i)\cos(\omega_o t)=100-175\cos(\omega_o t)$$

$$\sqrt{\frac{L}{C}}i(t)=-(V_{C0}-V_i)\sin(\omega_o t)=175\sin(\omega_o t)$$

$$v_L(t)=-V_C(t)+V_i=175\cos(\omega_o t)$$

根据电感电压表达式，在时刻 $t=120.8\,\mu\text{s}$ 时区结束，此时 $v_L(t)=-75\,\text{V}$，且二极管 D 导通，此时 $v_C(t)=175\,\text{V}$。

第 2 个时区：$t_1\leqslant t\leqslant t_0$，开始时二极管 D 正向偏置导通，电感电流线性衰减，并将能量传递到 E_1，直到它达到零。第 2 个时区的等效电路图如图 1.39 所示。

图 1.40 为仿真结果，对应的相平面轨迹图如图 1.41 所示。

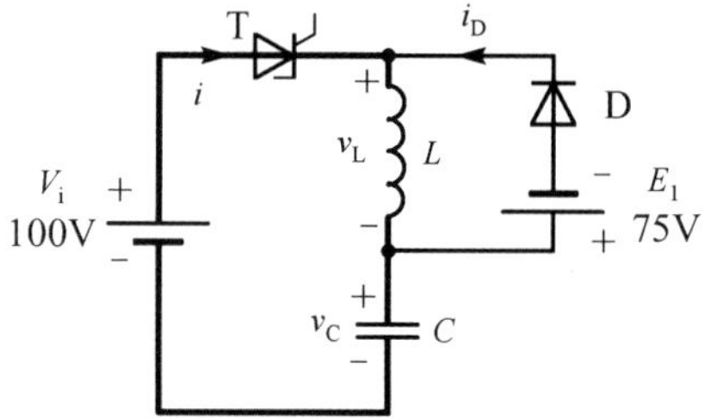

图 1.38　第 1 个时区的等效电路图

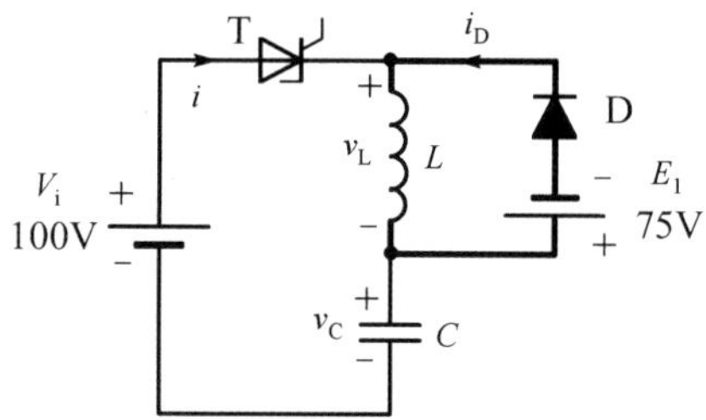

图 1.39　第 2 个时区的等效电路图

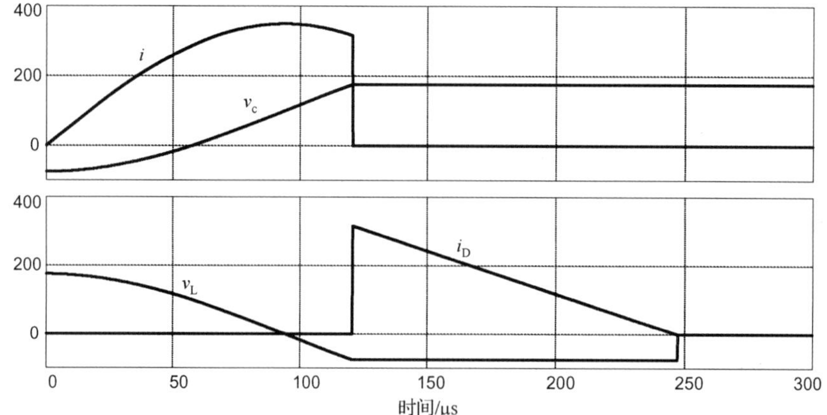

图 1.40　仿真结果

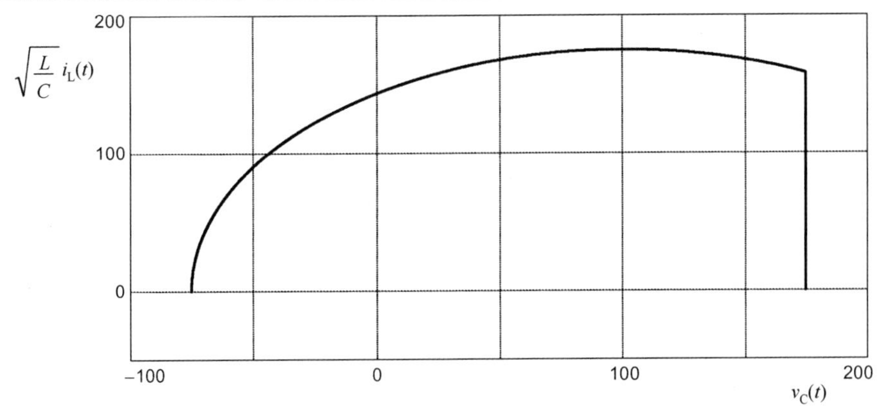

图 1.41　相平面轨迹图

1.7　习题

1．电路如图 1.42 所示，假设 $L = 100\,\mu H$， $C = 25\,\mu F$，画出 $i(t)$， $v_L(t)$， $v_C(t)$ 的波形。电容的初始电压为：(a) $v_C(0) = 0\,V$，(b) $v_C = -50\,V$，(c) $v_C = -50\,V$。电感初始电流为零，并仿真验证结果。

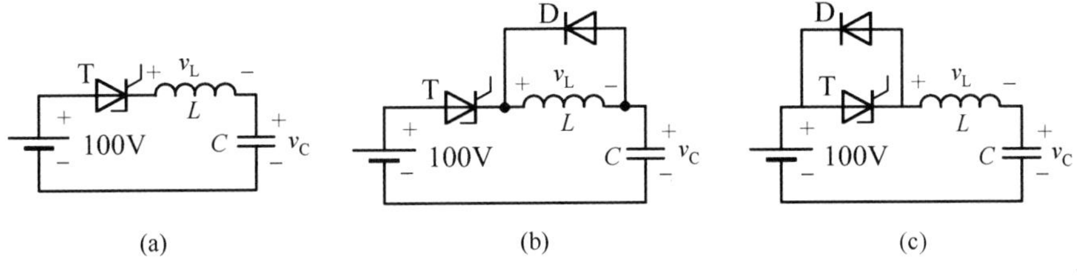

图 1.42　习题 1 电路图

答案：

(a) $z(t) = -100e^{-j\omega_o t} + 100$；(b) $z(t) = -150e^{-j\omega_o t} + 100$；(c) $z(t) = -150e^{-j\omega_o t} + 100$。

2．分析如图 1.43 所示的电路，假设 $L = 100\,\mu H$， $C = 25\,\mu F$，$v_C(0) = -100\,V$。

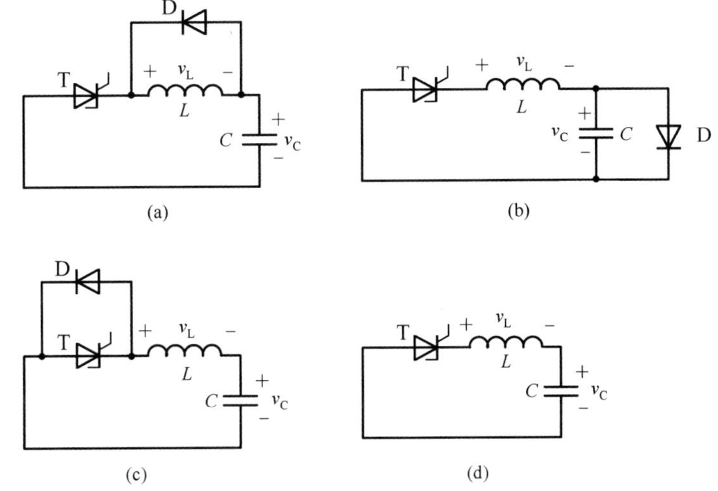

图 1.43　习题 2 电路图

答案：

(a) $z(t)=-100\mathrm{e}^{-\mathrm{j}\omega_o t}$；(b) $z(t)=-100\mathrm{e}^{-\mathrm{j}\omega_o t}$；(c) $z(t)=-100\mathrm{e}^{-\mathrm{j}\omega_o t}$；(d) $z(t)=-100\mathrm{e}^{-\mathrm{j}\omega_o t}$。

3. 电路如图 1.44 所示，电容初始电压为零。晶闸管 T_1 和 T_2 以低于 LC 谐振频率的开关频率导通，在每半个开关周期内自然关断。电路参数 $L=200\,\mu\text{H}$，$C=20\,\mu\text{F}$ 且品质因数 $Q=5$。求：(a)当电路达到稳态后电容上的最终电压(理论上需要无数个开关周期)；(b)求 $v_C(t)$ 和 $i_L(t)$，并画出对应的波形，以及相平面轨迹图。

答案：$V_{C\min}=-270\text{ V}$，且 $V_{C\max}=370\text{ V}$。

4. 电路如图 1.45 所示，晶闸管 T 在时刻 $t=0\text{ s}$ 导通。电路参数 $C=300\,\mu\text{F}$，$V_{C0}=0\text{ V}$ 且 $I_{L0}=0\text{ A}$。求电感量大小，使其电流斜率为 $\mathrm{d}i_L/\mathrm{d}t=100\text{ A}/\mu\text{s}$。

答案：$L=6\,\mu\text{H}$。

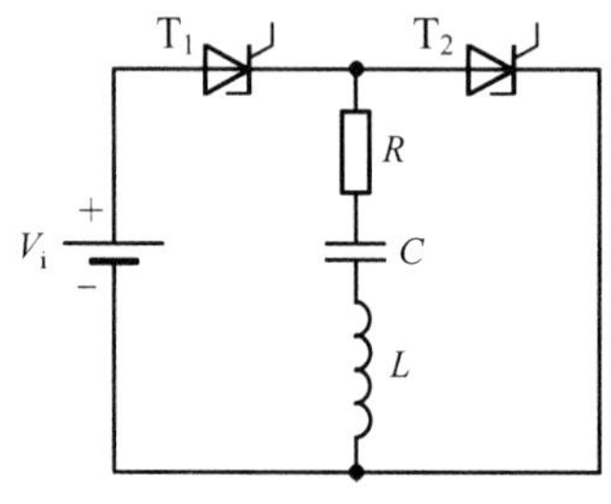

图 1.44 习题 3 电路图

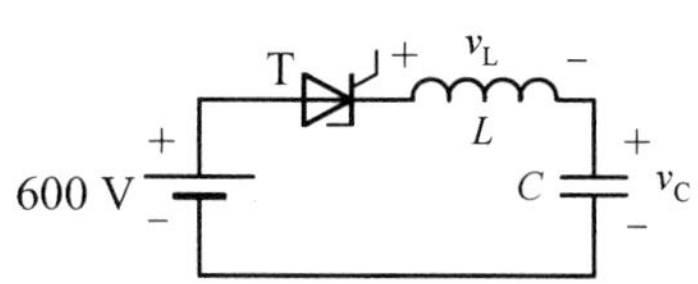

图 1.45 习题 4 电路图

5. 电路如图 1.46 所示，变压器原边侧和副边侧匝数分别为 $N_1=100$，$N_2=100$。开关管 S 刚开始时闭合一段时间，在时刻 $t=0\text{ s}$ 打开。变压器励磁电感为 $L_m=200\,\mu\text{H}$。求副边侧绕组电流，以及开关管 S 上的电压。画出对应的波形，并仿真验证计算结果。

6. 电路如图 1.47 所示，晶闸管 T_1 和 T_2 与 T_3 和 T_4 分别互补导通。开关频率低于谐振频率，而且晶闸管自然关断。电路参数 $V_{C0}=-100\text{ V}$，$V_i=100\text{ V}$，$I_{L0}=0\text{ A}$，且 $\alpha=10°$。当电路达到稳态时，求电容 C 上的电压。电路初始化工作点为 T_1 和 T_2 导通的时刻。

答案：$V_C=4\text{ kV}$。

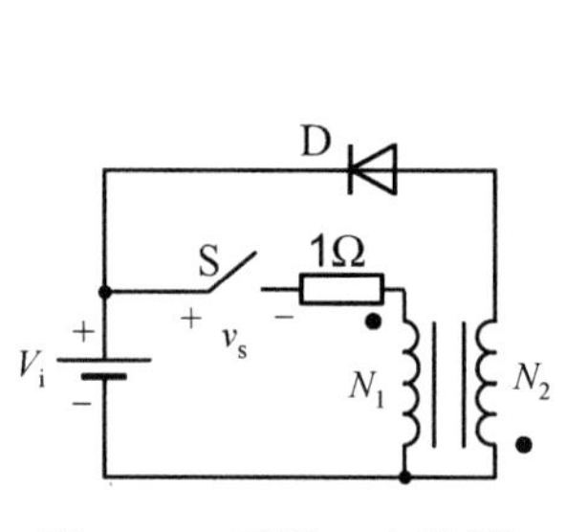

图 1.46 习题 5 电路图

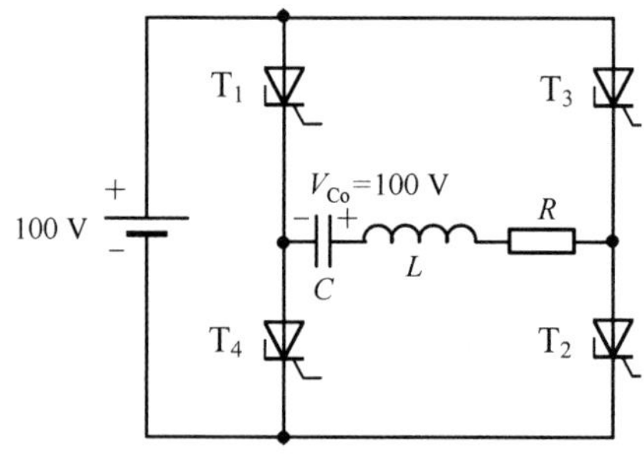

图 1.47 习题 6 电路图

7. 电路如图 1.48 所示，开关管 S 最开始闭合一段时间，在时刻 $t=0\text{ s}$ 打开，描述电路工作状态并画出其对应的相平面轨迹图。

8. 电路如图 1.49 所示，在时刻 $t=0\text{ s}$ 晶闸管导通。分析此电路，并推导出电容电压 v_C 和电感电流波形 i_L，以及对应的相平面轨迹图。初始状态均为零，且有 $I\sqrt{L/C}<V_i$。

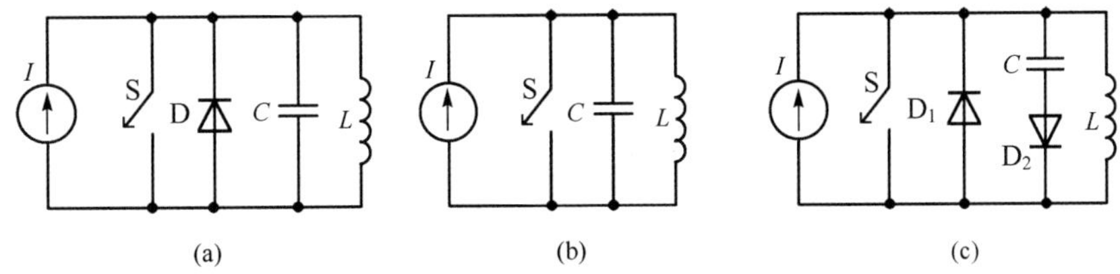

图 1.48　习题 7 电路图

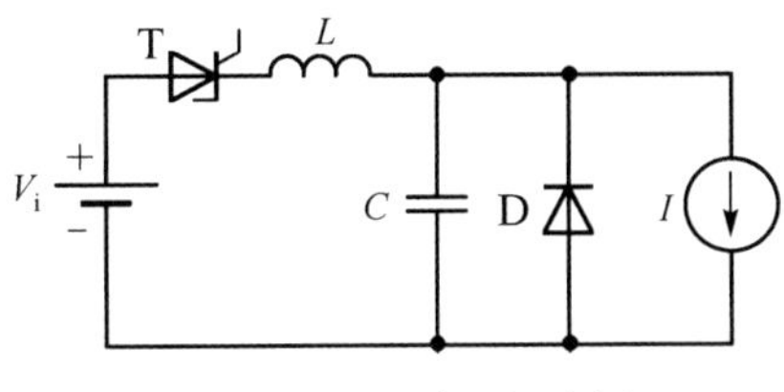

图 1.49　习题 8 电路图

9. 电路如图 1.50(a)所示，最开始时开关管 S 闭合且流过电流 I，在时刻 $t=0\,\text{s}$，S 打开。描述此电路工作过程，并推导出 $v_C(t)$ 和 $i_L(t)$ 的方程，画出其对应波形，以及相平面轨迹图。初始状态 $V_{C0}=0\,\text{V}$ 且 $I_{L0}=0\,\text{A}$。

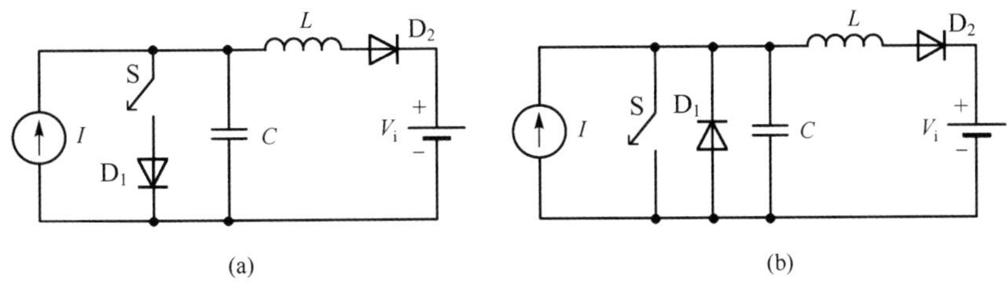

图 1.50　习题 9 电路图

10. 电路如图 1.51 所示，T_1 和 T_2 以 6 kHz 的开关频率互补导通。$L=100\,\mu\text{H}$，$C=5\,\mu\text{F}$，$R=0.447\,\Omega$，在稳态下，求：

(a)用等效电路状态来描述电路不同阶段的工作情况；

(b)推导出电感电流 $i_L(t)$ 和电容电压 $v_C(t)$ 的表达式，并画出波形；

(c)电感峰值电流和电容峰值电压；

(d)计算电阻 R 上的损耗。

答案：

(b) $V_{C\max}=\dfrac{V_i(1+2e^{-\alpha\pi/\omega}+e^{-2\alpha\pi/\omega})}{(1-e^{-2\alpha\pi/\omega})}$，$i_{L\max}=\dfrac{(V_i+V_{C\min})}{\omega L}e^{-\alpha\pi/2\omega_o}$；

(c) $V_{C\max}=1.27\,\text{kV}$，$i_{L\max}=283\,\text{A}$；(d) $P_R=15.15\,\text{kW}$。

11. 电路如图 1.52 所示，$V_i=100\,\text{V}$，$L=1\,\text{H}$，L 是折算到变压器原边侧的励磁电感。开关管 S 在时刻 $t_1=1\,\text{s}$ 闭合，然后打开。求：变压器完成退磁所需要的时间 t_2。

答案：$t_2=0.25\,\text{s}$。

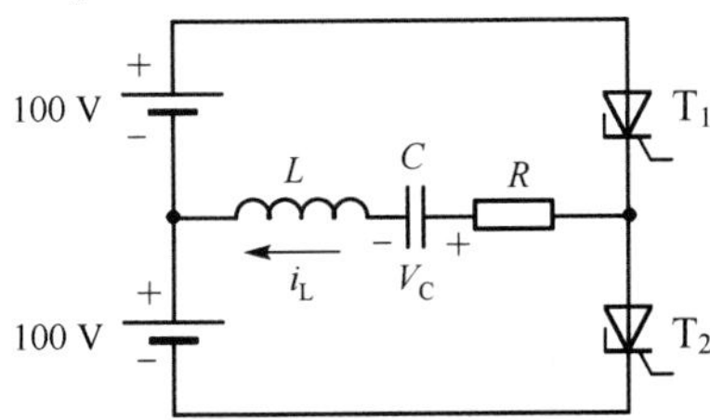

图 1.51　习题 10 电路图

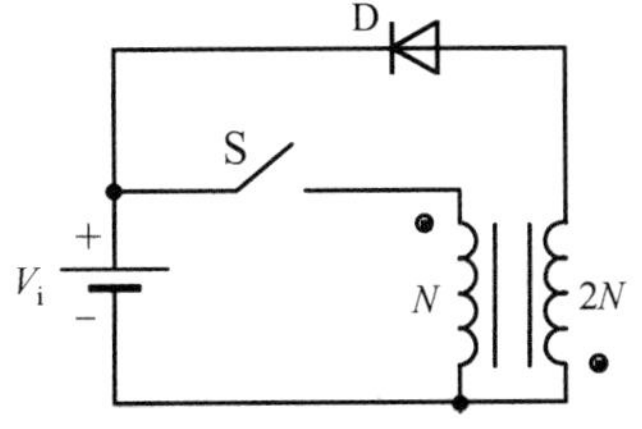

图 1.52　习题 11 电路图

第 2 章　串联谐振变换器

符 号 表

V_i	直流输入电压
V_1	直流输入电压的 1/2
V_o	直流输出电压
P_o	额定输出功率
$P_{o\,min}$	最小输出功率
C_o	输出滤波电容
R_o	输出负载电阻
$R_{o\,min}$	最小输出负载电阻
q，q_{c0}，q_{c1}	静态增益
D	占空比
f_s	开关频率(Hz)
ω_s	开关频率(rad/s)
$f_{s\,min}$	最小开关频率(Hz)
$f_{s\,max}$	最大开关频率(Hz)
T_s	开关周期
f_o	谐振角频率(Hz)
ω_o	谐振频率(rad/s)
μ_o	归一化频率(f_s / f_o)
ρ	频率比
t_d	死区时间
T	变压器
n	变压器匝数比
N_1 和 N_2	变压器绕组匝数
V_o'	折算到变压器原边侧的输出直流电压
i_o	输出电流
I_o'	折算到变压器原边侧的输出电流
I_o' ($\overline{I_o'}$)	CCM 下，折算到变压器原边侧的平均输出电流，以及其归一化值
($\overline{I'_{o\,max}}$)	CCM 下，折算到变压器原边侧的平均输出电流的最大归一化值
($\overline{I'_{o\,min}}$)	CCM 下，折算到变压器原边侧的平均输出电流的最小归一化值
$I'_{o\,D}$ ($\overline{I'_{o\,D}}$)	DCM 下，折算到变压器原边侧的平均输出电流，以及其归一化值
$I'_{o\,SC}$	短路时平均输出电流
S_1，S_2，S_3 和 S_4	开关管

续表

D_1，D_2，D_3，D_4	二极管
v_{g1} 和 v_{g2}	开关管驱动信号
L_r	谐振电感(可能包含变压器漏感)
C_r	谐振电容
v_{Cr}（$\overline{v_{Cr}}$）	谐振电容电压
V_{C0}	谐振电容峰值电压
V_{C1}	在时区 1 和时区 3 结束时的谐振电容电压
i_{Lr}（$\overline{i_{Lr}}$）	谐振电感电流及其归一化值
I_{Lr}（$\overline{I_{Lr}}$）	换流时，谐振电流峰值，以及其归一化值
I_L	电感峰值电流基波分量
I_1（$\overline{I_1}$）	CCM 下，在第一个和第三个时区结束时的电感电流，以及其归一化值
I_{p1} 和 I_{p2}（$\overline{I_{p1}}$ 和 $\overline{I_{p2}}$）	DCM 下，电感峰值电流，以及其归一化值
v_{ab}	全桥变换器 a 和 b 两点之间的 UQ 流电压
v_{cb}	c 和 b 两点之间的电感电压
v_{ab1}	a 和 b 两点之间的交流电压的基波分量
v_{cb1}	c 和 b 两点之间的电感电压的基波分量
v_{ac}	a 和 c 两点之间的整流器交流侧电压
v_{S1}，v_{S2}	开关管两端的电压
i_{S1}，i_{S2}	开关管中的电流
Δt_1	时区 1(t_1-t_0)
Δt_2	时区 2(t_2-t_1)
Δt_3	时区 3(t_3-t_2)
Δt_4	时区 4(t_4-t_3)
Δt_5	时区 5(t_5-t_4)
Δt_6	时区 6(t_6-t_5)
A_1，A_2	面积
x_{Lr}，x_{CR}，x	电抗
Q	电容电荷
z	特征阻抗
R_1，R_2	相平面半径
ϕ_r，ϕ_o，β，θ	相平面角度

2.1 引言

串联谐振变换器于 1975 年由 Francisc C. Schwarz 提出[1]，被用于晶闸管作为开关管的 DC-DC 变换器。因其电流波形为正弦波，晶闸管在电流到达零点的时刻自然关断，而不需要额外的辅助换流电路(这些电路通常是由一些辅助的晶闸管、电感和电容组成的)。

随着功率半导体开关的发展，首先出现的是双极性晶体管[2]，然后是 MOSFET 和 IGBT，串联谐振变换器在开关电源中很具有优势，一是因为可以实现很高的开关频率进而提高功率密度，二是可以减少换流损耗。

串联谐振变换器在许多实际应用中采用，包括：

- 高压小电流电源场合，如雷达、X 光、激光电源；
- 电动汽车车载充电器；
- 无线功率变换器；
- 牵引应用场合 DC-DC 变换器；
- 固态变压器(SST)。

除了历史和技术原因，串联谐振变换器还衍生了大量高密度谐振模式 DC-DC 变换器，许多用于实际应用中。

本章详细分析了谐振变换器。首先给读者呈现了变换器的拓扑结构，接着分析了在 CCM 和 DCM 下的工作过程。

图 2.1 和图 2.2 分别为半桥和全桥串联谐振变换器原理图。它包含一个全桥或半桥逆变级、一个谐振电感 L_r 、一个谐振电容 C_r 、一个变压器、一个全桥二桥管整流输出及一个输出电容滤波器。

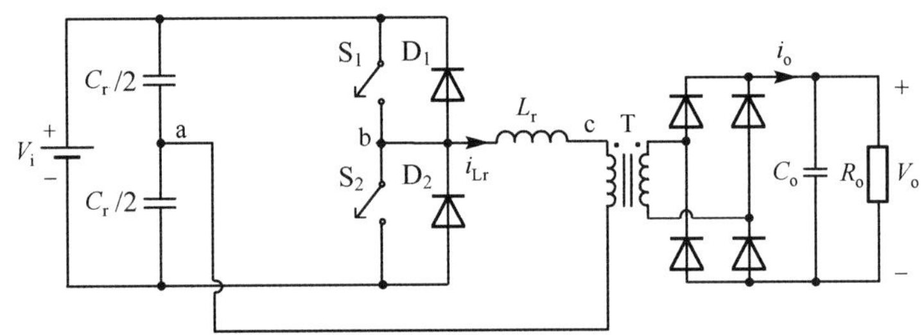

图 2.1　半桥串联谐振变换器

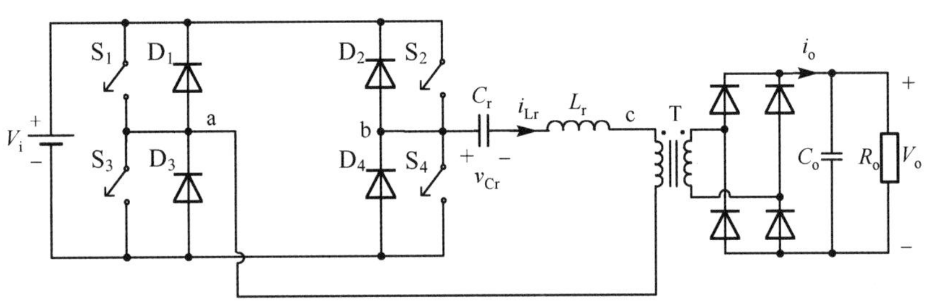

图 2.2　全桥串联谐振变换器

串联谐振变换器(SRC)是一个 PFM(变频调制)变换器，因为它利用频率变化来控制功率从输入传输到输出。在 DCM 下，每个开关管两个换流过程中均可以实现 ZCS(零电流开关)，而在 CCM 下，只有在开关管关断时才能实现 ZCS。

2.2　电感电流连续模式(CCM)下的电路工作过程

在本节中，半桥串联谐振变换器如图 2.3 所示，它和图 2.1 的电路拓扑是等效的。为简化分析，我们假设[3]：

- 所有器件均是理想器件，并且变压器励磁电感忽略不计；
- 变换器工作于稳态；
- 输出滤波器用一个直流电压源 V_o' 代替，其值为折算到变压器原边侧的输出电压；
- 电流流入开关管是单向的，即开关管仅允许电流在一个方向上流动；
- 开关管 S_1 和 S_2 以 50%的占空比来实现调频控制，死区时间忽略不计。

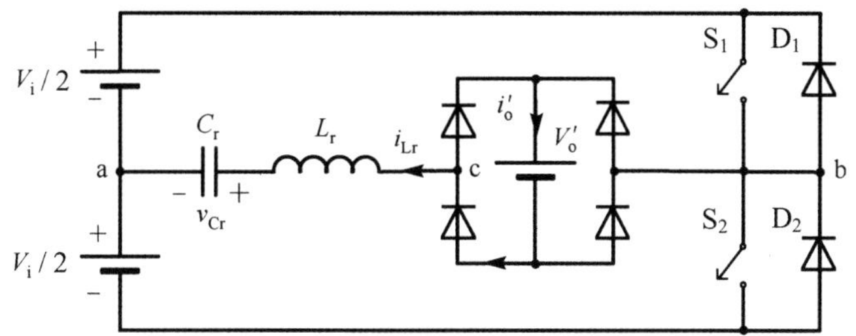

图 2.3　半桥串联谐振变换器

在 CCM 下，开关管开通时是有损耗的，而关断时是无损的(ZCS)。将在下节详细说明，当 $0.5f_o \leqslant f_s \leqslant f_o$ 时变换器工作于 CCM，f_o 和 f_s 分别为谐振频率和开关频率。

1．时区 Δt_1（时区 1，$t_0 < t < t_1$）

在此时区之前，开关管 S_2 导通，并流过谐振电流。在时刻 $t = t_0$，电感电流达到零，且二极管 D_2 开始导通，如图 2.4 所示。在这个时区内，能量传递到 DC 直流母线和负载。开关管 S_2 必须在此时区内关断以实现软开关换流。此时区在时刻 $t = t_1$ 结束，此时开关管 S_1 导通。

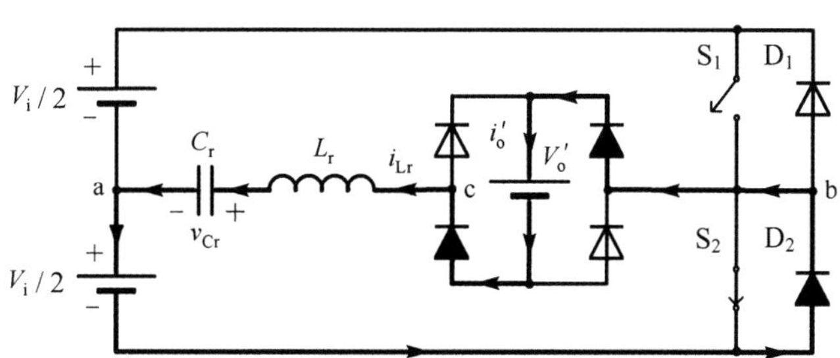

图 2.4　时区 1 的等效电路图

2．时区 Δt_2（时区 2，$t_1 < t < t_2$）

此时区如图 2.5 所示，开始于时刻 $t = t_1$，此时开关管 S_1 导通。会发生强迫换流，电流从二极管 D_2 流入开关管 S_1。谐振电容 C_r 放电，并以相反的极性再次充电。

电感电流正弦变化，而且它在时刻$t=t_2$达到零，此时区结束。在此时刻谐振电容电压是V_{C0}。在这个时区内直流母线向负载传输能量。

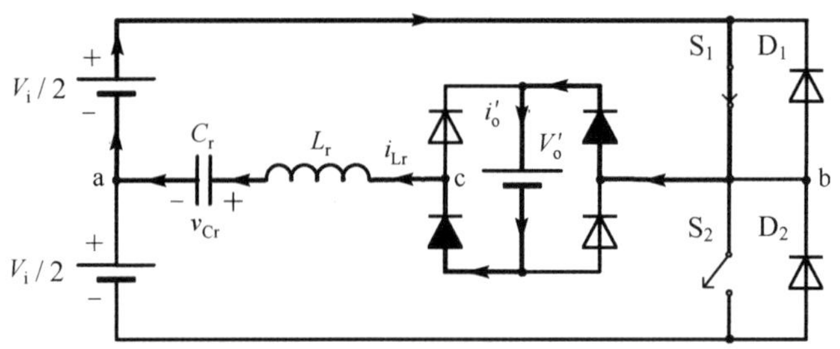

图 2.5 时区 2 的等效电路图

3．时区Δt_3（时区 3，$t_2<t<t_3$）

此时区开始于时刻$t=t_2$，此时电感电流达到零且二极管D_1开始导通，如图 2.6 所示。在这个时区内能量同时向直流母线和负载传输。开关管S_1在此阶段关断以实现软开关换流。

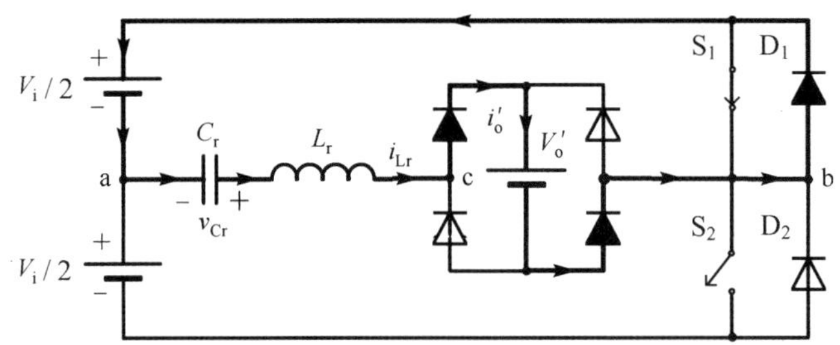

图 2.6 时区 3 的等效电路图

4．时区Δt_4（时区 4，$t_3<t<t_4$）

图 2.7 所示为时区 4 的电路图。时刻$t=t_3$，开关管S_2导通。在这里，强迫换流再次出现，电流从二极管D_1流到开关管S_2。因此，此换流过程是有损耗的。谐振电容C_r放电，并以相反的极性再次充电。电感电流正弦振荡直到在此时区结束时达到零。此时谐振电容两端电压为$-V_{C0}$。在这个时区内，母线电压向负载传输能量。此电路在 CCM 下的相关波形和时序图如图 2.8 所示。

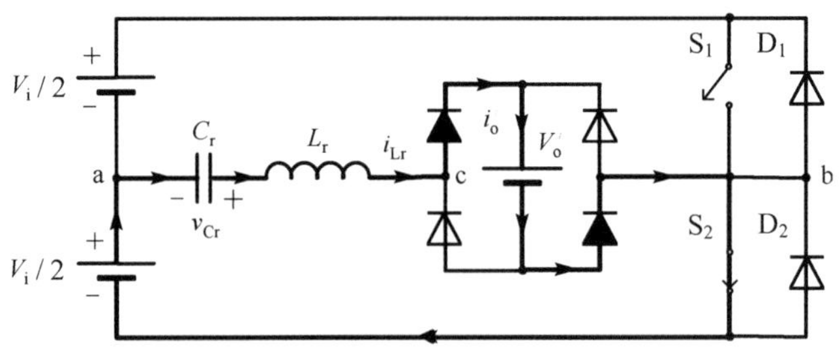

图 2.7 时区 4 的等效电路图

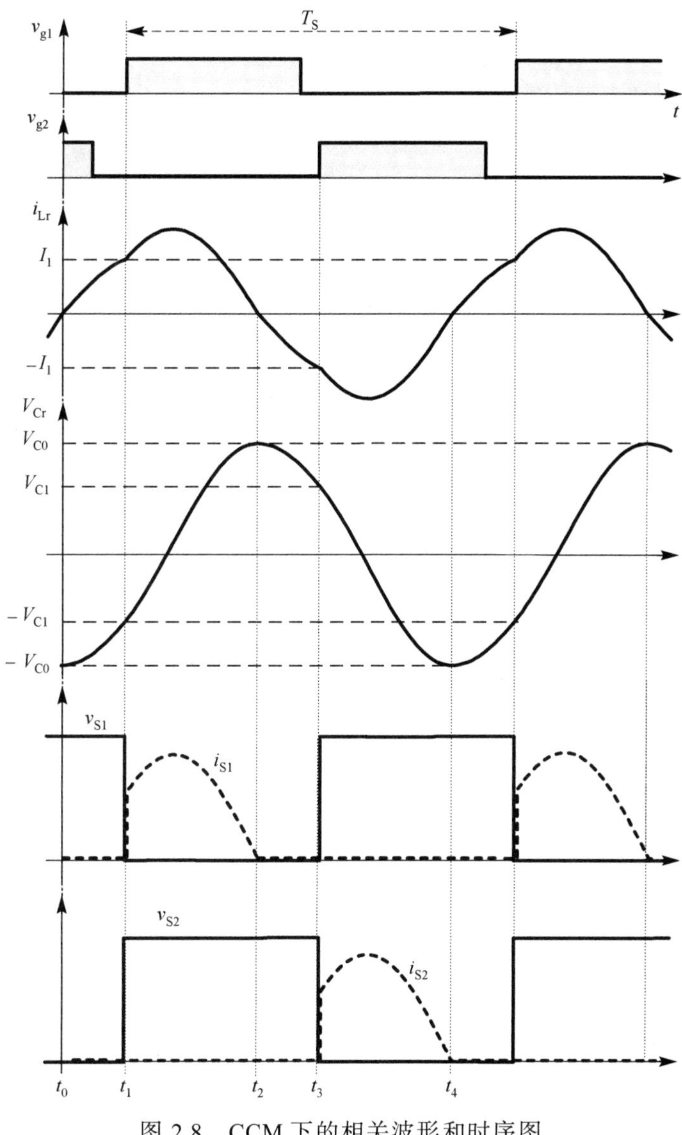

图 2.8　CCM 下的相关波形和时序图

2.3　电感电流连续模式(CCM)下工作状态的数学分析

在本节中，推导了谐振电容电压和谐振电感电流表达式。因为变换器是对称的，只需分析其半个开关周期内的情形。

2.3.1　时区 Δt_1 (时区 1)

在此时区内，谐振电感的初始电流和谐振电容的初始电压分别为

$$\begin{cases} i_{Lr}(t_0) = 0 \\ v_{Cr}(t_0) = -V_{C0} \end{cases}$$

从等效电路图 2.4 可以得到式(2.1)和式(2.2)：

$$\frac{V_{\mathrm{i}}}{2}=-L_{\mathrm{r}}\frac{\mathrm{d}i_{\mathrm{Lr}}(t)}{\mathrm{d}t}-v_{\mathrm{Cr}}(t)-V_{\mathrm{o}}' \tag{2.1}$$

$$i_{\mathrm{Lr}}(t)=C_{\mathrm{r}}\frac{\mathrm{d}v_{\mathrm{Cr}}(t)}{\mathrm{d}t} \tag{2.2}$$

进行拉普拉斯变换，可得

$$\frac{(V_{\mathrm{i}}/2)+V_{\mathrm{o}}'}{s}=-sL_{\mathrm{r}}I_{\mathrm{Lr}}(s)-V_{\mathrm{Cr}}(s) \tag{2.3}$$

$$I_{\mathrm{Lr}}(s)=sC_{\mathrm{r}}V_{\mathrm{Cr}}(s)+C_{\mathrm{r}}V_{\mathrm{C0}} \tag{2.4}$$

将式(2.4)代入式(2.3)并进行拉普拉斯逆变换，可以得到

$$v_{\mathrm{Cr}}(t)=-(-V_1-V_{\mathrm{o}}'+V_{\mathrm{C0}})\cos(\omega_{\mathrm{o}}t)-V_1-V_{\mathrm{o}}' \tag{2.5}$$

$$i_{\mathrm{Lr}}(t)z=(-V_1-V_{\mathrm{o}}'+V_{\mathrm{C0}})\sin(\omega_{\mathrm{o}}t) \tag{2.6}$$

式中，$V_1=\frac{V_{\mathrm{i}}}{2}$，$\omega_{\mathrm{o}}=\frac{1}{\sqrt{L_{\mathrm{r}}C_{\mathrm{r}}}}$，$z=\sqrt{\frac{L_{\mathrm{r}}}{C_{\mathrm{r}}}}$。

定义变量 $z_1(t)$ 如下

$$z_1(t)=v_{\mathrm{Cr}}(t)+\mathrm{j}\sqrt{\frac{L_{\mathrm{r}}}{C_{\mathrm{r}}}}i_{\mathrm{Lr}}(t) \tag{2.7}$$

将式(2.5)和式(2.6)代入式(2.7)，整理得

$$z_1(t)=-V_1-V_{\mathrm{o}}'+(V_1+V_{\mathrm{o}}'-V_{\mathrm{C0}})\mathrm{e}^{-\mathrm{j}\omega_{\mathrm{o}}t} \tag{2.8}$$

根据式(2.8)画出时区 1 的相平面轨迹图如图 2.9 所示，圆心坐标为（0, $-V_1-V_{\mathrm{o}}'$），半径为

$$R_1=V_{\mathrm{C0}}-V_1-V_{\mathrm{o}}' \tag{2.9}$$

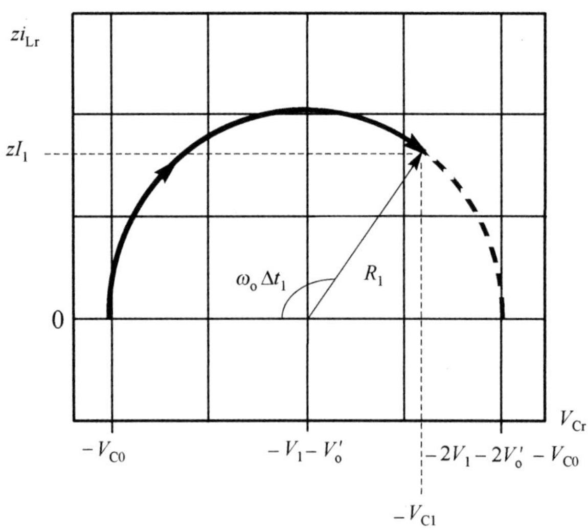

图 2.9 时区 1 的相平面轨迹图

2.3.2　时区 Δt_2（时区 2）

在此时区内，谐振电感的初始电流和谐振电容的初始电压分别为

$$\begin{cases} i_{\mathrm{Lr}}(t_0) = I_1 \\ v_{\mathrm{Cr}}(t_0) = -V_{\mathrm{C1}} \end{cases}$$

从等效电路图 2.5 可以得到式(2.10)和式(2.11)：

$$V_1 = L_{\mathrm{r}} \frac{\mathrm{d}i_{\mathrm{Lr}}(t)}{\mathrm{d}t} + v_{\mathrm{Cr}}(t) + V_{\mathrm{o}}' \tag{2.10}$$

$$i_{\mathrm{Lr}}(t) = C_{\mathrm{r}} \frac{\mathrm{d}v_{\mathrm{Cr}}(t)}{\mathrm{d}t} \tag{2.11}$$

对上述两式进行拉普拉斯变换，可得

$$\frac{V_1 - V_{\mathrm{o}}'}{s} = sL_{\mathrm{r}} I_{\mathrm{Lr}}(s) - L_{\mathrm{r}} I_1 + V_{\mathrm{Cr}}(s) \tag{2.12}$$

$$I_{\mathrm{Lr}}(s) = sC_{\mathrm{r}} V_{\mathrm{Cr}}(s) + C_{\mathrm{r}} V_{\mathrm{C1}} \tag{2.13}$$

将式(2.13)代入式(2.12)，并进行拉普拉斯逆变换，可以得到

$$v_{\mathrm{Cr}}(t) = -(V_1 - V_{\mathrm{o}}' + V_{\mathrm{C1}})\cos(\omega_{\mathrm{o}} t) + I_1 z \sin(\omega_{\mathrm{o}} t) + V_1 - V_{\mathrm{o}}' \tag{2.14}$$

$$i_{\mathrm{Lr}}(t) z = (V_1 - V_{\mathrm{o}}' + V_{\mathrm{C1}})\sin(\omega_{\mathrm{o}} t) + I_1 z \cos(\omega_{\mathrm{o}} t) \tag{2.15}$$

定义变量 $z_2(t)$ 如下

$$z_2(t) = v_{\mathrm{Cr}}(t) + \mathrm{j} z i_{\mathrm{Lr}}(t) \tag{2.16}$$

将式(2.14)和式(2.15)代入式(2.16)，整理得

$$z_2(t) = V_1 - V_{\mathrm{o}}' - (V_1 - V_{\mathrm{o}}' + V_{\mathrm{C1}} + \mathrm{j} I_1 z)\mathrm{e}^{-\mathrm{j}\omega_{\mathrm{o}} t} \tag{2.17}$$

根据式(2.17)画出时区 2 的相平面轨迹图如图 2.10 所示，圆心坐标为（0, $V_1 - V_{\mathrm{o}}'$），半径为

$$R_2^2 = (V_{\mathrm{o}}' - V_{\mathrm{C1}} - V_1)^2 + (I_1 z)^2 \tag{2.18}$$

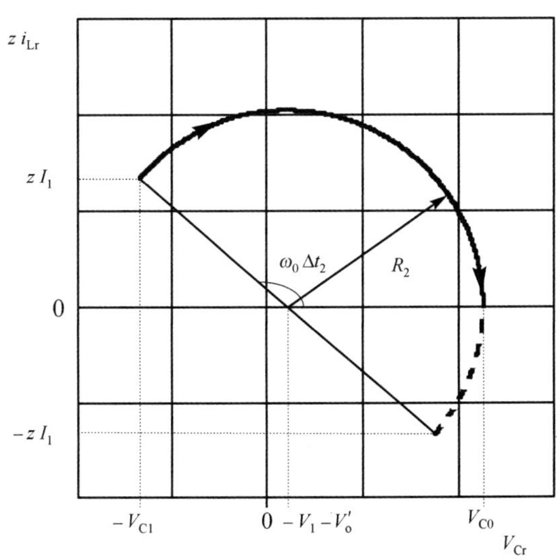

图 2.10　时区 2 的相平面轨迹图

2.3.3 半个开关周期内的归一化相平面轨迹图

在半个开关周期内，时区 Δt_1 和 Δt_2 的相平面轨迹图（以电压 V_1 作为归一化因子）如图 2.11 所示，其中有

$$\overline{i_{\rm Lr}}=\frac{i_{\rm Lr}z}{V_1},\ \overline{v_{\rm Cr}}=\frac{v_{\rm Cr}}{V_1},\ \overline{I_1}=\frac{I_1 z}{V_1},\ q=\frac{V_{\rm o}'}{V_1},\ q_{\rm C0}=\frac{V_{\rm C0}}{V_1},\ q_{\rm C1}=\frac{V_{\rm C1}}{V_1}$$

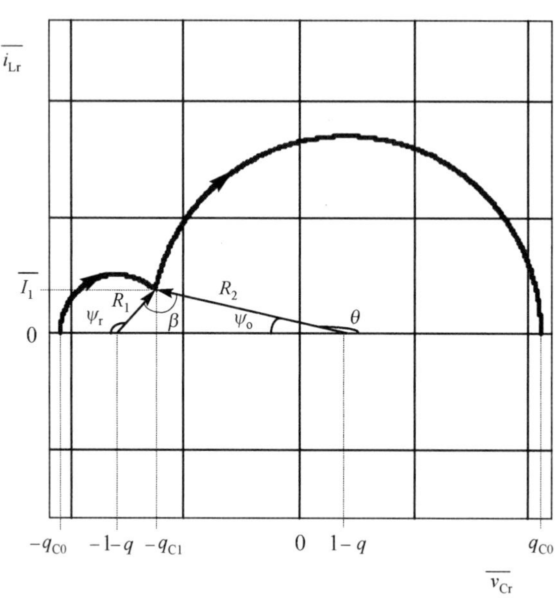

图 2.11 CCM 下，串联谐振变换器在半个开关周期内的归一化相平面轨迹图

2.3.4 输出特性

半个开关周期内的归一化相平面轨迹图如图 2.11 所示，可以得到如下方程：

$$\psi_{\rm r}+\theta=\pi=\omega_{\rm o}(\Delta t_1+\Delta t_2) \tag{2.19}$$

$$\frac{1}{T_{\rm s}}=\frac{\omega_{\rm o}}{2\pi}\frac{f_{\rm s}}{f_{\rm o}}=\frac{1}{2(\Delta t_1+\Delta t_2)} \tag{2.20}$$

$$\frac{1}{T_{\rm s}}=\frac{\mu_{\rm o}}{\pi}=\frac{1}{\omega_{\rm o}(\Delta t_1+\Delta t_2)}=\frac{1}{\psi_{\rm r}+\theta} \tag{2.21}$$

$$\psi_{\rm r}+\theta=\frac{\pi}{\mu_{\rm o}} \tag{2.22}$$

$$\beta+(\pi-\psi_{\rm r})+(\pi-\theta)=\pi \tag{2.23}$$

将式(2.22)代入式(2.23)得到

$$\beta=\psi_{\rm r}+\theta-\pi=\frac{\pi}{\mu_{\rm o}}-\pi \tag{2.24}$$

半径 R_1 和 R_2 分别由式(2.25)和式(2.26)给出

$$R_1 = q_{C0} - 1 - q \tag{2.25}$$

$$R_2 = q_{C0} - 1 + q \tag{2.26}$$

在半个开关周期内，电容电荷 Q 为

$$Q = C_r 2V_{C0} = \int_0^{T_s/2} i_{Lr}(t)\mathrm{d}t \tag{2.27}$$

平均负载电流为

$$I_o' = \frac{1}{T_s/2}\int_0^{T_s/2} i_{Lr}(t)\mathrm{d}t \tag{2.28}$$

将式(2.28)代入式(2.27)，得

$$Q = 2C_r V_{C0} = \frac{T_s}{2} I_o' \tag{2.29}$$

$$V_{C0} = \frac{I_o'}{4f_s C_r} \tag{2.30}$$

在式(2.30)中，以 V_1 为归一化因子对 V_{C0} 进行处理，有

$$q_{C0} = \frac{V_{C0}}{V_1} = \frac{I_o'}{4f_s C_r V_1} \tag{2.31}$$

归一化平均输出电流为

$$\overline{I_o'} = \frac{zI_o'}{V_1} \tag{2.32}$$

将式(2.32)代入式(2.31)可得

$$q_{C0} = \frac{V_{C0}}{V_1} = \frac{\overline{I_o'}V_1}{z} \times \frac{1}{4f_s C_r V_1} = \frac{\overline{I_o'}}{2} \times \frac{\pi}{2\pi f_s C_r z} = \frac{\overline{I_o'}}{2} \times \frac{\pi}{\mu_o} \tag{2.33}$$

将式(2.22)代入式(2.25)和式(2.26)，有

$$R_1 = \frac{\overline{I_o'}}{2} \times \frac{\pi}{\mu_o} - 1 - q \tag{2.34}$$

$$R_2 = \frac{\overline{I_o'}}{2} \times \frac{\pi}{\mu_o} - 1 + q \tag{2.35}$$

图 2.12 为时区 Δt_1、Δt_2 的具体相平面轨迹图，它可以用来求解串联谐振变换器的稳态工作情况。利用余弦定律，有

$$2^2 = R_1^2 + R_2^2 - 2R_1 R_2 \cos\beta \tag{2.36}$$

将式(2.24)和式(2.34)代入式(2.35)和式(2.36)，有

$$\begin{aligned} 4 = &\left(\frac{\overline{I_o'}}{2} \times \frac{\pi}{\mu_o} - 1 - q\right)^2 + \left(\frac{\overline{I_o'}}{2} \times \frac{\pi}{\mu_o} - 1 + q\right)^2 \\ &- 2\left(\frac{\overline{I_o'}}{2} \times \frac{\pi}{\mu_o} - 1 - q\right) + \left(\frac{\overline{I_o'}}{2} \times \frac{\pi}{\mu_o} - 1 + q\right)\cos\left(\frac{\pi}{\mu_o} - \pi\right) \end{aligned} \tag{2.37}$$

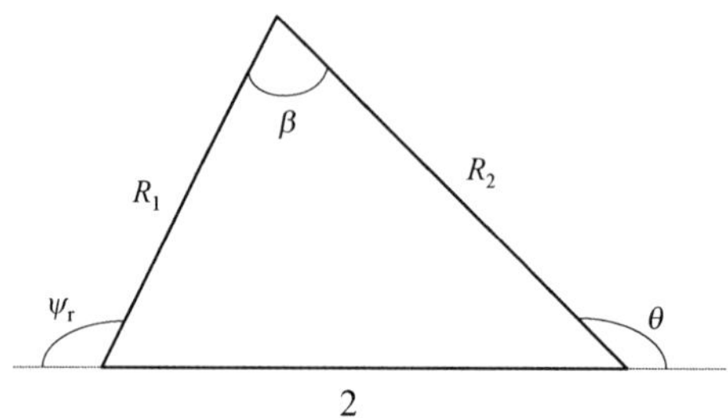

图 2.12　时区 Δt_1、Δt_2 的具体相平面轨迹图

定义 $\rho=\pi/\mu_o$，并且我们已知 $\cos(\rho-\pi)=-\cos(\rho)$，可得

$$\begin{aligned}4=&\left(\frac{\overline{I'_o}}{2}\times\rho-1-q\right)^2+\left(\frac{\overline{I'_o}}{2}\times\rho-1+q\right)^2\\&-2\left(\frac{\overline{I'_o}}{2}\times\rho-1-q\right)\left(\frac{\overline{I'_o}}{2}\times\rho-1+q\right)\cos(\rho-\pi)\end{aligned}\tag{2.38}$$

式(2.38)经过化简运算后有

$$2\left(\frac{\overline{I'_o}\rho}{2}-1\right)^2+2q^2+2\left[\left(\frac{\overline{I'_o}\rho}{2}-1\right)^2-q^2\right]\cos(\rho)-4=0\tag{2.39}$$

重写式(2.39)有

$$2q^2[1-\cos(\rho)]=4-2\left(\frac{\overline{I'_o}\rho}{2}-1\right)^2[1+\cos(\rho)]\tag{2.40}$$

将上式除以 4，有

$$q^2\left(\frac{1-\cos(\rho)}{2}\right)=1-\left(\frac{\overline{I'_o}\rho}{2}-1\right)^2\left(\frac{1+\cos(\rho)}{2}\right)\tag{2.41}$$

根据三角函数关系有 $\frac{1-\cos(\rho)}{2}=\sin^2\left(\frac{\rho}{2}\right)$，$\frac{1+\cos(\rho)}{2}=\cos^2\left(\frac{\rho}{2}\right)$，代入式(2.41)得

$$q^2\sin^2\left(\frac{\rho}{2}\right)=1-\left(\frac{\overline{I'_o}\rho}{2}-1\right)^2\cos^2\left(\frac{\rho}{2}\right)\tag{2.42}$$

解方程(2.42)得到静态增益 q 为

$$q=\sqrt{\frac{1-\left(\frac{\overline{I'_o}\rho}{2}-1\right)^2\cos^2\left(\frac{\rho}{2}\right)}{\sin^2\left(\frac{\rho}{2}\right)}}\tag{2.43}$$

将 $\rho=\pi/\mu_o$ 代入式(2.43)得

$$q=\sqrt{\frac{1-\left(\frac{\overline{I'_o}\pi}{2\mu_o}-1\right)^2\cos^2\left(\frac{\pi}{2\mu_o}\right)}{\sin^2\left(\frac{\pi}{2\mu_o}\right)}}\tag{2.44}$$

式(2.44)为串联谐振变换器 CCM 的静态增益表达式，它是归一化输出电流的函数，其中 μ_o 为参变量。对应的输出特性曲线如图 2.13 所示。可以注意到，串联谐振变换器具有恒流源特性，这样有利于负载过载或是短路保护的实现。

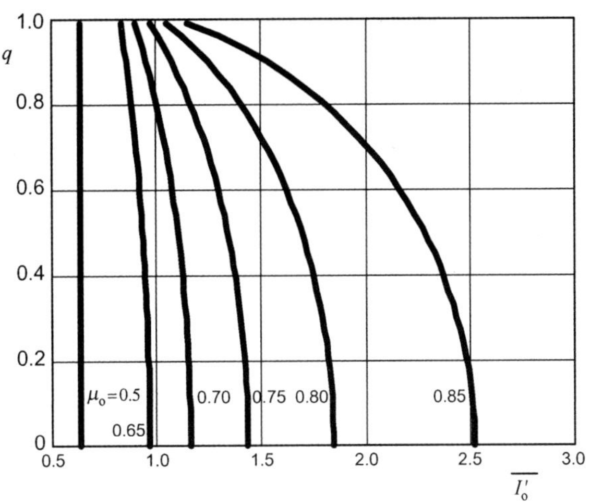

图 2.13　CCM 下串联谐振变换器的输出特性曲线

2.4　采用基波近似对串联谐振变换器进行分析

CCM 下的串联谐振变换器的等效电路图如图 2.14 所示，副边侧的参数均折算到变压器原边侧。

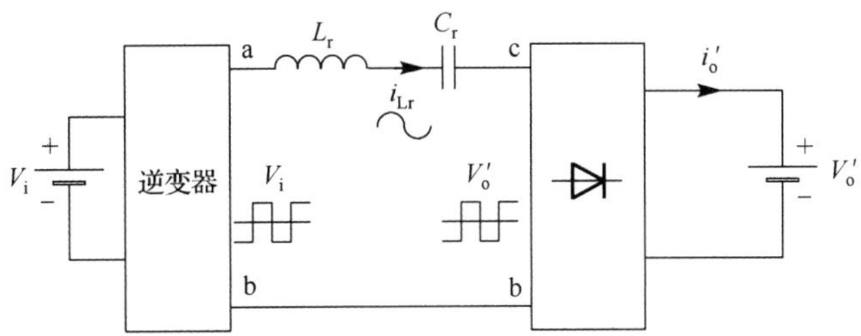

图 2.14　串联谐振变换器的等效电路图

变压器是理想的，并且励磁电流为零。方波电压 v_{ab} 和 v_{cb} 的基波分量幅值分别用式(2.45)和式(2.46)表示：

$$v_{ab1}=\frac{4}{\pi}V_1 \tag{2.45}$$

$$v_{cb1}=\frac{4}{\pi}V_o' \tag{2.46}$$

基波分量的等效电路图如图 2.15 所示。

定义绝对值 x_{Lr} 和 x_{Cr} 分别如下

$$|x_{Lr}|=L_r\omega_s=2\pi f_s L_r \tag{2.47}$$

$$|x_{Cr}|=\frac{1}{C_r\omega_s}=\frac{1}{2\pi f_s C_r} \tag{2.48}$$

因此，等效电抗的绝对值为

$$|x|=|x_{Cr}|-|x_{Lr}| \tag{2.49}$$

因此

$$|x|=\frac{1}{C_r\omega_s}-L_r\omega_s \tag{2.50}$$

二极管整流桥迫使电流 i_L 和电压 v_{cb1} 同相位。

我们同样知道当变压器的 $f_s < f_o$ 时，i_L 的相位会超前电压 v_{ab1} 的相位 90°。

因此，在稳态时，我们可以重新绘出电压和电流的相量图，如图 2.16 所示。I_L 为电流幅值，考虑电流为正弦波。

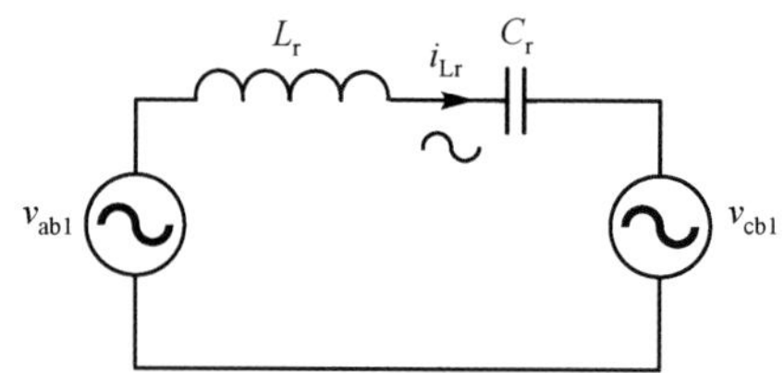

图 2.15 电压和电流基波分量的等效电路图

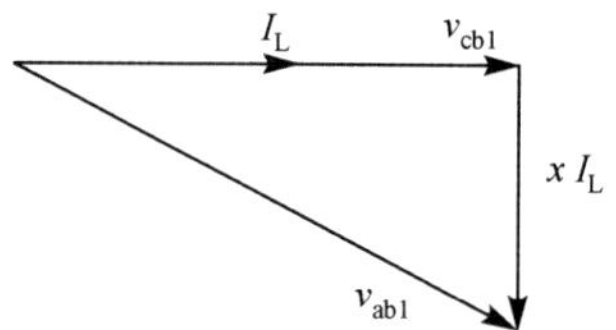

图 2.16 等效电路图 2.15 的相量图

从相量图中我们可以得到

$$v_{ab1}^2=v_{ac1}^2+(|x|I_L)^2 \tag{2.51}$$

因此

$$v_{ac1}^2=v_{ab1}^2-(|x|I_L)^2 \tag{2.52}$$

将式(2.45)、式(2.46)代入式(2.52)，可以得到

$$\left(\frac{4}{\pi}V_o'\right)^2=\left(\frac{4}{\pi}V_1\right)^2+(|x|I_L)^2 \tag{2.53}$$

因此

$$\left(\frac{\frac{4}{\pi}V_o'}{\frac{4}{\pi}V_1}\right)^2=1-\left(\frac{|x|I_L}{\frac{4}{\pi}V_1}\right)^2 \tag{2.54}$$

静态增益定义为

$$q=\frac{V_o'}{V_1} \tag{2.55}$$

且

$$q^2=1-\left(\frac{|x|I_L}{\frac{4}{\pi}V_1}\right)^2 \tag{2.56}$$

或

$$q=\sqrt{1-\left(\frac{|x|I_{\mathrm{L}}}{\frac{4}{\pi}V_1}\right)^2} \tag{2.57}$$

图 2.17 为二极管输入和输出电流的波形。

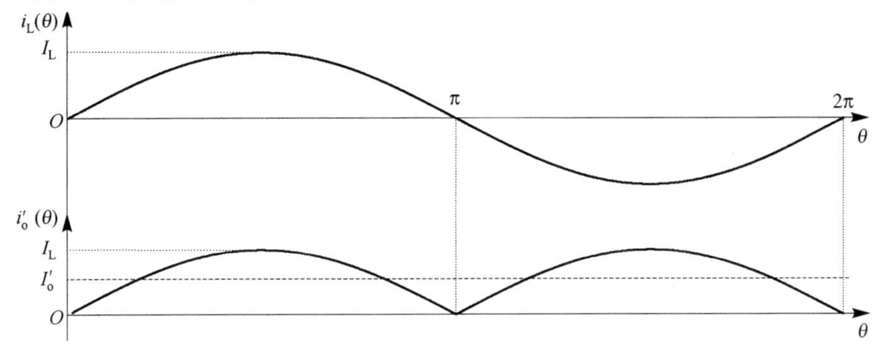

图 2.17　二极管输入和输出电流的波形

平均整流电流为

$$I'_{\mathrm{o}}=\frac{2}{\pi}I_{\mathrm{Lr}} \tag{2.58}$$

因此

$$I_{\mathrm{Lr}}=\frac{2}{\pi}I'_{\mathrm{o}} \tag{2.59}$$

将式(2.59)代入式(2.57)，可以得到

$$q=\sqrt{1-\left(\frac{|x|\,\pi I'_{\mathrm{o}}}{2\frac{4}{\pi}V_1}\right)^2} \tag{2.60}$$

经过合理化简，有

$$q=\sqrt{1-\left(\frac{xI'_{\mathrm{o}}}{V_1}\frac{\pi^2}{8}\right)^2} \tag{2.61}$$

式(2.62)定义归一化电流为

$$\overline{I}'_{\mathrm{o}}=\frac{z}{V_1}I'_{\mathrm{o}} \tag{2.62}$$

因此

$$I'_{\mathrm{o}}=\frac{V_1}{z}\overline{I}'_{\mathrm{o}} \tag{2.63}$$

或

$$\left(\frac{|x|I'_{\mathrm{o}}}{V_1}\right)^2=\left(\frac{|x|\overline{I}'_{\mathrm{o}}}{z}\right)^2 \tag{2.64}$$

但有

$$\frac{|x|}{z}=\frac{1}{\sqrt{\frac{L_{\mathrm{r}}}{C_{\mathrm{r}}}}}\left(\frac{1}{\omega_{\mathrm{s}}C_{\mathrm{r}}}-\omega_{\mathrm{s}}L_{\mathrm{r}}\right) \tag{2.65}$$

其中，

$$\omega_o = \frac{1}{\sqrt{L_r C_r}} \tag{2.66}$$

对式(2.65)和式(2.66)进行处理可得

$$\left(\frac{|x| I_o'}{V_1}\frac{\pi^2}{8}\right)^2 = \left(\frac{\pi^2}{8}\right)^2\left(\frac{\omega_o}{\omega_s}-\frac{\omega_s}{\omega_o}\right)^2 \overline{I}_o'^2 \tag{2.67}$$

将式(2.55)代入式(2.61)，有

$$q = \sqrt{1-\left[\frac{\pi^2}{8}\left(\frac{\omega_o}{\omega_s}-\frac{\omega_s}{\omega_o}\right)\overline{I_o'}\right]^2} \tag{2.68}$$

已知

$$\frac{\omega_o}{\omega_s} = \frac{f_o}{f_s} \tag{2.69}$$

因此重新写出q的表达式

$$q = \sqrt{1-\frac{\pi^4}{64}\left(\frac{f_o}{f_s}-\frac{f_s}{f_o}\right)^2 \overline{I}_o'^2} \tag{2.70}$$

式(2.71)定义归一化开关频率表达式

$$\mu_o = \frac{f_o}{f_s} \tag{2.71}$$

将式(2.71)代入式(2.70)，有

$$q = \sqrt{1-\frac{\pi^4}{64}\left(\frac{1}{\mu_o}-\mu_o\right)^2 \overline{I}_o'^2} \tag{2.72}$$

上式为串联谐振变换器的输出特性，它是基于电压和电流的基波分量得到的，且有$f_o/2 \leqslant f_s \leqslant f_o$。

图 2.18 为式(2.72)的对应工作曲线，基于基波近似分析方法的百分比误差如图 2.19 所示。

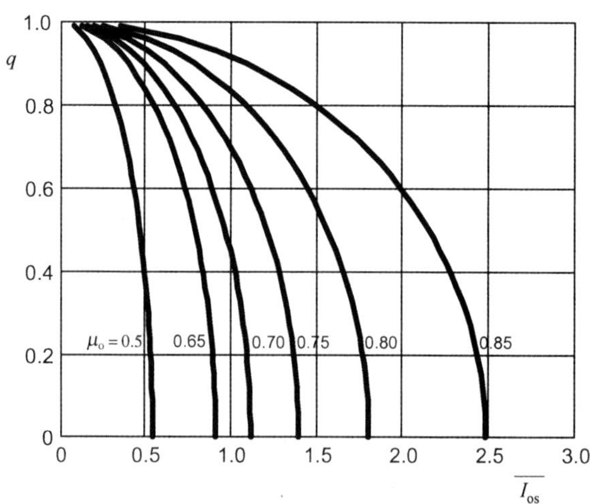

图 2.18 通过基波近似分析方法得到的输出特性增益

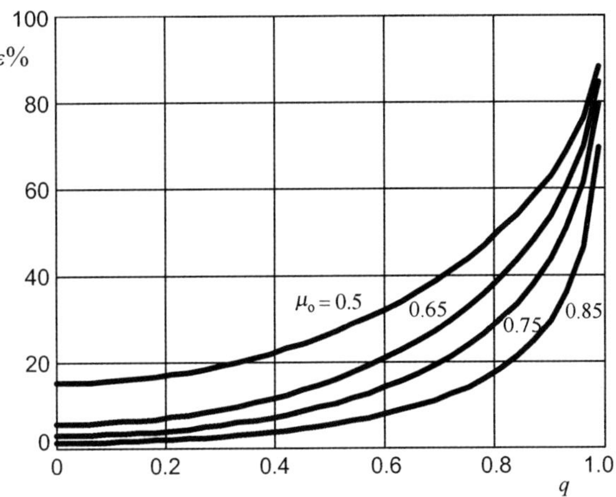

图 2.19　以 μ_o 为参变量，静态增益的百分比误差

2.5　L_r 和 C_r 的简化计算实例

本节我们给出了一种数值计算实例，利用前述章节的推导，来计算谐振腔的 L_r 和 C_r 参数。变换器的参数规格如表 2.1 所示。

表 2.1　变换器的参数规格

参数	规格
输入直流电压 V_i	400 V
输出直流电压 V_o	50 V
额定平均输出电流 I_o	10 A
输出额定功率 P_o	500 W
最小输出功率 $P_{o\min}$	50 W
最大开关频率 $f_{s\max}$	40 kHz

为了实现变换器在宽范围负载下工作于 CCM，可选择归一化频率参数 $\mu_o = 0.87$，最大归一化输出电流为 $\overline{I'_{o\max}} = 2.5$，静态增益 $q = 0.6$。

折算到变压器原边侧的输出电流为

$$V'_o = \frac{V_i}{2}q = \frac{400}{2}\times 0.6 = 120\ \text{V}$$

变压器匝数比 n，以及折算到变压器原边侧的输出电流 I'_o 为

$$\frac{N_1}{N_2} = \frac{V'_o}{V_o} = \frac{120}{50} = 2.4$$

$$I'_o = V_o\frac{N_1}{N_2} = 10\times\frac{1}{2.4} = 4.17\ \text{A}$$

折算到原边侧的平均输出电流揭示了谐振电感和谐振电容之间的关系，因此

$$\overline{I'_o} = \frac{I'_o\sqrt{\dfrac{L_r}{C_r}}}{V_1}$$

以及

$$\frac{L_r}{C_r} = \left(\frac{\overline{I_o}V_1}{I_o}\right)^2 = \left(\frac{2.5\times 200}{4.16667}\right)^2 = 14400$$

谐振频率为

$$f_o = \frac{f_{s\max}}{\mu_o} = \frac{40 \times 10^3}{0.87} = 45977.01\,\text{Hz}$$

因为 $f_o = \dfrac{1}{2\pi\sqrt{L_r C_r}}$，有 $L_r C_r = 11.98276 \times 10^{-12}$。

从上述两个方程，我们可以求得：$L_r = 413.23\,\mu\text{H}$，$C_r = 29\,\text{nF}$。

根据最小输出功率 $P_{o\min} = 50\,\text{W}$，$q = 0.6$，以及 $\overline{I'_{o\max}} = 1$，从输出特性曲线上可以得到 $\mu_o = 0.7$。因此，最小开关频率为

$$f_{s\min} = f_o \mu_o = 45977 \times 0.7 = 32183.91\,\text{Hz}$$

图 2.20 为根据计算出来的参数得到的工作区间。

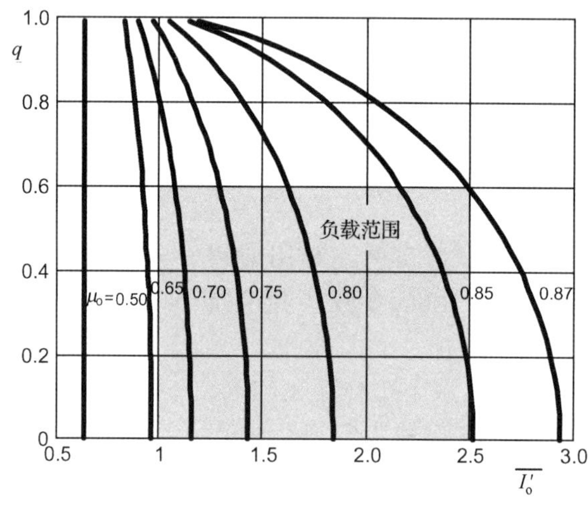

图 2.20 实例电路中的工作区间

理想的半桥串联谐振变换器，其等效电路图如图 2.21 所示，其参数规格见表 2.1，以及上述计算所得到的谐振腔参数，在额定和最小负载功率条件下进行了仿真。

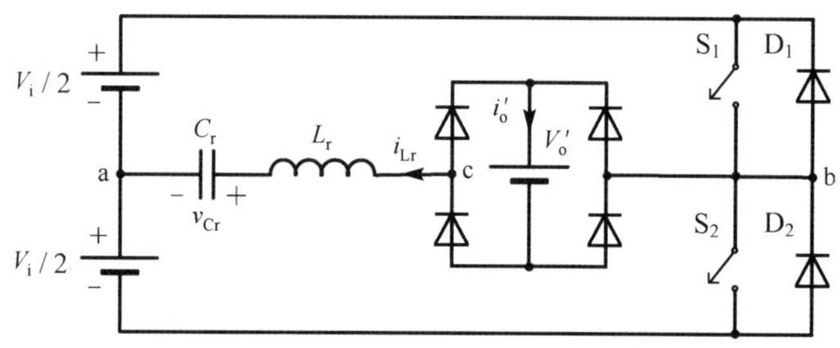

图 2.21 理想的半桥串联谐振变换器的等效电路图

图 2.22 为在额定负载功率下，谐振电容电压、谐振电感电流和电压 v_{ab} 的波形图，图 2.23 为开关管电压和电流的波形图。可以注意到，开关管导通时是有损耗的，并且只有在开关管关断时才能实现 ZCS 软开关换流。

图 2.24 为在最小负载功率下，谐振电容电压、谐振电感电流和电压 v_{ab} 的波形，图 2.25 为开关管电压和电流的波形。同样地，开关管导通时是有损耗的，并且只有在开关管关断时才能实现 ZCS 软开关换流。

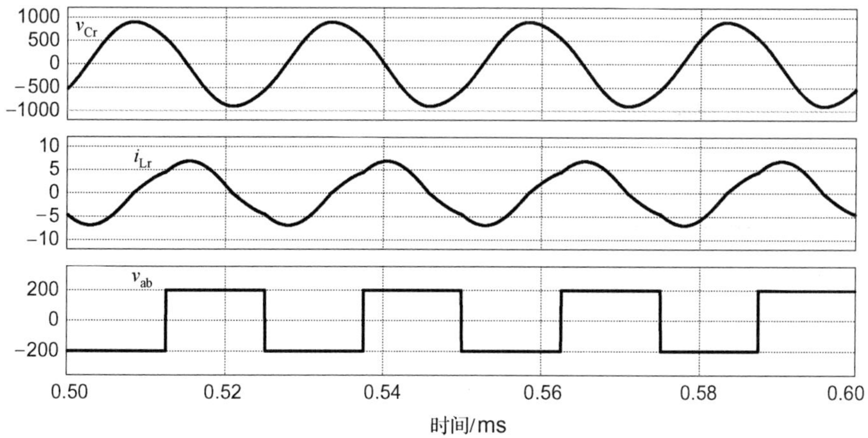

图 2.22　在额定负载功率下，谐振电容电压、谐振电感电流和电压 v_{ab} 的波形

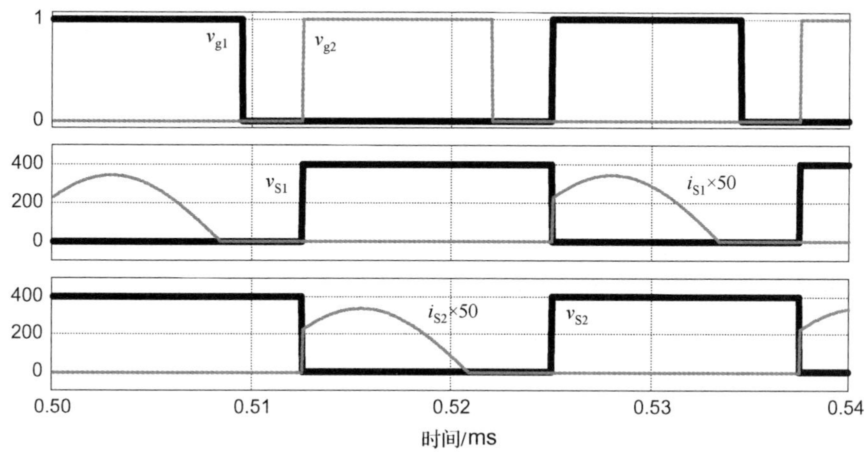

图 2.23　在额定负载功率下的开关管换流过程：开关管 S_1 和 S_2 驱动信号，开关管电压和电流的波形

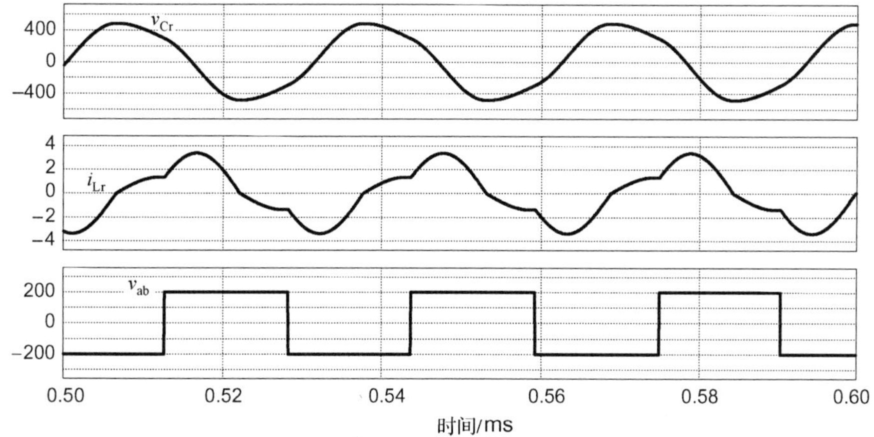

图 2.24　在最小负载功率下，谐振电容电压、谐振电感电流和电压 v_{ab} 的波形

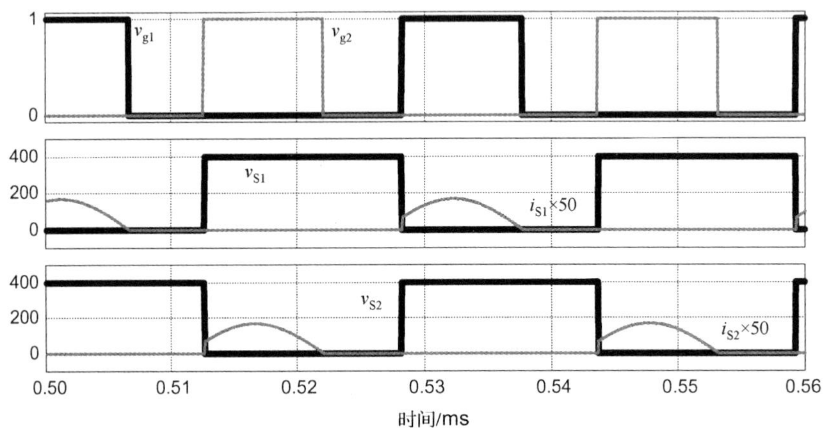

图 2.25 在最小负载功率下的开关换流过程：开关管 S_1 和 S_2 驱动信号，开关管电压和电流的波形

2.6 电感电流断续模式(DCM)下的电路工作过程

在 DCM 下，开关频率为 $0 \leqslant f_s \leqslant 0.5 f_o$，且一个工作周期可以分为 6 个时区。

1．时区 Δt_1（时区 1，$t_0 < t < t_1$）

在时刻 $t = t_0$，因为 $i_{Lr} = 0$，S_1 为 ZCS 无损导通。电感电流正弦变化，并且电容进行放电，而在此时区最开始时是以负电压充电的。在这个时区内，DC 母线向负载传输能量。图 2.26 即为此时区的等效电路图。

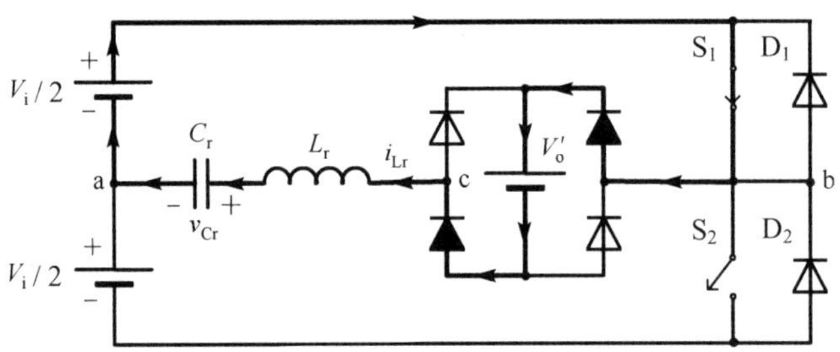

图 2.26 时区 1 的等效电路图

2．时区 Δt_2（时区 2，$t_1 < t < t_2$）

图 2.27 为此时区的等效电路图。在时刻 $t = t_1$，电感电流达到零。二极管 D_1 导通流过负向电感电流（负向变化）。在此时区，开关管 S_1 必须关断以实现软开关换流。此时区结束时电感电流再次达到零，即时刻 $t = t_2$。

3．时区 Δt_3（时区 3，$t_2 < t < t_3$）

在此时区内，如图 2.28 所示，两个开关管都关断，且电感电流为零。在此时区内不向负载传输能量。在时刻 $t = t_3$，此时区结束，开关管 S_2 导通。

4．时区 Δt_4（时区 4，$t_3 < t < t_4$）

在时刻 $t = t_3$，电流为零，开关管 S_2 零电流导通。电感电流正弦变化，并且电容放电。在此时区内 DC 直流母线向负载传输能量。图 2.29 为此时区的等效电路图。

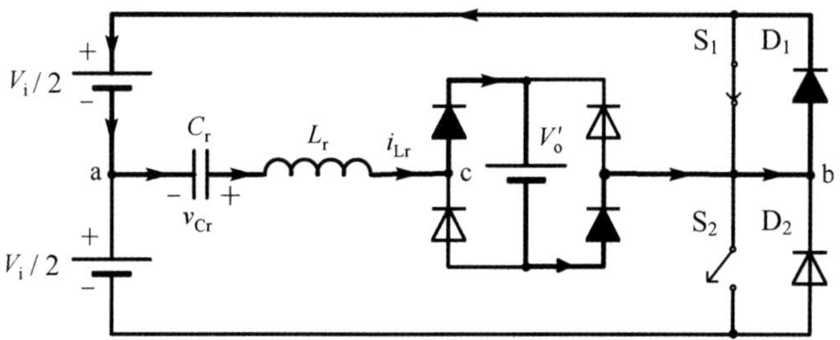

图 2.27　时区 2 的等效电路图

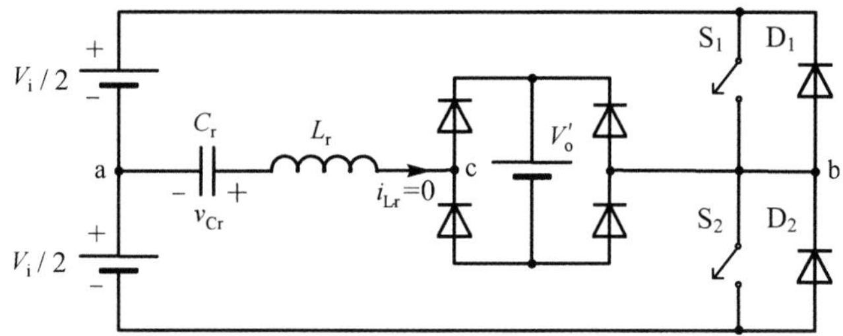

图 2.28　时区 3 的等效电路图

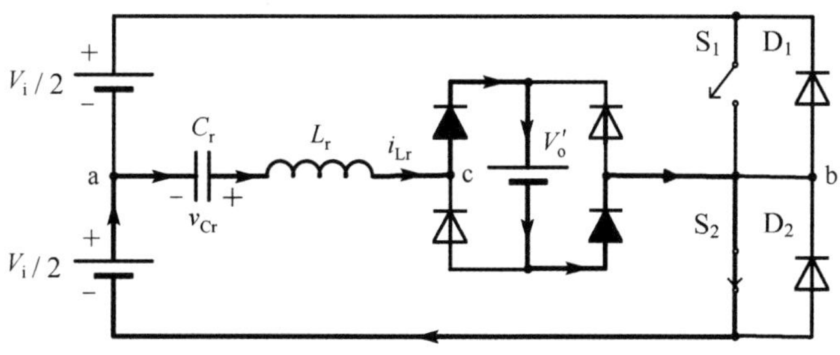

图 2.29　时区 4 的等效电路图

5．时区 Δt_5（时区 5，$t_4 < t < t_5$）

此时区的等效电路图如图 2.30 所示。在时刻 $t = t_4$ 电感电流为零。二极管 D_2 开始流过正向电感电流。在此时区内，开关管 S_2 必须要关断以实现软开关换流。此时区在电感电流再次达到零时结束。

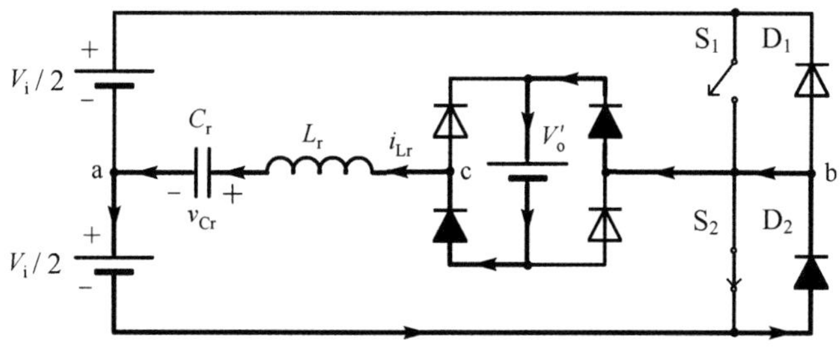

图 2.30　时区 5 的等效电路图

6．时区 Δt_6（时区 6，$t_5 < t < t_6$）

此时区的等效电路图如图 2.31 所示，两个开关管均关断，且电感电流为零。此时没有能量传输到负载。在时刻 $t = t_6$，开关管 S_1 导通时此时区结束。图 2.32 所示为 DCM 下的相关波形和时序图。

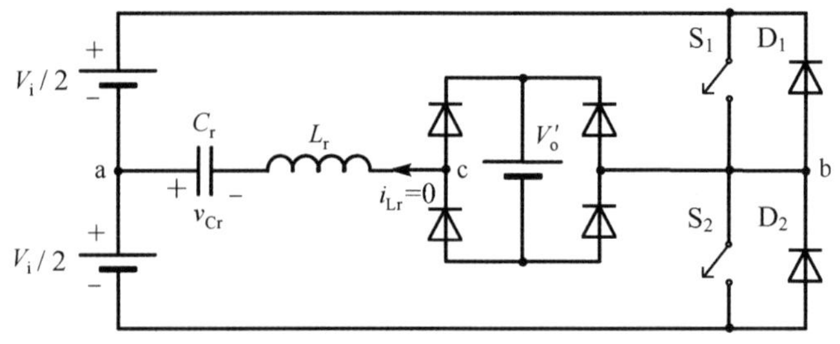

图 2.31 时区 6 的等效电路图

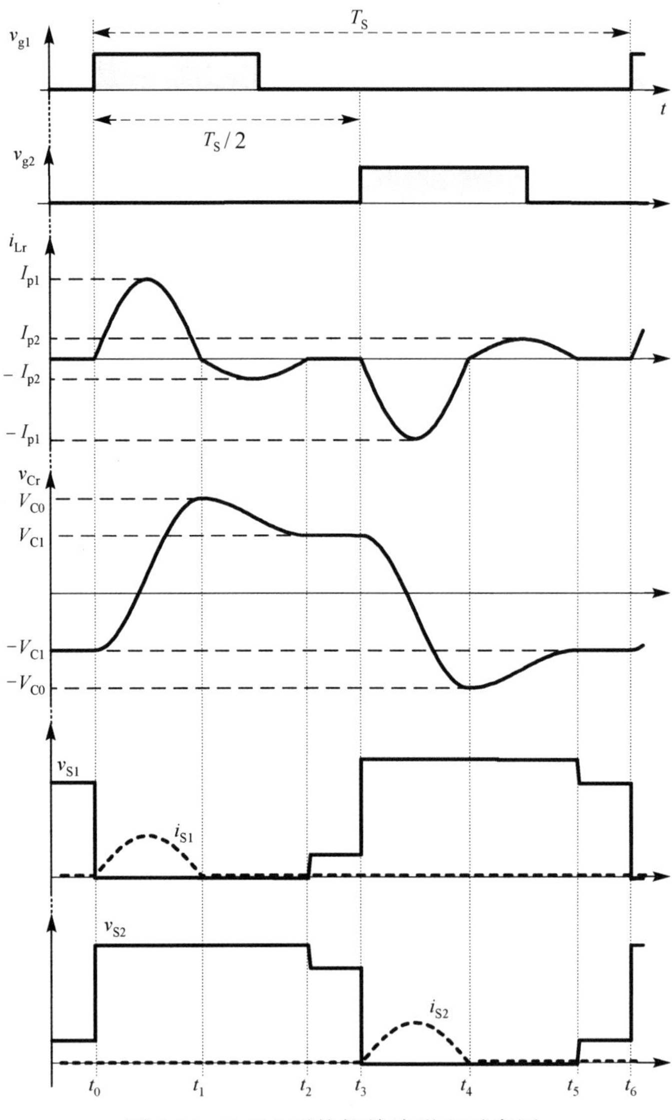

图 2.32 DCM 下的相关波形和时序图

2.7　电感电流断续模式(DCM)下工作状态的数学分析

本节推导出了谐振电感电流和谐振电容电压的表达式。因为变换是对称工作的，所以只需要分析半个开关周期。

1. 时区 Δt_1

在此时区，电感初始化电流和谐振电容初始化电压分别为

$$\begin{cases} i_{\mathrm{Lr}}(t_0)=0 \\ v_{\mathrm{Cr}}(t_0)=-V_{\mathrm{C0}} \end{cases}$$

从图 2.26 的等效电路图可以得到如下电路方程：

$$\frac{V_{\mathrm{i}}}{2}=L_{\mathrm{r}}\frac{\mathrm{d}i_{\mathrm{Lr}}(t)}{\mathrm{d}t}+v_{\mathrm{Cr}}(t)+V_{\mathrm{o}}' \tag{2.73}$$

$$i_{\mathrm{Lr}}(t)=C_{\mathrm{r}}\frac{\mathrm{d}v_{\mathrm{Cr}}(t)}{\mathrm{d}t} \tag{2.74}$$

进行拉普拉斯变换，有

$$\frac{(V_{\mathrm{i}}/2)-V_{\mathrm{o}}'}{s}=sL_{\mathrm{r}}I_{\mathrm{Lr}}(s)+v_{\mathrm{Cr}}(s) \tag{2.75}$$

$$I_{\mathrm{Lr}}(s)=sC_{\mathrm{r}}v_{\mathrm{Cr}}(s)+C_{\mathrm{r}}V_{\mathrm{C1}} \tag{2.76}$$

对式(2.75)和式(2.76)进行拉普拉斯逆变换，整理得

$$v_{\mathrm{Cr}}(t)=-(V_1-V_{\mathrm{o}}'+V_{\mathrm{C1}})\cos(\omega_{\mathrm{o}}t)+V_1-V_{\mathrm{o}}' \tag{2.77}$$

$$i_{\mathrm{Lr}}(t)z=(V_1-V_{\mathrm{o}}'+V_{\mathrm{C1}})\sin(\omega_{\mathrm{o}}t) \tag{2.78}$$

当电感电流达到零时此时区结束，考虑 $i_{\mathrm{Lr}}(t)=0$，式(2.78)变为

$$(V_1-V_{\mathrm{o}}'+V_{\mathrm{C1}})\sin(\omega_{\mathrm{o}}\Delta t_1)=0 \tag{2.79}$$

因此

$$\Delta t_1=\frac{\pi}{\omega_{\mathrm{o}}} \tag{2.80}$$

定义

$$z_1(t)=v_{\mathrm{Cr}}(t)+\mathrm{j}zi_{\mathrm{Lr}}(t) \tag{2.81}$$

将式(2.77)、式(2.78)代入式(2.81)得

$$z_1(t)=V_1-V_{\mathrm{o}}'-(V_1-V_{\mathrm{o}}'+V_{\mathrm{C1}})\cos(\omega_{\mathrm{o}}t)+\mathrm{j}(V_1-V_{\mathrm{o}}'+V_{\mathrm{C1}})\sin(\omega_{\mathrm{o}}t) \tag{2.82}$$

因此有

$$z_1(t)=V_1-V_{\mathrm{o}}'-(V_1-V_{\mathrm{o}}'+V_{\mathrm{C1}})\mathrm{e}^{-\mathrm{j}\omega_{\mathrm{o}}t} \tag{2.83}$$

式(2.83)为此时区的相平面方程，其相平面轨迹图如图 2.33 所示，它是一个圆，其中心点坐标为$(0,\ V_1-V_{\mathrm{o}}')$，半径为

$$R_1=V_{\mathrm{C1}}+V_1-V_{\mathrm{o}}' \tag{2.84}$$

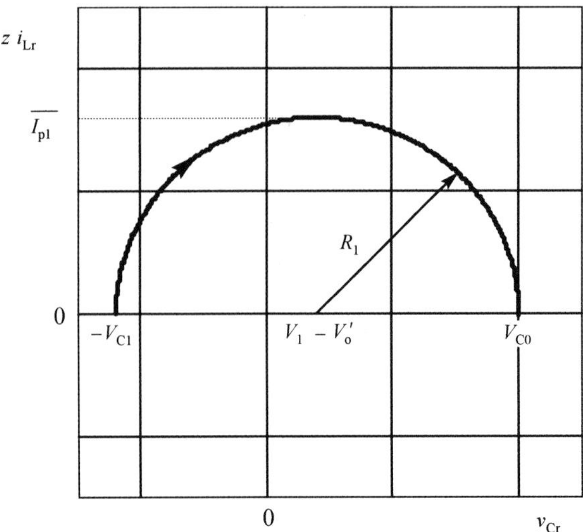

图 2.33　DCM 下时区 Δt_1 的相平面轨迹图

2. 时区 Δt_2

在此时区，电感初始化电流和谐振电容初始化电压分别为

$$\begin{cases} i_{Lr}(t_1)=0 \\ v_{Cr}(t_1)=V_{C0} \end{cases}$$

从图 2.27 的等效电路图可以得到如下电路方程：

$$V_1=-L_r\frac{di_{Lr}(t)}{dt}+v_{Cr}(t)-V_o' \tag{2.85}$$

$$i_{Vr}(t)=-C_r\frac{dv_{Cr}(t)}{dt} \tag{2.86}$$

进行拉普拉斯变换，有

$$\frac{V_1+V_o'}{s}=-sL_rI_{Lr}(s)+V_{Cr}(s) \tag{2.87}$$

$$I_{Lr}(s)=-sC_rV_{Cr}(s)+C_rV_{C0} \tag{2.88}$$

对式(2.87)和式(2.88)进行拉普拉斯逆变换，整理得

$$v_{Cr}(t)=-(V_1+V_o'-V_{C0})\cos(\omega_o t)+V_1+V_o' \tag{2.89}$$

$$i_{Lr}(t)z=(V_1+V_o'-V_{C0})\sin(\omega_o t) \tag{2.90}$$

当电感电流达到零时此时区结束，考虑 $i_{Lr}(t)=0$，式(2.90)变为

$$(V_1+V_o'-V_{C0})\sin(\omega_o\Delta t_2)=0 \tag{2.91}$$

因此

$$\Delta t_2=\frac{\pi}{\omega_o} \tag{2.92}$$

定义变量 $z_2(t)$

$$z_2(t) = v_{Cr}(t) + jzi_{Lr}(t) \tag{2.93}$$

将式(2.89)、式(2.90)代入式(2.93)得

$$z_2(t) = V_1 + V_o' - (V_1 + V_o' - V_{C0})\cos(\omega_o t) + j(V_1 + V_o' - V_{C0})\sin(\omega_o t) \tag{2.94}$$

因此有

$$z_2(t) = V_1 + V_o' - (V_1 + V_o' - V_{C0})e^{-j\omega_o t} \tag{2.95}$$

式(2.95)为此时区的相平面方程，其相平面轨迹图如图 2.34 所示，它是一个圆，其中心点坐标为(0, $V_1 + V_o'$)，半径为

$$R_2 = \left[V_{C0} - (V_1 + V_o')\right] \tag{2.96}$$

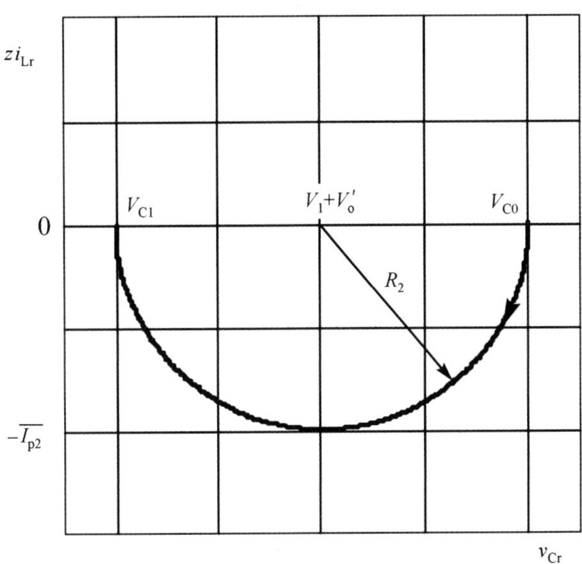

图 2.34　DCM 下时区 2 的相平面轨迹图

3. 初始条件

图 2.35 所示为半个开关周期的完整相平面轨迹图，通过观察此曲线，可以得到

$$V_{C1} = V_{C0} - 2R_2 \tag{2.97}$$

$$V_{C0} = R_1 + (V_1 - V_o') \tag{2.98}$$

将式(2.96)代入式(2.97)，式(2.84)代入式(2.98)可得

$$V_{C1} = -V_{C0} + 2(V_1 + V_o') \tag{2.99}$$

$$V_{C0} = V_{C1} + 2(V_1 - V_o') \tag{2.100}$$

将式(2.99)代入式(2.100)，可得

$$V_{C1} = 2V_o' \tag{2.101}$$

$$V_{C0} = 2V_1 \tag{2.102}$$

半径 R_1 和 R_2 分别由下式决定：

$$R_1 = V_1 + V'_o \tag{2.103}$$

$$R_2 = V_1 - V'_o \tag{2.104}$$

峰值电流 I_{p1} 和 I_{p2} 由式(2.105)和式(2.106)给出：

$$\overline{I_{p1}} = I_{p1}\, z = R_1 = V_1 + V'_o \tag{2.105}$$

$$\overline{I_{p2}} = I_{p2}\, z = R_2 = V_1 - V'_o \tag{2.106}$$

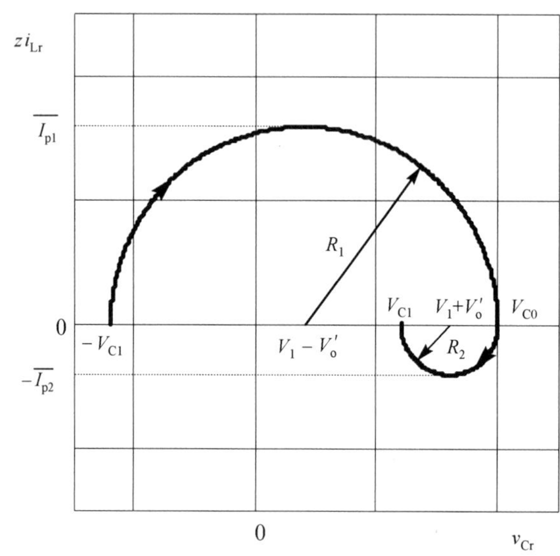

图 2.35 DCM 下，半个开关周期的完整相平面轨迹图

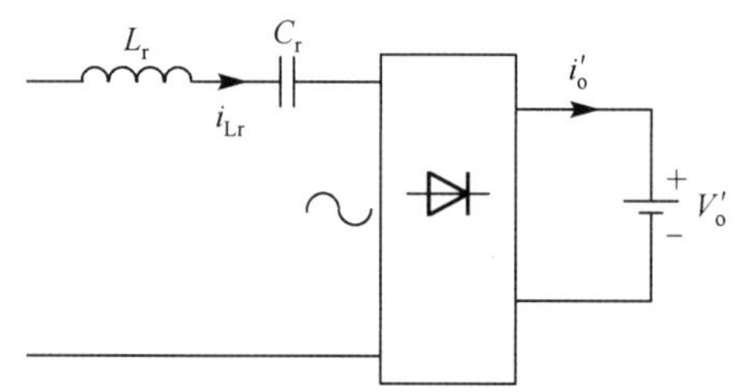

图 2.36 串联谐振变换器的功率级电路图

4. 输出特性

图 2.36 为串联谐振变换器的功率级电路图，其输入端的电流和输出端整流二极管的电流波形如图 2.37 所示。

面积 A_1 和 A_2 分别由式(2.107)和式(2.108)决定

$$A_1 = \frac{1}{\omega_o}\int_0^{\pi}\left(\frac{V_1 + V'_o}{Z}\right)\sin(\omega_o t)\mathrm{d}t = \frac{V_1 + V'_o}{\pi f_o z} \tag{2.107}$$

$$A_2 = \frac{1}{\omega_o}\int_0^{\pi}\left(\frac{V_1 - V'_o}{Z}\right)\sin(\omega_o t)\mathrm{d}t = \frac{V_1 - V'_o}{\pi f_o z} \tag{2.108}$$

折算到变压器原边侧的平均输出电流，可以通过对式(2.107)、式(2.108)相加得到，因此有

$$I'_{oD} = \frac{2(A_1 + A_2)}{T_s} = \frac{4}{\pi}\frac{V_1}{z}\frac{f_s}{f_o} \tag{2.109}$$

故归一化电流为

$$\overline{I'_{oD}} = \frac{I'_{oD}z}{V_1} = \frac{4}{\pi}\frac{f_s}{f_o} \tag{2.110}$$

以 μ_o 为参变量，输出特性或者静态参数与归一化输出电流的关系如图 2.38 所示。可以看到，变换器在此工作模式下具有电流源特性，负载电流不依赖于负载电压。

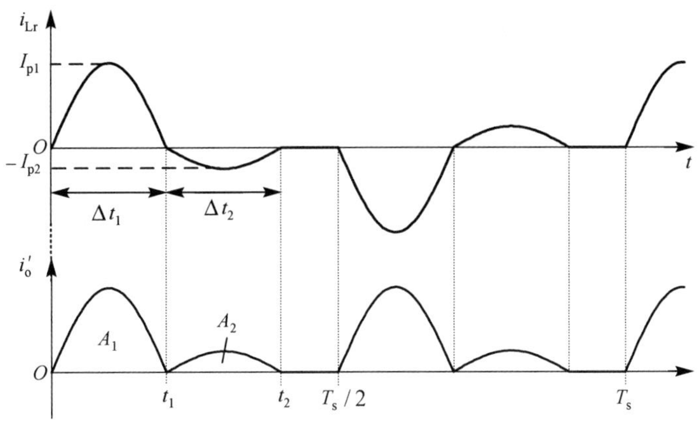

图 2.37　输入和输出电流波形

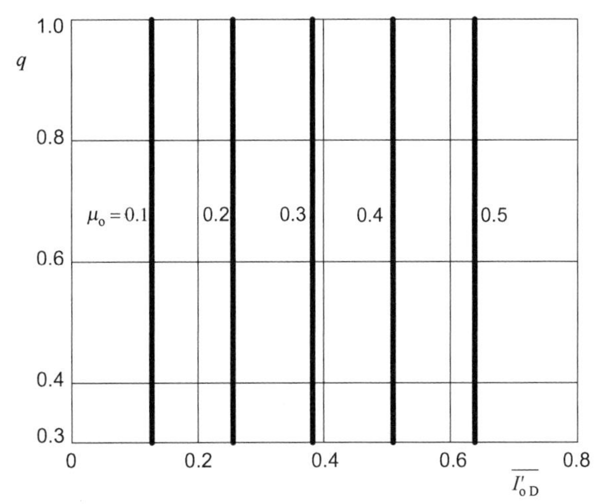

图 2.38　DCM 下的输出特性曲线

5．DCM 约束条件

2.6 节所描述的 DCM 情形，只有在如下三个约束条件下方可实现。

第一个条件由式(2.111)给出

$$\omega_o(\Delta t_1+\Delta t_2)\leqslant\pi \tag{2.111}$$

因此，将式(2.80)和式(2.92)代入式(2.111)，有

$$\frac{f_s}{f_o}\leqslant 0.5 \tag{2.112}$$

将式(2.112)代入式(2.110)得到第二个约束条件

$$\overline{I'_{oD}}\leqslant\frac{2}{\pi} \tag{2.113}$$

第三个约束条件通过观察图 2.34 的相平面轨迹图可以得到

$$V_{C1} \geqslant V_1 - V_o' \tag{2.114}$$

将式(2.101)代入式(2.114)有

$$V_o' \geqslant \frac{V_1}{3} \tag{2.115}$$

2.8 习题

1．全桥串联谐振变换器如图 2.39 所示，其参数为

$$V_i = 400\,\text{V}, \quad V_o = 120\,\text{V}, \quad N_s / N_p = 1, \quad R_o = 20\,\Omega,$$
$$f_s = 30 \times 10^3\ \text{Hz}, \quad C_r = 52.08\,\text{nF}, \quad L_r = 48.63\,\mu\text{H}$$

(a)求谐振频率；

(b)求输出电压和平均输出电流；

(c)求谐振电容峰值电压和开关管峰值电流。

答案：

(a) $f_o = 100\,\text{kHz}$；(b) $V_o = 100\,\text{V}$；$I_o = 5\,\text{A}$；(c) $V_{C0} = 800\,\text{V}$；$I_{p1} = 16.36\,\text{A}$。

2．对于习题 1，求当输出电压为 160 V 时对应的开关频率。

答案：$f_s = 48\,\text{kHz}$。

3．假设如图 2.39 所示的全桥串联谐振变换器工作于 CCM，且开关频率为 80 kHz，求输出电压。

答案：$V_o = 344\,\text{V}$。

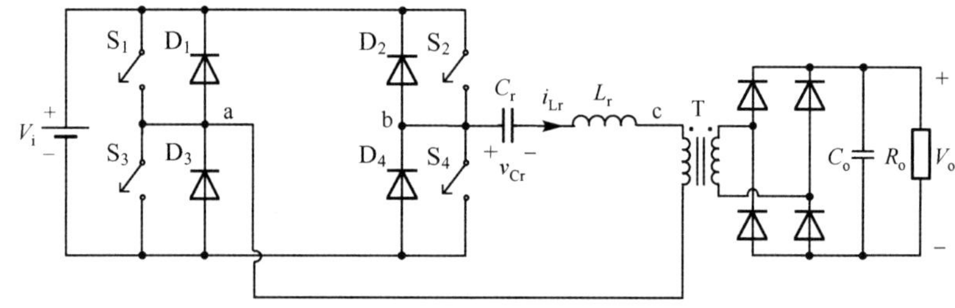

图 2.39 全桥串联谐振变换器

4．求在 CCM 下，输出短路时，短路电流的表达式。

答案：

$$I_{o\_SC} = \frac{V_1}{z} \times \frac{2\mu_o}{\pi} \times \left(1 + \frac{1}{\cos(\pi / 2\mu_o)}\right)$$

5．计算习题 4 的输出短路电流大小。

答案：$I_{o\_SC} = 24\,\text{A}$。

6．当输出短路时，求半桥串联谐振变换器的谐振电容峰值电压表达式。

答案：

$$V_{C0\,SC} = V_1 \times \left(1 + \frac{1}{\left|\cos\left(\dfrac{\pi}{2\mu_o}\right)\right|}\right)$$

7. 计算为保证串联半桥谐振变换器工作于 DCM，其最小输出阻抗 $R_{\text{o min}}$，假设系统参数为

$$V_\text{i} = 400\,\text{V},\quad C_\text{r} = 300\,\text{nF},\quad L_\text{r} = 40\,\mu\text{H},$$
$$f_\text{s} = 20\times 10^3\,\text{Hz},\quad N_\text{s} / N_\text{p} = 1$$

答案：$R_{\text{o min}} = 15.625\,\Omega$。

参考文献

1. Schwarz, F.C.: An improved method of resonant current pulse modulation for power converters. IEEE Trans. Ind. Electron. Control Instrum. IECI-23(2), 133–141(1976)
2. Schwarz, F.C., Klaassens, B.J.: A 95-percent efficient 1-kW DC converter with an internal frequency of 50 kHz. IEEE Trans. Ind. Electron. Control Instrum. IECI-24(4), 326–333(1978)
3. Witulski, A.F., Erickson, R.W.: Steady-state analysis of the series resonant converter. IEEE Trans. Aerosp. Electron. Syst. AES-21(6), 791–799(1985)

第 3 章　半桥电容电压钳位串联谐振变换器

符　号　表

V_i	直流输入电压
V_o	直流输出电压
V_1	直流输入电压的 1/2
P_o	额定输出功率
$P_{o\,min}$	最小输出功率
$P_{o\,max}$	最大输出功率
C_o	输出滤波电容
R_o	输出负载电阻
μ_o	归一化开关频率
q	静态增益
D	占空比
f_s	开关频率(Hz)
$f_{s\,min}$	最小开关频率(Hz)
$f_{s\,max}$	最大开关频率(Hz)
T_s	开关周期
t_d	死区时间
T	变压器
n	变压器匝数比
N_1 和 N_2	变压器绕组匝数
V_o'	折算到变压器原边侧的直流输出电压
i_o	输出电流
i_o'	折算到变压器原边侧的输出电流
I_o'（$\overline{I_o'}$）	CCM 下，折算到变压器原边侧的平均输出电流，以及其归一化值
S_1 和 S_2	开关管
V_{g1} 和 V_{g2}	开关管驱动信号
D_{C1} 和 D_{C2}	钳位二极管
C_r	谐振电容
L_r	谐振电感(可能包含变压器漏感)
i_{Lr}	谐振电感电流
I_{Lr}（$\overline{I_{Lr}}$）	开关管 S_1 和 S_3 换流时，谐振电流峰值，以及其归一化值
ω_o	谐振角频率(rad/s)

续表

z	特征阻抗
Z_1 和 Z_2	相平面阻抗
I_1（$\overline{I_1}$）	在第 1 个和第 4 个时区结束时的电感电流，以及其归一化值
v_{ab}	a 和 b 两点之间的交流电压
v_{S1} 和 v_{S2}	开关管 S_1 和 S_2 的电压
i_{S1} 和 i_{S2}	开关管 S_1 和 S_2 的电流
Δt_1	时区 1（t_1-t_0）
Δt_2	时区 2（t_2-t_1）
Δt_3	时区 3（t_3-t_2）
Δt_4	时区 4（t_4-t_3）
Δt_5	时区 5（t_5-t_4）
Δt_6	时区 6（t_6-t_5）
$I_{S\ RMS}$（$\overline{I_{S\ RMS}}$）	开关管 S_1 和 S_2 的有效值电流，以及其归一化值
I_{DC}（$\overline{I_{DC}}$）	二极管 D_{C1} 和 D_{C2} 的平均电流，以及其归一化值

3.1　引言

图 3.1 为半桥电容电压钳位串联谐振变换器（HB-CV-SRC）的电路原理图[1]，与第 2 章的串联谐振变换器相比，它有两个钳位二极管。它仍采用控制开关频率来实现能量的传输。谐振电容电压被钳位在母线电压一半的水平，这样在开关周期内得到两个线性时区。变换器工作于 DCM，且开关频率范围很宽甚至接近谐振频率。DCM 下确保了开关管的 ZCS（不管是开通还是关断）。在此串联谐振变换器中，其输出特性不再是理想电流源特性，所以对于此拓扑负载短路保护需要额外的电路来实现。输出功率是与开关频率线性相关的，而不依赖于负载。

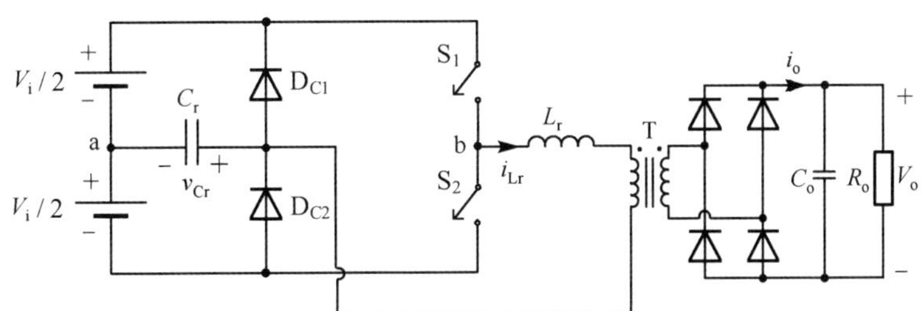

图 3.1　半桥电容电压钳位串联谐振变换器的电路原理图

本章我们会详细分析 DCM 下的基本工作原理，并给出一个设计实例。

3.2　电路工作过程

本节所分析的电路如图 3.2 所示。为简化起见，我们假设：

- 所有器件均是理想器件；

- 变换器工作于稳态；
- 输出滤波器用一个直流电压源 V_o' 代替，其值为折算到变压器原边侧的输出电压；
- 电流流入开关管是单向的，即开关管仅允许电流在一个方向上流动；
- 开关管 S_1 和 S_2 以 50%占空比来实现调频控制，死区时间忽略不计。

变换器工作于 DCM，在此模式下开关管导通和关断是无损耗的，即 ZCS(零电流开关)。

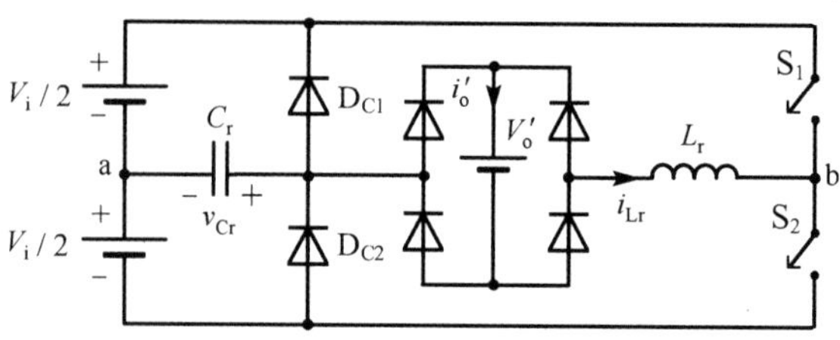

图 3.2 半桥 CVC-SRC 变换器

1．时区 Δt_1 (时区 1，$t_0 \leqslant t \leqslant t_1$)

此时区的等效电路图如图 3.3 所示，它开始于时刻 $t=t_0$，此时开关管 S_1 导通。在时刻 $t=t_0$ 之前，电容电压为 $-V_i/2$ 且电感电流为零，所以 S_1 是软开关零电流导通(ZCS)，在此时区内，电容电压和电感电流振荡变化。

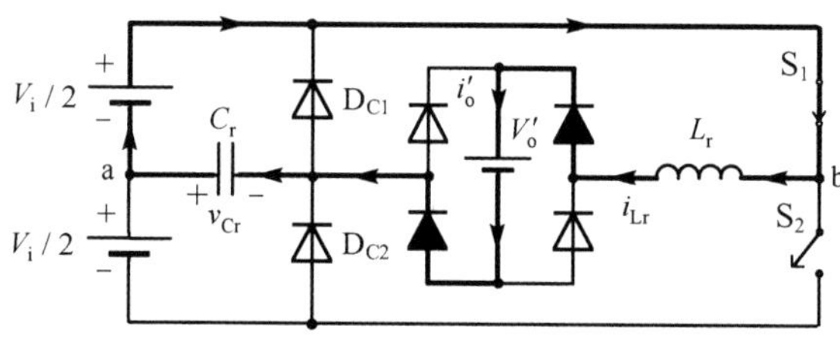

图 3.3 时区 1 的等效电路图

2．时区 Δt_2 (时区 2，$t_1 \leqslant t \leqslant t_2$)

此时区的等效电路图如图 3.4 所示，它开始于时刻 $t=t_1$，此时电容电压达到 $V_i/2$，且钳位二极管 D_{C1} 开始导通，流过电感电流 i_{Lr}。在时刻 $t=t_2$，此时区结束，电容电压钳位在 $V_i/2$，并且电感电流线性下降，最终于时刻 $t=t_2$ 达到零。

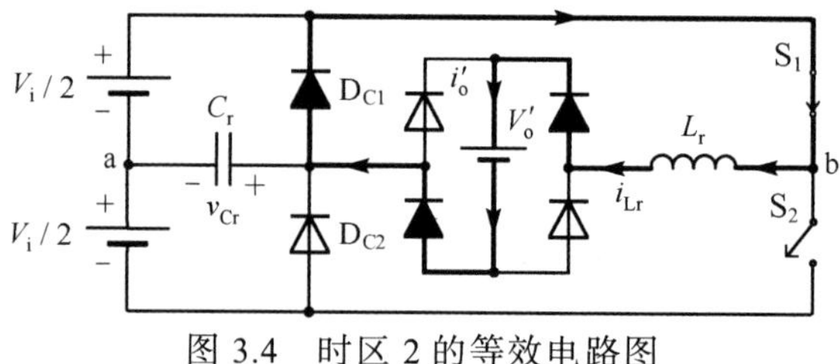

图 3.4 时区 2 的等效电路图

3．时区 Δt_3 (时区 3，$t_2 \leqslant t \leqslant t_3$)

在此时区内，开关管 S_2 仍然处于关断状态，电容电压为 $V_i/2$，电感电流为零。输入端不向负载传输能量。其等效电路图如图 3.5 所示。

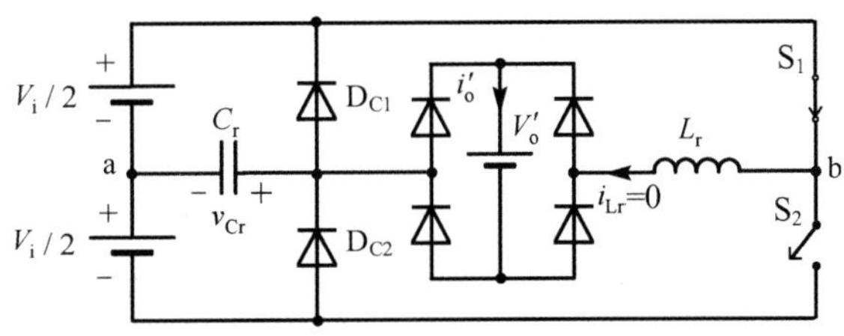

图 3.5　时区 3 的等效电路图

4．时区 Δt_4（时区 4，$t_3 \leqslant t \leqslant t_4$）

在时刻 $t=t_3$，正好对应半个开关周期，开关管 S_2 导通并实现 ZCS。电容电压和电感电流发生振荡，直到时刻 $t=t_4$ 达到 $v_{Cr}(t)=-V_i/2$，$i_{Lr}(t)=-I_1$。其等效电路图如图 3.6 所示。

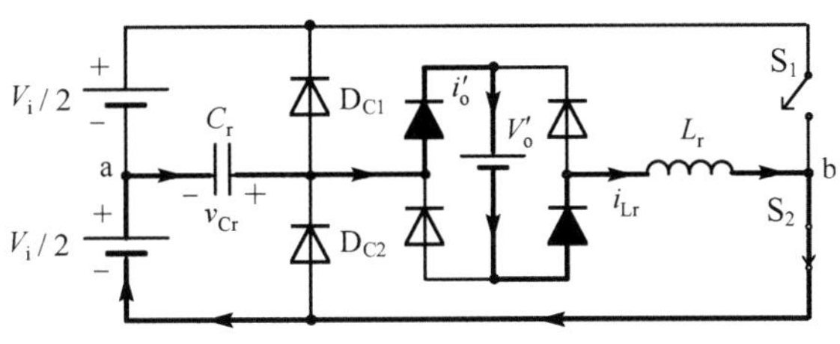

图 3.6　时区 4 的等效电路图

5．时区 Δt_5（时区 5，$t_4 \leqslant t \leqslant t_5$）

在此时区内，电容电压达到 $-V_i/2$，钳位二极管 D_{C2} 导通。电容电压钳位在 $-V_i/2$，电感电流线性下降直到零。其等效电路图如图 3.7 所示。

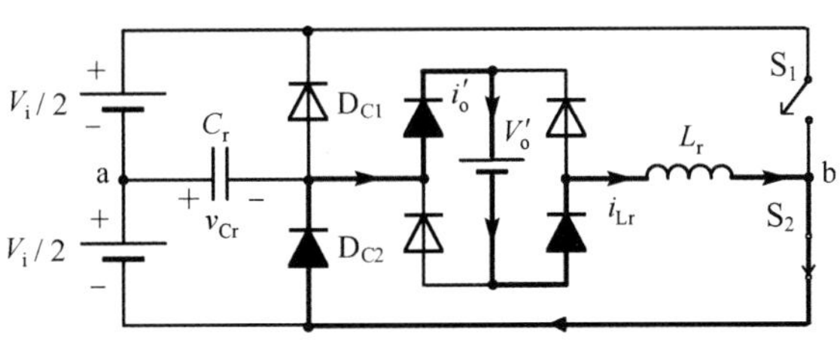

图 3.7　时区 5 的等效电路图

6．时区 Δt_6（时区 6，$t_5 \leqslant t \leqslant t_6$）

在此时区内，开关管 S_1 仍然关断，电容电压钳位在 $-V_i/2$，且电感电流为零。输入电压源不向负载传输能量。其等效电路图如图 3.8 所示。

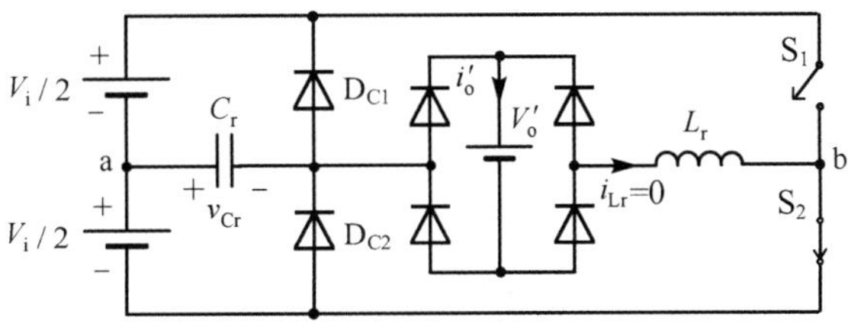

图 3.8　时区 6 的等效电路图

图 3.9 所示为半桥 CVC-SRC 的相关波形和时序图。

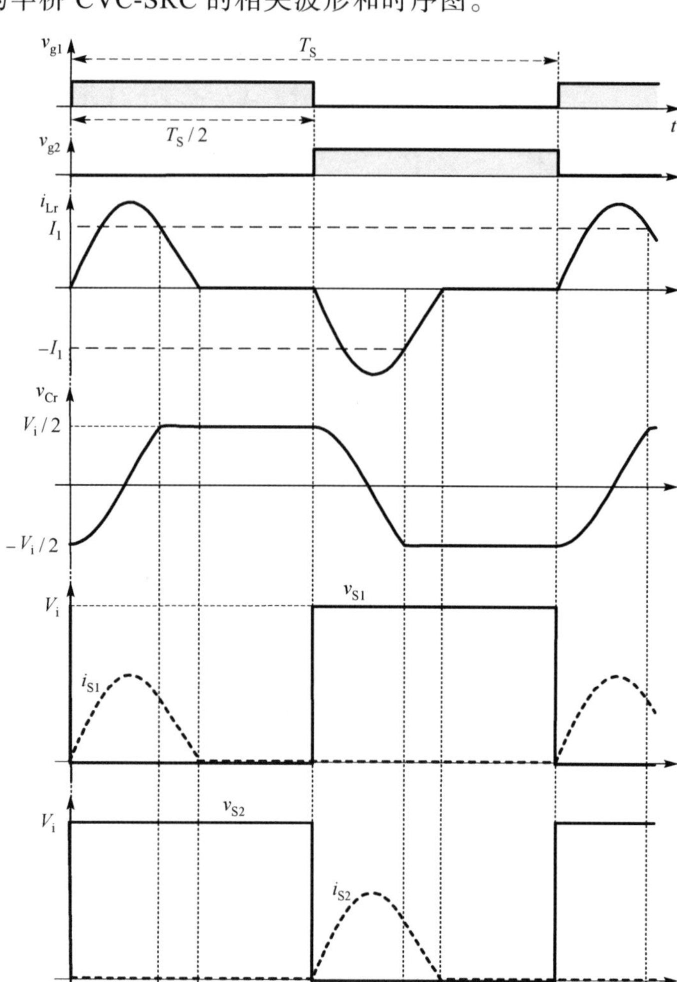

图 3.9 半桥 CVC-SRC 的相关波形和时序图

3.3 数学分析

在本节中，通过数学分析得到了电容电压和谐振电感电流的表达式，如 DCM 工作约束条件、输出特性、输出功率、开关管 RMS 电流和钳位二极管平均电流。因为变换器的结构是对称的，只需分析其半个开关周期。

3.3.1 时区 Δt_1

在时区 Δt_1，直流母线向谐振腔和负载传输能量。

谐振电感初始电流及谐振电容初始电压分别为

$$\begin{cases} i_{Lr}(t_0) = 0 \\ v_{Cr}(t_0) = -V_i / 2 \end{cases}$$

此时区的等效电路图如图 3.3 所示，我们有

$$\frac{V_{\mathrm{i}}}{2}=L_{\mathrm{r}}\frac{\mathrm{d}i_{\mathrm{Lr}}(t)}{\mathrm{d}t}+v_{\mathrm{Cr}}(t)+V_{\mathrm{o}}' \tag{3.1}$$

$$i_{\mathrm{Lr}}(t)=C_{\mathrm{r}}\frac{\mathrm{d}vC_{\mathrm{r}}(t)}{\mathrm{d}t} \tag{3.2}$$

进行拉普拉斯变换，得

$$\frac{(V_{\mathrm{i}}/2)-V_{\mathrm{o}}'}{s}=sL_{\mathrm{r}}I_{\mathrm{Lr}}(s)+V_{\mathrm{Cr}}(s) \tag{3.3}$$

$$I_{\mathrm{Lr}}(s)=sC_{\mathrm{r}}V_{\mathrm{Cr}}(s)+C_{\mathrm{r}}\frac{V_{\mathrm{i}}}{2} \tag{3.4}$$

$$i_{\mathrm{Lr}}(t)z=(2V_1-V_{\mathrm{o}}')\sin(\omega_{\mathrm{o}}t) \tag{3.5}$$

其中，$V_1=\dfrac{V_{\mathrm{i}}}{2}$，$\omega_{\mathrm{o}}=\dfrac{1}{\sqrt{L_{\mathrm{r}}C_{\mathrm{r}}}}$，$q=\dfrac{V_{\mathrm{o}}'}{V_1}$ 和 $z=\sqrt{\dfrac{L_{\mathrm{r}}}{C_{\mathrm{r}}}}$。

以 V_1 作为归一化因子，对电容电压和电感电流进行归一化处理，有

$$\overline{v_{\mathrm{Cr}}(t)}=\frac{v_{\mathrm{Cr}}(t)}{V_1}=-(2-q)\cos(\omega_{\mathrm{o}}t)+1-q \tag{3.6}$$

$$\overline{i_{\mathrm{Lr}}(t)}=\frac{i_{\mathrm{Lr}}(t)z}{V_1}=(2-q)\sin(\omega_{\mathrm{o}}t) \tag{3.7}$$

将式 (3.4) 代入式 (3.3)，并进行拉普拉斯逆变换，得到

$$v_{\mathrm{Cr}}(t)=-(2V_1-V_{\mathrm{o}}')\cos(\omega_{\mathrm{o}}t)+V_1-V_{\mathrm{o}}' \tag{3.8}$$

此时区在电容电压达到 V_1 时结束，即 $v_{\mathrm{Cr}}(\Delta t)=V_1$，代入式 (3.6) 有

$$1=-(2-q)\cos(\omega_{\mathrm{o}}\Delta t_1)+1-q \tag{3.9}$$

因此

$$\omega_{\mathrm{o}}\Delta t_1=\pi-\arccos\left(\frac{1}{2-q}\right) \tag{3.10}$$

式 (3.10) 中的时区 Δt_1 与开关频率无关，在此时区结束时对应的电感电流为

$$\overline{I_1}=\frac{i_{\mathrm{Lr}}(t_1)z}{V_1}=(2-q)\sin\left[\pi-\arccos\left(\frac{q}{2-q}\right)\right] \tag{3.11}$$

经过数学运算处理，有

$$\overline{I_1}=2\sqrt{1-q} \tag{3.12}$$

定义变量 $z_1(t)$ 如下

$$z_1(t)=v_{\mathrm{Cr}}(t)+\mathrm{j}zi_{\mathrm{Lr}}(t) \tag{3.13}$$

将式 (3.7)、式 (3.8) 代入式 (3.13)，得

$$z_1(t)=-(2-q)\cos(\omega_{\mathrm{o}}t)+1-q+\mathrm{j}(2-q)\sin(\omega_{\mathrm{o}}t) \tag{3.14}$$

因此

$$z_1(t)=(1-q)-(2-q)\mathrm{e}^{-\mathrm{j}\omega_{\mathrm{o}}t} \tag{3.15}$$

根据式(3.15)可以作出时区 Δt_1 的相平面轨迹图，如图 3.10 所示。它的相平面轨迹是一个圆，中心点坐标为$(0, 1-q)$，且半径为

$$R_1 = 2 - q \tag{3.16}$$

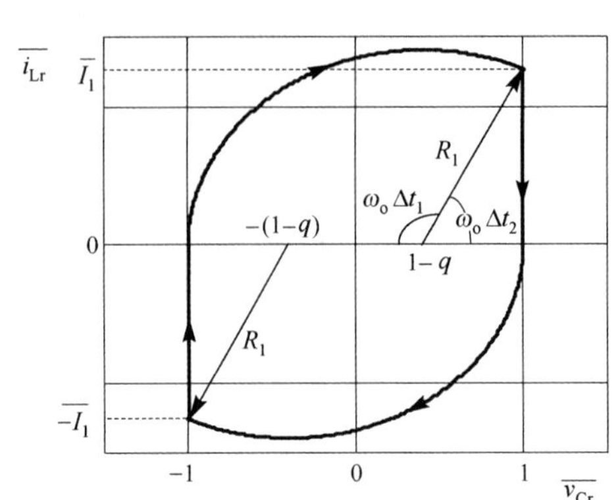

图 3.10 HB-CVC-SRC 一个工作周期内的相平面轨迹图

3.3.2 时区 Δt_2

在时区 Δt_2，储存在谐振电感中的能量在时区 Δt_1 结束时完全传输到负载。谐振电感初始电流及谐振电容初始电压分别为

$$\begin{cases} i_{Lr}(t_1) = I_1 \\ v_{Cr}(t_1) = V_1 \end{cases}$$

此时区的等效电路图如图 3.4 所示，我们有

$$i_{Lr}(t) = I_1 - \frac{V_o'}{L_r}(t - t_1) \tag{3.17}$$

和

$$v_{Cr}(t) = V_1 \tag{3.18}$$

以 V_1 为归一化因子，对电容电压和电感电流进行归一化处理有

$$\overline{v_{Cr}(t)} = \frac{v_{Cr}(t)}{V_1} = 1 \tag{3.19}$$

和

$$\overline{i_{Lr}(t)} = \frac{i_{Lr}(t)z}{V_1} = \overline{I_1} - q\omega_o(t - t_1) \tag{3.20}$$

当电感电流达到零时，此时区结束。因此，从式(3.20)有

$$0 = 2\sqrt{1-q} - q\omega_o(\Delta t_2) \tag{3.21}$$

因此

$$\omega_o \Delta t_2 = \frac{2\sqrt{1-q}}{q} \tag{3.22}$$

定义变量 $z_2(t)$ 如下

$$z_2(t)=\overline{v_{\mathrm{Cr}}(t)}+\mathrm{j}\overline{i_{\mathrm{Lr}}(t)} \tag{3.23}$$

将式(3.19)、式(3.20)代入式(3.23)，得到

$$z_2(t)=1+\mathrm{j}\left[\overline{I}_1-q\omega_{\mathrm{o}}(t-t_1)\right] \tag{3.24}$$

根据式(3.24)可以作出时区 Δt_2 的相平面轨迹图，如图 3.10 所示，其轨迹是一条线，且与 $\overline{i_{\mathrm{Lr}}}$ 轴平行。

3.3.3 相平面轨迹图

HB-CVC-SRC 的相平面轨迹图如图 3.10 所示，对于一个完整的工作周期，它包含振荡和线性时区。

3.3.4 DCM 约束条件

在 DCM 极限情况下，$\Delta t_3=0$，并且

$$\frac{T_{\mathrm{s}}}{2}=\Delta t_1+\Delta t_2 \tag{3.25}$$

因此

$$\frac{\pi}{f_{\mathrm{s}}/f_{\mathrm{o}}}=\omega_{\mathrm{o}}(\Delta t_1+\Delta t_2) \tag{3.26}$$

将式(3.10)和式(3.22)代入式(3.26)得到

$$\frac{f_{\mathrm{s\,max}}}{f_{\mathrm{o}}}=\frac{\pi}{\pi-\arccos\left(\dfrac{q}{2-q}\right)+\dfrac{2\sqrt{1-q}}{q}} \tag{3.27}$$

式(3.27)给出了最大开关频率(以谐振频率为归一化因子)与静态增益的函数关系式，根据式(3.27)作图，如图 3.11 所示。随着静态增益的增大，最大开关频率也增大。当 $f_{\mathrm{s\,max}}=f_{\mathrm{o}}$ 时，限值点为 $q=1$。如果不需要顾及最大开关频率，变换器会工作于 CCM，并且在开关管导通和关断时不能实现软开关。

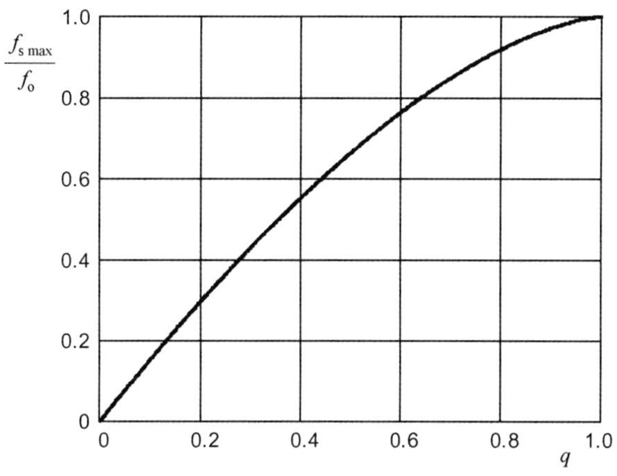

图 3.11 归一化开关频率与静态增益 q 的函数关系

3.3.5 输出特性

变换器的平均输出电流为

$$\overline{I'_{\mathrm{o}}}=\frac{2}{T_{\mathrm{s}}}\left(\int_{t_0}^{t_1}\overline{i_{\mathrm{Lr}}(t)}\mathrm{d}t+\int_{t_1}^{t_2}\overline{i_{\mathrm{Lr}}(t)}\mathrm{d}t\right) \tag{3.28}$$

将式(3.8)和式(3.20)代入式(3.28)并积分，有

$$\overline{I'_{\mathrm{o}}}=\frac{2}{\omega_{\mathrm{o}}T_{\mathrm{s}}}\left[2+\frac{2(1-q)}{q}\right] \tag{3.29}$$

重新排列公式，得到新的静态增益公式如下

$$q=\frac{I'_{\mathrm{o}}z}{V_1}=\frac{2}{\pi}\times\frac{1}{\overline{I'_{\mathrm{o}}}}\times\frac{f_{\mathrm{s}}}{f_{\mathrm{o}}} \tag{3.30}$$

根据式(3.30)作图，如图3.12所示，即为变换器的输出特性曲线。它是一个双曲线，对于给定的μ_{o}，$q\overline{I'_{\mathrm{o}}}$的积是常数。

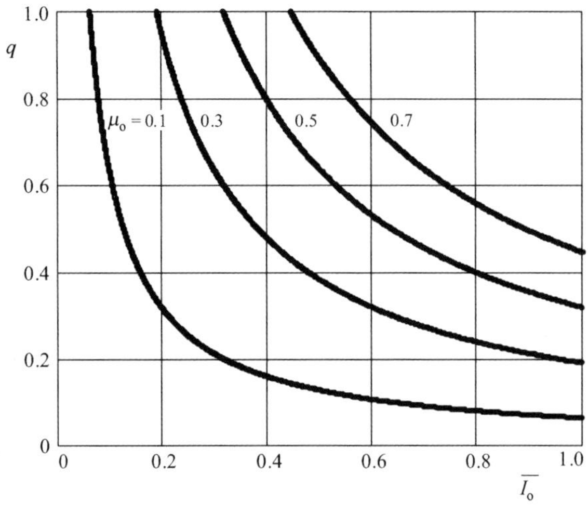

图 3.12 输出特性曲线

3.3.6 归一化输出功率

将式(3.30)和归一化输出电压相乘得到归一化输出功率：

$$\overline{P_{\mathrm{o}}}=\frac{P_{\mathrm{o}}\sqrt{L_{\mathrm{r}}/C_{\mathrm{r}}}}{V_1^2}=\frac{2}{\pi}\times\frac{f_{\mathrm{s}}}{f_{\mathrm{o}}} \tag{3.31}$$

3.3.7 开关管 RMS 电流

开关管 RMS(有效值)电流可以通过式(3.32)求得：

$$\overline{I_{\mathrm{S\,RMS}}}=\frac{\overline{I'_{\mathrm{o\,RMS}}}}{\sqrt{2}}=\frac{1}{\sqrt{2}}\times\sqrt{\frac{2}{T_{\mathrm{s}}}\int_{t_0}^{t_1}\overline{i_{\mathrm{Lr}}(t)}^2\mathrm{d}t+\int_{t_1}^{t_2}\overline{i_{\mathrm{Lr}}(t)}^2\mathrm{d}t} \tag{3.32}$$

将式(3.8)和式(3.20)代入式(3.32)得

$$\overline{I_{\mathrm{S\,RMS}}}=\frac{1}{\sqrt{2}}\times\sqrt{\frac{1}{\pi}\frac{f_{\mathrm{s}}}{f_{\mathrm{o}}}\left[\frac{(2-q)^2}{2}\left[\pi-\arccos\left(\frac{q}{2-q}\right)\right]+\left(q+\frac{8}{3q}-\frac{8}{3}\right)\sqrt{1-q}\right]} \tag{3.33}$$

因此有

$$\overline{I_{\mathrm{S\,RMS}}}=\frac{I_{\mathrm{S\,RMS}}z}{V_1}\times\sqrt{\frac{1}{2\pi}\frac{f_{\mathrm{s}}}{f_{\mathrm{o}}}\left[\frac{(2-q)^2}{2}\left[\pi-\arccos\left(\frac{q}{2-q}\right)\right]+\left(q+\frac{8}{3q}-\frac{8}{3}\right)\sqrt{1-q}\right]} \tag{3.34}$$

以 μ_{o} 为参数，绘出开关管 RMS 电流特性与静态增益 q 的函数关系，如图 3.13 所示。

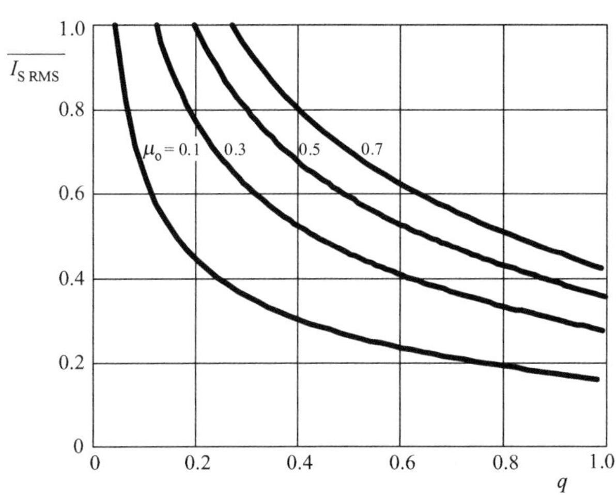

图 3.13　以 μ_{o} 为参变量，开关管 RMS 电流特性与静态增益 q 的函数关系

3.3.8　钳位二极管平均电流

钳位二极管的平均电流为

$$I_{\mathrm{DC}}=\frac{1}{T_{\mathrm{s}}}\int_{t_1}^{t_2}i_{\mathrm{Lr}}(t)\mathrm{d}t \tag{3.35}$$

将上述公式代入式(3.35)，通过合适的代数运算可得

$$\overline{I_{\mathrm{DC}}}=\frac{I_{\mathrm{DC}}z}{V_1}=\frac{1}{\pi}\frac{(1-q)}{q}\frac{f_{\mathrm{s}}}{f_{\mathrm{o}}} \tag{3.36}$$

同样，以 μ_{o} 为参变量，作出钳位二极管平均电流与静态增益 q 的函数关系如图 3.14 所示。

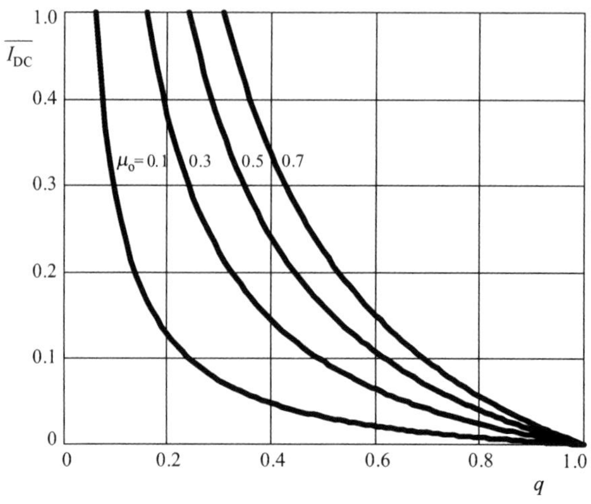

图 3.14 以 μ_o 为参变量，钳位二极管平均电流与静态增益 q 的函数关系

3.4 CVC-SRC 拓扑的变种

半桥电容电压钳位串联谐振变换器拓扑的变种如图 3.15 所示。此拓扑的分析和 3.3 节的分析类似。需要注意这些拓扑不需要一个带中点的输入电压。

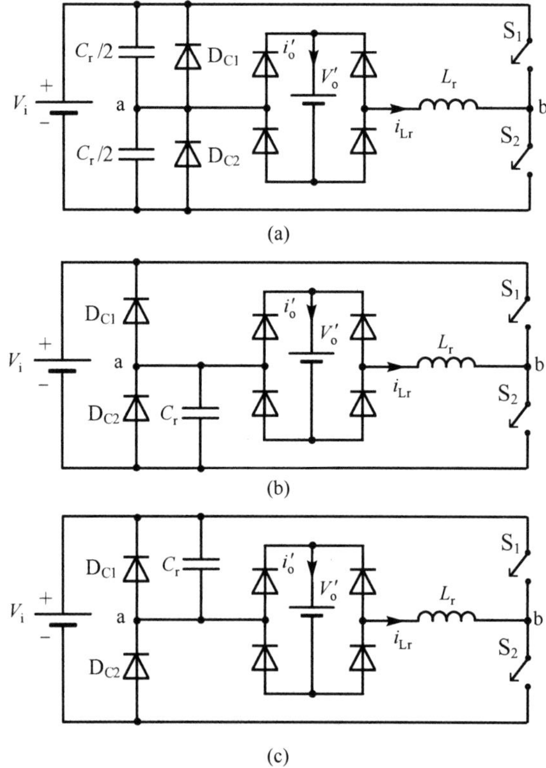

图 3.15 半桥 CVC-SRC 拓扑的变种

3.5 设计实例及方法

在本节中，将利用 3.3 节的数学分析方法，为读者呈现一种设计方法及一个具体设计实例，变换器的参数规格如表 3.1 所示，工作于 DCM。

表 3.1　变换器的参数规格

输入直流电压 V_i	400 V
输出直流电压 V_o	50 V
额定平均输出电流 I_o	10 A
额定输出功率 P_o	500 W
最大开关频率 $f_{s\max}$	100 kHz
最小开关频率 $f_{s\min}$	20 kHz

选择静态增益 $q=0.6$，折算到原边侧的直流输出电压 V_o' 为

$$V_o' = qV_1 = 0.6\times\frac{400}{2} = 160\ \text{V}$$

变压器匝数比 n 和折算到原边侧的输出电流 I_o' 分别为

$$n = \frac{N_1}{N_2} = \frac{V_o'}{V_o} = \frac{160}{50} = 3.2$$

$$I_o' = \frac{I_o}{n} = \frac{10}{3.2} = 3.125\ \text{A}$$

在额定功率时，选择归一化频率为 0.5（$\mu_{o\max} = f_{s\max}/f_o$），因此谐振频率为

$$f_o = \frac{f_{s\max}}{\mu_{o\max}} = \frac{100\times10^3}{0.5} = 200\ \text{kHz}$$

因为

$$\frac{1}{\sqrt{L_r C_r}} = 2\pi f_o = 2\times\pi\times200\times10^3$$

谐振参数

$$L_r C_r = 6.3325\times10^{-13}$$

折算到原边侧的平均输出电流给出了谐振电感 L_r 和谐振电容 C_r 的另一个关系式。从输出特性上看，我们选择 $q=0.8$，有

$$\overline{I_o'} = \frac{I_o'\sqrt{L_r/C_r}}{V_1} = 0.4$$

因此

$$I_o' = \frac{I_o}{N_1/N_2} = \frac{10}{3.2} = 3.125\ \text{A}$$

且

$$\sqrt{\frac{L_r}{C_r}} = 25.6$$

求解可得

$$C_r = 31.085\ \text{nF}$$

$$L_r = 20.372\ \mu\text{H}$$

开关管 S_1 和 S_2 导通时区（Δt_1），以及钳位二极管 D_{C1} 和 D_{C2} 导通时区（Δt_2）的长度可以计算如下

$$\Delta t_1 = \frac{1}{\omega_o}\left[\pi - \arccos\left(\frac{q}{2-q}\right) + \frac{2\sqrt{1-q}}{q}\right] = 2.72\ \mu s$$

$$\Delta t_2 = \frac{2\sqrt{1-q}/q}{\omega_o} = 0.8897\ \mu s$$

在额定功率下的初始条件，电感峰值电流、开关管的 RMS 电流，以及二极管平均电流，通过 3.3 节的公式可以计算出来

$$I_{Lr} = 9.375\ A, \quad I_1 = 6.98\ A, \quad I_{S\,RMS} = 3.351\ A, \quad I_{DC} = 0.311\ A$$

最小开关频率为 20 kHz，归一化开关频率 μ_o 为

$$\mu_{o\,min} = \frac{f_{s\,min}}{f_o} = 0.1$$

对于此归一化频率，输出功率(最小功率)为

$$P_{o\,min} = \frac{2}{\pi} \times \frac{f_{s\,min}}{f_o} \times \frac{V_1^2}{z} = 100\ W$$

在最小功率下的初始条件，电感峰值电流、开关管的 RMS 电流，以及二极管平均电流，通过 3.3 节的公式可以计算出来

$$I_{Lr} = 9.375\ A \quad I_1 = 6.98\ A, \quad I_{S\,RMS} = 1.499\ A, \quad I_{DC} = 0.062\ A,$$

3.6　仿真结果

为了验证 3.5 节的分析和设计实例，我们建立 HB-CVC-SRC 的仿真电路图，如图 3.16 所示，用来验证额定功率和最小功率下的情形。

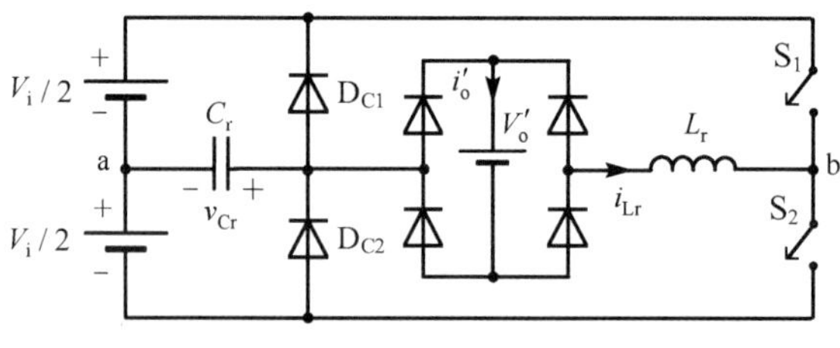

图 3.16　仿真电路图

图 3.17 为在额定负载功率下的谐振电容电压、谐振电感电流、交流电压 v_{ab} 以及输出电流 i'_o 的波形。可以看到，和预期的一样，变换器工作于 DCM。图 3.18 为开关管 S_1 和 S_2，钳位二极管 D_{C1} 和 D_{C2} 的电压和电流的波形。当开关管导通和关断时，是 ZCS 换流的。

表 3.2 给出了理论值和仿真结果之间的差异，包括在额定负载功率下的器件应力对比。

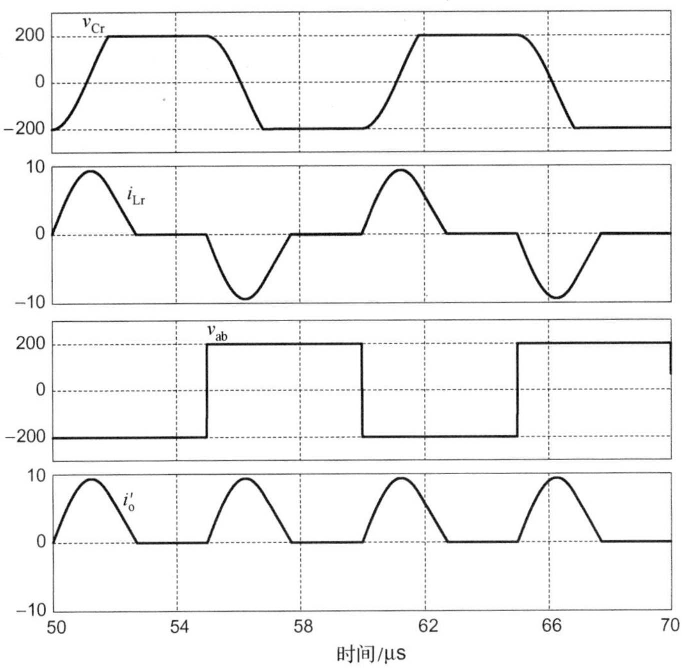

图 3.17　在额定负载功率下的谐振电容电压、谐振电感电流、交流电压 v_{ab} 以及输出电流 i'_o 的波形

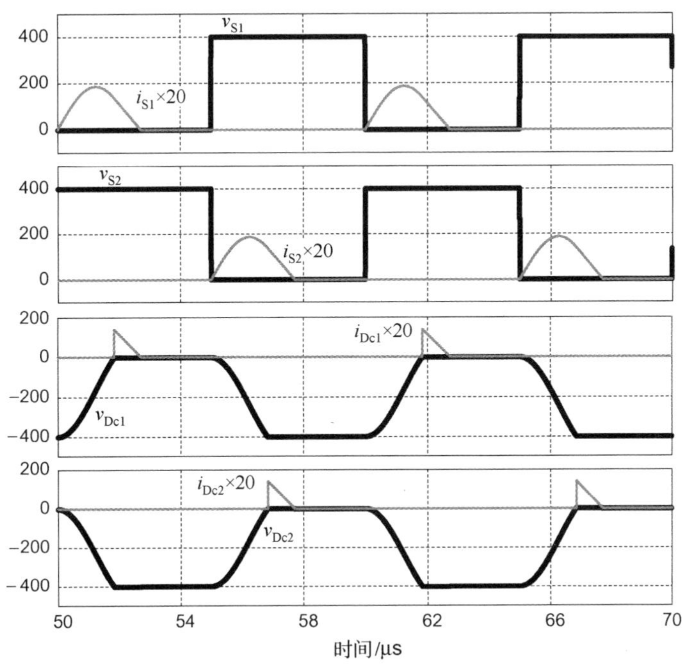

图 3.18　额定负载功率下开关管和钳位二极管的 ZCS 软开关换流过程：开关管 S_1 和 S_2，钳位二极管 D_{C1} 和 D_{C2} 的电压和电流的波形

表 3.2　额定负载功率下理论值和仿真结果

	理论值	仿真结果
I_o'[A]	3.125	3.10
I_{Lr}[A]	9.375	9.37
I_1[A]	6.98	6.95
$I_{S\ RMS}$[A]	3.351	3.35
I_D[A]	0.311	0.30

图 3.19 为在最小负载功率下，谐振电容电压、谐振电感电流、交流电压 v_{ab} 以及输出电流 i_o' 的波形。图 3.20 为开关管 S_1 和 S_2，钳位二极管 D_{C1} 和 D_{C2} 的电压和电流的波形。我们看到当变换器工作于 DCM 时，可以实现开关管的 ZCS 换流(包括开通和关断时刻)。而电感峰值电流在最小和额定负载功率下均一样。

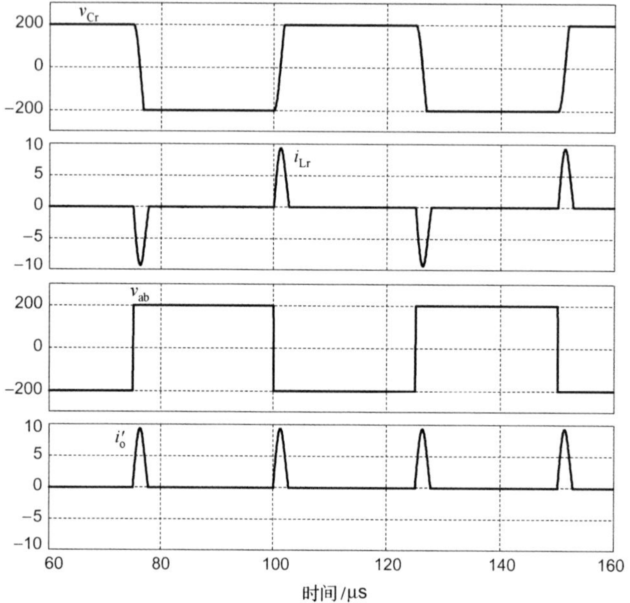

图 3.19　在最小负载功率下，谐振电容电压、谐振电感电流、交流电压 v_{ab} 以及输出电流 i_o' 的波形

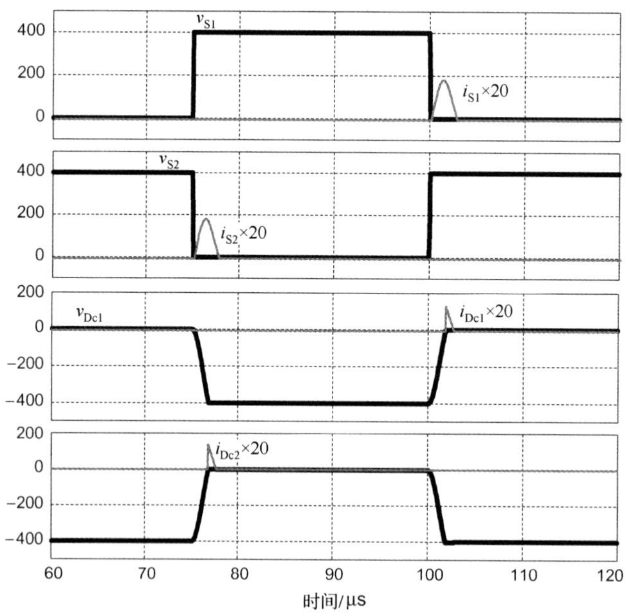

图 3.20　最小负载功率下开关管和钳位二极管的 ZCS 软开关换流过程：开关管 S_1 和 S_2，钳位二极管 D_{C1} 和 D_{C2} 的电压和电流的波形

表 3.3 给出了在最小负载功率下理论(数学)值和仿真结果对比，它包括器件应力对比。

表 3.3　最小负载功率下理论值和仿真结果对比

	理　论　值	仿真结果
I'_o[A]	0.625	0.64
I_{Lr}[A]	9.375	9.37
I_1[A]	6.98	6.95
$I_{S\ RMS}$[A]	1.499	1.36
I_D[A]	0.062	0.053

3.7　习题

1．半桥电容电压钳位变换器的系统参数为

$$V_i = 400\text{ V},\quad V'_o = 150\text{ V},\quad C_r = 40\text{ nF},$$
$$L_r = 30\ \mu\text{H},\quad f_s = 100\times10^3\text{ Hz}$$

求：

(a)谐振频率；

(b)输出电流和功率；

(c)谐振电感峰值电流。

答案：

(a) $f_o = 145.3\text{ kHz}$；(b) $I_o = 4.27\text{ A}$；$P_o = 640\text{ W}$；(c) $I_{Lr} = 9.13\text{ A}$。

2．对于习题 1，计算最大开关频率和最大开关频率时的输出功率。

答案：

(a) $f_{s\max} = 128.7\text{ kHz}$；$P_{o\max} = 823.42\text{ W}$。

3．考虑图 3.21 所示的 HB-CVC-SRC 拓扑的变种，此拓扑和本章所介绍的类似，所以电路方程式仍然成立，描述此拓扑的优缺点。

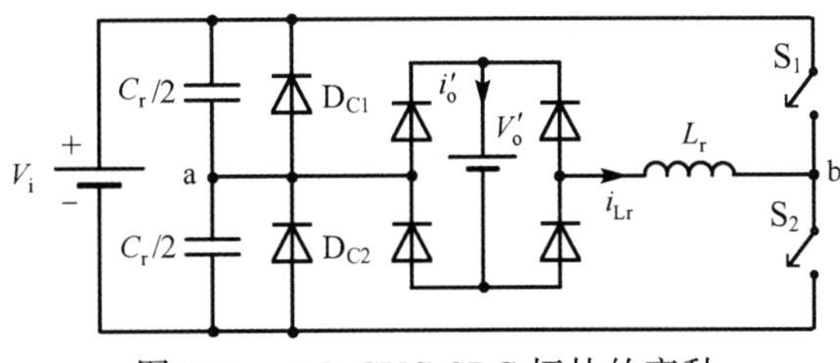

图 3.21　HB-CVC-SRC 拓扑的变种

4．如图 3.22 所示的 HB-CVC-SRC拓扑的变种，其参数如下：

$$I = 5\text{ A},\quad V'_o = 15\text{ V},\quad C_r/2 = 20\text{ nF},\quad C_i = 1\ \mu\text{F}$$

且 $L_r = 30\ \mu\text{H}$ 和 $f_s = 100\times10^3\text{ Hz}$。

求：

(a)输入电压；

(b)输出功率。

答案：(a) $V_i = 500\ \text{V}$；(b) $P_o = 1000\ \text{W}$。

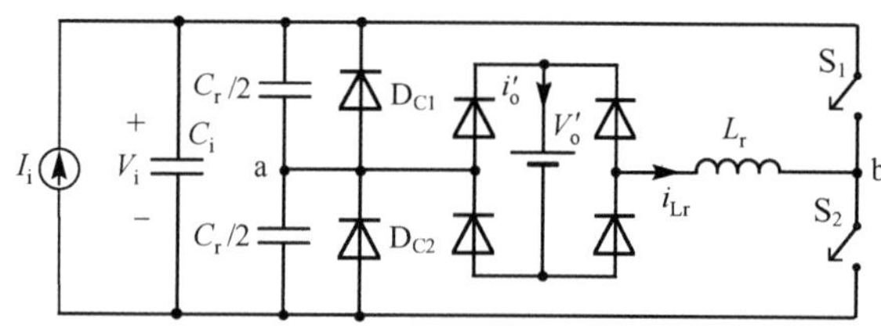

图 3.22 HB-CVC-SRC 拓扑的变种

5. 带隔离变压器且电容电压钳位的串联谐振变换器，参数如下：

$V_i = 60\ \text{V}$，$V_o = 400\ \text{V}$，$\mu_o = 0.6$，$q = 0.8$，$f_s = 120\ \text{kHz}$，$P_o = 300\ \text{W}$

求：

(a) L_r；(b) C_r；(c) $n = N_p / N_s$。

答案：

(a) $L_r = 0.512\ \mu\text{H}$；(b) $C_r = 699.5\ \text{nF}$；(c) $n = 0.06$。

参考文献

1. Agrawal, J.P., Lee, C.Q.: Capacitor voltage clamped series resonant power supply with improved cross regulation. In: IEEE IAS Annual Meeting, pp. 1141–1146(1989)

第 4 章　半桥 CVC-PWM 串联谐振变换器

符　号　表

V_i	直流输入电压
V_1	直流输入电压的 1/2
V_o	直流输出电压
P_o	输出功率
$P_{o\,min}$	最小输出功率
$P_{o\,max}$	最大输出功率
C_o	输出滤波电容
R_o	输出负载电阻
q	静态增益
D	占空比
D_{max}	最大占空比
D_{min}	最小占空比
f_s	开关频率(Hz)
$f_{s\,min}$	最小开关频率(Hz)
$f_{s\,max}$	最大开关频率(Hz)
T_s	开关周期
f_o	谐振频率(Hz)
ω_o	谐振角频率(rad/s)
μ_o	归一化频率
V_o'	折算到变压器原边侧的直流输出电压
i_o	输出电流
i_o'	折算到变压器原边侧的输出电流
I_o' ($\overline{I_o'}$)	CCM 下，折算到变压器原边侧的平均输出电流，以及其归一化值
$I_{o\,min}$	最小平均输出电流
$I_{o\,min}'$	折算到变压器原边侧的最小平均输出电流
S_3 和 S_4	辅助开关管
v_{g1}，v_{g2}，v_{g3} 和 v_{g4}	开关管驱动信号
S_1 和 S_2	主开关管
D_{C1} 和 D_{C2}	钳位二极管
C_r	谐振电容
L_r	谐振电感(可能包含变压器漏感)
z	特征阻抗
i_{Lr}	谐振电感电流

续表

v_{Cr}	谐振电容电压
I_1（$\overline{I_1}$）	在第 1 个和第 4 个时区结束时的电感电流，以及其归一化值
I_2（$\overline{I_2}$）	在第 1 个和第 4 个时区结束时的电感电流，以及其归一化值
I_3（$\overline{I_3}$）	在第 3 个时区结束时的电感电流，以及其归一化值
v_{ab}	a 和 b 两点之间的交流电压
v_{S1}，v_{S2}，v_{S3} 和 v_{S4}	开关管电压
i_{S1}，i_{S2}，i_{S3} 和 i_{S4}	开关管电流
Δt_1	时区 1（t_1-t_0）
Δt_2	时区 2（t_2-t_1）
Δt_3	时区 3（t_3-t_2）
Δt_4	时区 4（t_4-t_3）
Δt_5	时区 5（t_5-t_4）
Δt_6	时区 6（t_6-t_5）
Δt_7	时区 7（t_7-t_6）
Δt_8	时区 8（t_8-t_7）
Δt_9	时区 9（t_9-t_8）
Δt_{10}	时区 10（$t_{10}-t_9$）
ϕ，θ_o，θ_r 和 θ	相平面角度
$\overline{r_1}$，$\overline{r_2}$	相平面半径

4.1 引言

第 3 章介绍的半桥电容电压钳位串联谐振变换器最大的缺点就是其频率调制会导致频率在很宽的范围内变化。因此，对于宽范围的负载变化，开关频率同样会变化很大。这意味着磁性器件，如谐振电感、隔离变压器必须设计成具有很宽的工作频率范围，使这些器件的设计复杂度增加，同时还需要优化损耗、体积和尺寸。

半桥 CVC-PWM（电容电压钳位脉宽调制）串联谐振变换器[1]如图 4.1 所示，它增加了两个辅助开关管 S_3 和 S_4，这样可以实现用固定开关频率来控制功率向负载传输。为了保

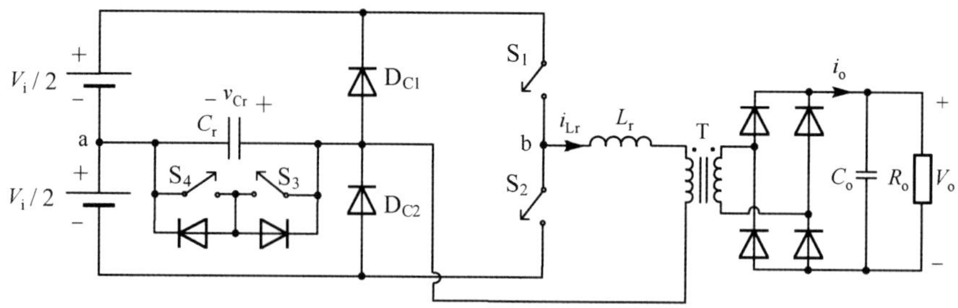

图 4.1 半桥 CVC-PWM 串联谐振变换器

证开关器件导通和关断时是软开关，变换器必须工作在 DCM 下，主开关管 S_1 和 S_2 以 ZCS 换流，而辅助开关管 S_3 和 S_4 以 ZVS 换流。

4.2　电路工作过程

在本节中，对图 4.2 所示的电路进行了分析，为简化分析，我们假设：

- 所有器件均是理想器件；
- 变换器工作于稳态；
- 输出滤波器用一个直流电压源 V_o' 等效代替，其值为折算到变压器原边侧的输出电压；
- 变压器励磁电流很小可以忽略不计；
- 电流只是单向流过开关管，如箭头所示；
- 变换器是 PWM 控制的，且不考虑死区时间；
- 开关管 S_1 和 S_2 以 50%占空比驱动，辅助开关管 S_3 和 S_4 工作于可变占空比，这样将能量传输到负载端。

变换器工作于 DCM 下，在此模式下，开关器件导通和关断均是无损的，S_1 和 S_2 为 ZCS（零电流开关），S_3 和 S_4 为 ZVS（零电压开关）。

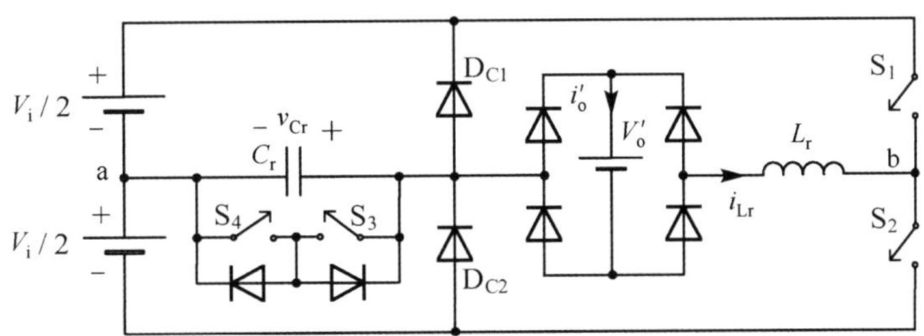

图 4.2　理想的半桥 CVC-PWM 串联谐振变换器，所有参数均折算到变压器原边侧

1．时区 Δt_1（时区 1，$t_0 \leqslant t \leqslant t_1$）

在时区 1 中，变换器的等效电路图如图 4.3 所示，开始于时刻 $t=t_0$，此时开关管 S_1 导通。谐振电容初始条件为 $-V_i/2$，谐振电感初始条件为零。电路振荡变化，并在电容电压达到零时此时区结束，结束时刻为 $t=t_1$。

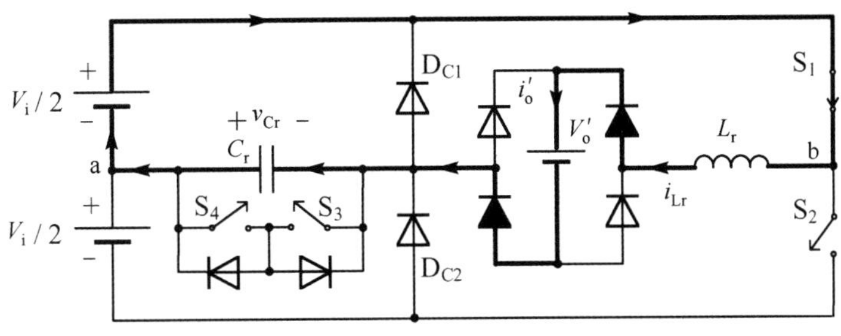

图 4.3　时区 1 的等效电路图

2．时区 Δt_2（时区 2，$t_1 \leqslant t \leqslant t_2$）

在时刻 $t = t_1$，谐振电容电压达到零，开关管 S_3 以 ZVS 开通，电感电流线性变化。在此时区内控制能量向负载传输，此时区的等效电路图如图 4.4 所示。

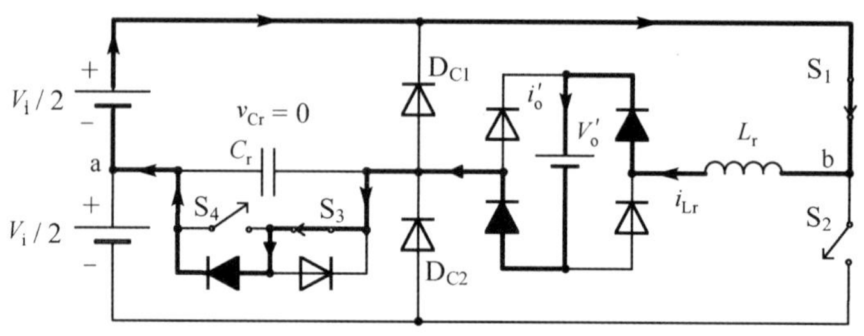

图 4.4　时区 2 的等效电路图

3．时区 Δt_3（时区 3，$t_2 \leqslant t \leqslant t_3$）

此时区开始于时刻 $t = t_2$，此时开关管 S_3 以 ZVS 关断。在这个时区内，如图 4.5 所示，电容电压和电感电流振荡变化。当谐振电容电压达到 $V_i/2$ 时，此时区结束于时刻 $t = t_3$。

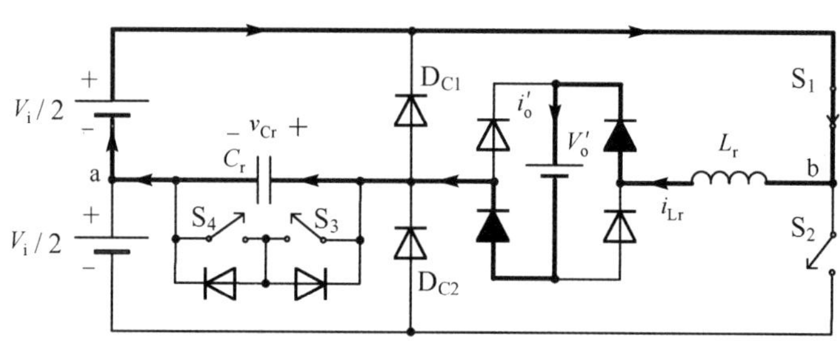

图 4.5　时区 3 的等效电路图

4．时区 Δt_4（时区 4，$t_3 \leqslant t \leqslant t_4$）

当电容电压达到 $V_i/2$ 时，钳位二极管 D_{C1} 开始导通，如图 4.6 所示。电容电压仍然钳位在 $V_i/2$，电感电流线性减小。当电感电流达到零时，即时刻 $t = t_4$ 结束。

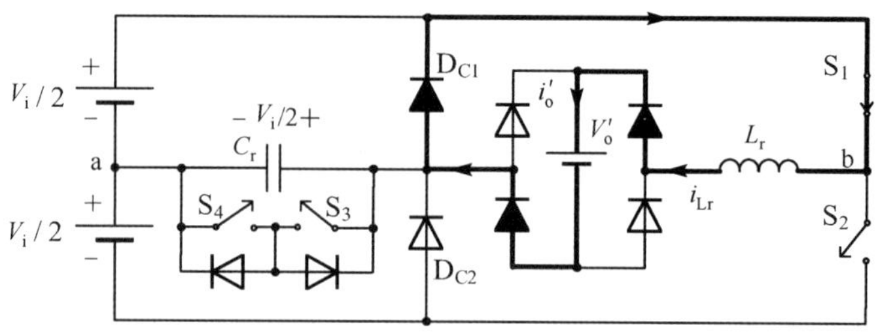

图 4.6　时区 4 的等效电路图

5．时区 Δt_5（时区 5，$t_4 \leqslant t \leqslant t_5$）

此时区的等效电路图如图 4.7 所示，在时刻 $t = t_4$，电感电流达到零并关断钳位二极管 D_{C1}。因为开关管 S_2 没有导通，电流不流过电路，电容电压仍钳位在 $V_i/2$。

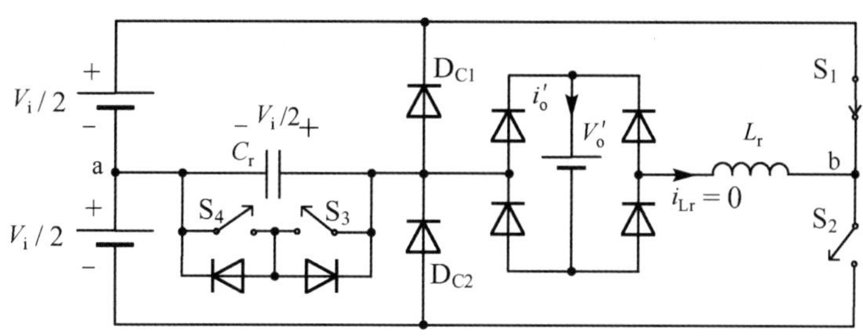

图 4.7　时区 5 的等效电路图

6．时区 Δt_6（时区 6，$t_5 \leqslant t \leqslant t_6$）

此时区的等效电路图如图 4.8 所示，从时刻 $t = t_5 = T_s/2$ 开始，开关管 S_2 导通。谐振电容初始电压为 $V_i/2$，谐振电感初始电流为零。电路发生振荡，且在电容电压达到零时结束。

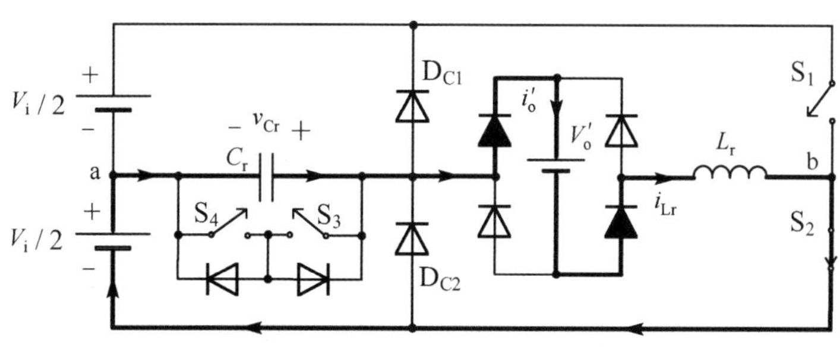

图 4.8　时区 6 的等效电路图

7．时区 Δt_7（时区 7，$t_6 \leqslant t \leqslant t_7$）

在时刻 $t = t_6$，谐振电容电压达到零，开关管 S_4 ZVS 开通，且电感电流线性增加。此时区内将能量传输到负载。其等效电路图如图 4.9 所示。

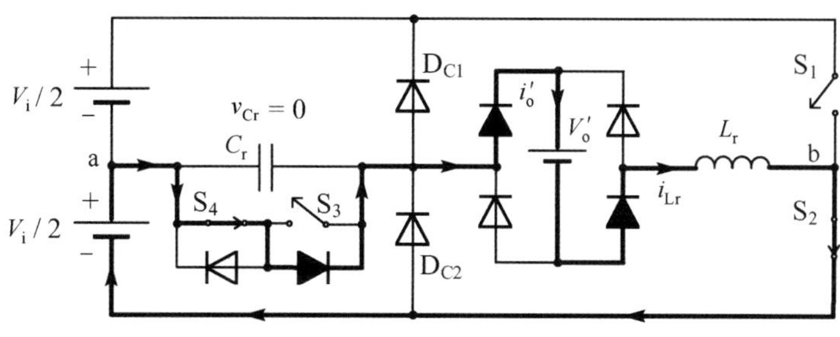

图 4.9　时区 7 的等效电路图

8．时区 Δt_8（时区 8，$t_7 \leqslant t \leqslant t_8$）

在时刻 $t = t_7$，开关管 S_3 ZVS 关断。在此时区内，其等效电路如图 4.10 所示，电容电压和电感电流振荡。当电容在时刻 $t = t_8$ 达到 $-V_i/2$ 时，此时区结束。

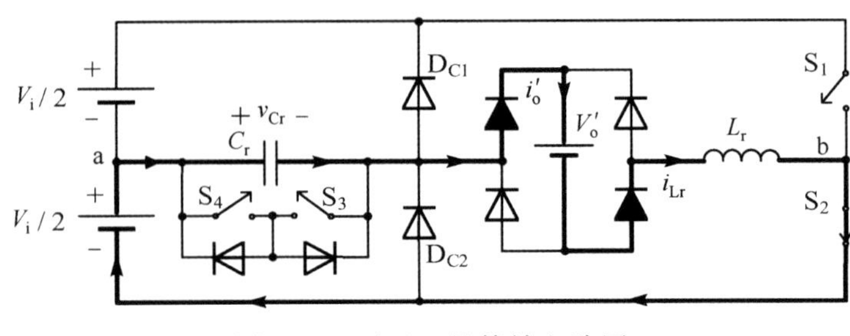

图 4.10　时区 8 的等效电路图

9．时区 Δt_9（时区 9，$t_8 \leqslant t \leqslant t_9$）

当电容电压在时刻 $t = t_8$ 达到 $-V_i/2$ 时，钳位二极管 D_{C2} 导通，如图 4.11 所示。电容电压被钳位在 $-V_i/2$，并且电感电流线性下降。此时区在时刻 $t = t_9$ 结束，此时电感电流降到零。

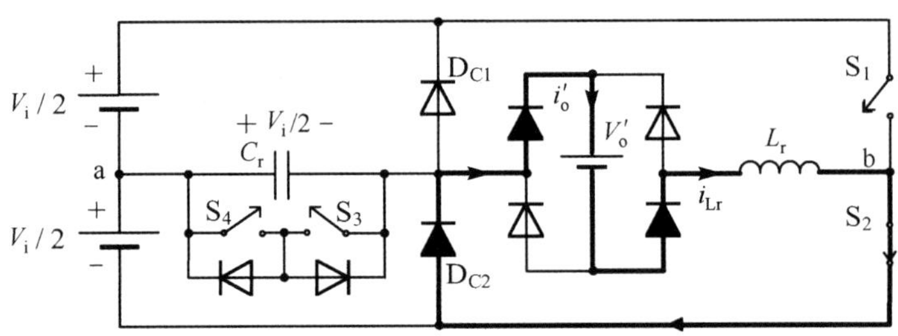

图 4.11　时区 9 的等效电路图

10．时区 Δt_{10}（时区 10，$t_9 \leqslant t \leqslant t_{10}$）

此时区的等效电路图如图 4.12 所示，它开始于时刻 $t = t_9$，当电感电流达到零时钳位二极管 D_{C2} 关断。因为开关管 S_1 没有导通，所以电路中没有电流且电容电压仍然钳位在 $-V_i/2$。整个过程的相关波形和时序图如图 4.13 所示。

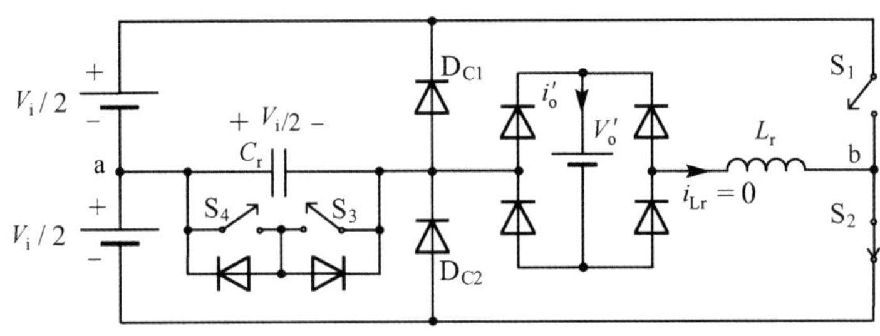

图 4.12　时区 10 的等效电路图

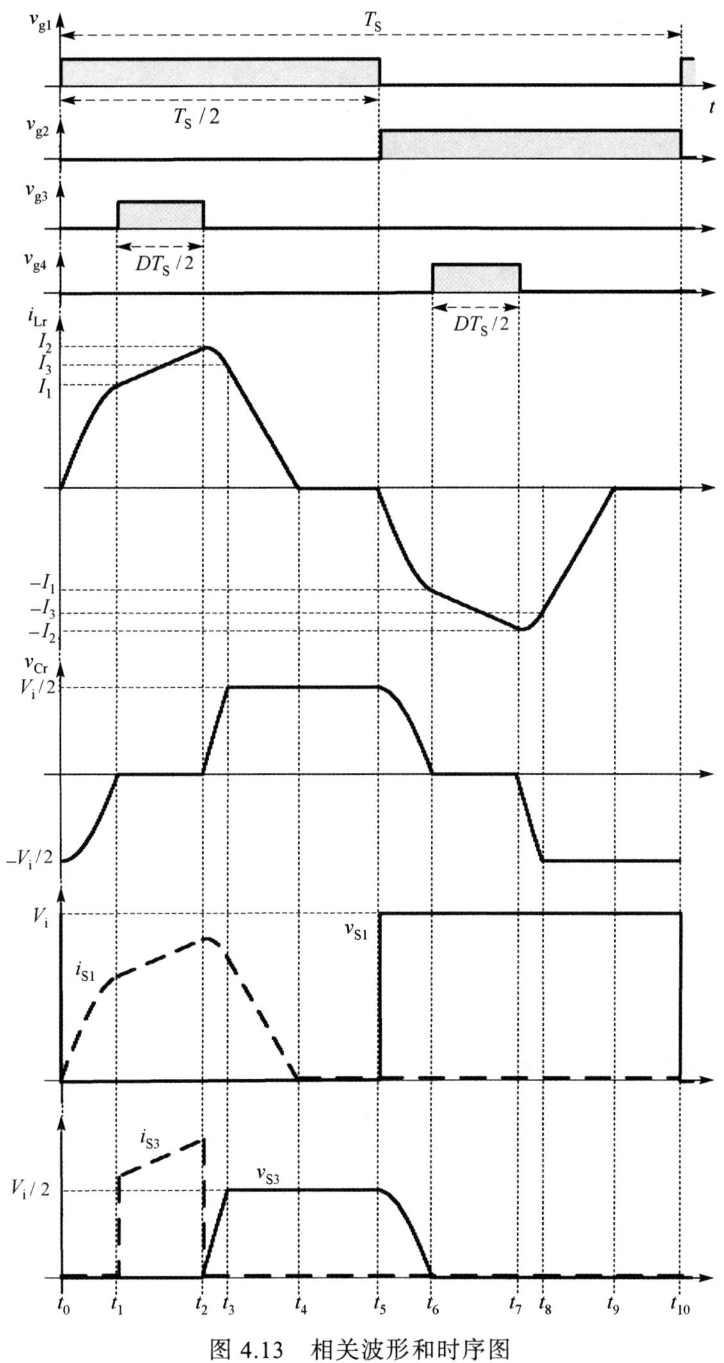

图 4.13　相关波形和时序图

4.3　数学分析

本节利用数学分析，我们得到了谐振电容电压和谐振电感电流的表达式，以及 DCM 下的约束条件和变换器的输出特性。因为电路是对称工作的，所以只需要分析半个开关周期。

4.3.1 时区 Δt_1

在此时区内，谐振电感电流和谐振电容的电压初始条件分别为

$$\begin{cases} i_{\mathrm{Lr}}(t_0)=0 \\ v_{\mathrm{Cr}}(t_0)=-V_1 \end{cases}$$

根据图 4.3 的等效电路图，我们有

$$V_1=L_{\mathrm{r}}\frac{\mathrm{d}i_{\mathrm{Lr}}(t)}{\mathrm{d}t}+V_{\mathrm{o}}'+v_{\mathrm{Cr}}(t) \tag{4.1}$$

$$i_{\mathrm{Lr}}(t)=C_{\mathrm{r}}\frac{\mathrm{d}v_{\mathrm{Cr}}(t)}{\mathrm{d}t} \tag{4.2}$$

对上述两式进行拉普拉斯变换得到

$$\frac{V_1-V_{\mathrm{o}}'}{s}=sL_{\mathrm{r}}I_{\mathrm{Lr}}(s)+V_{\mathrm{Cr}}(s) \tag{4.3}$$

$$I_{\mathrm{Lr}}(s)=sC_{\mathrm{r}}V_{\mathrm{Cr}}(s)+C_{\mathrm{r}}V_1 \tag{4.4}$$

对式(4.3)和式(4.4)进行拉普拉斯逆变换，并进行归一化整理得

$$\overline{v_{\mathrm{Cr}}(t)}=\frac{v_{\mathrm{Cr}}(t)}{V_1}=1-q-(2-q)\cos(\omega_{\mathrm{o}}t) \tag{4.5}$$

$$\overline{i_{\mathrm{Lr}}(t)}=\frac{i_{\mathrm{Lr}}(t)z}{V_1}=(2-q)\sin(\omega_{\mathrm{o}}t) \tag{4.6}$$

其中，

$$V_1=\frac{V_{\mathrm{i}}}{2},\quad q=\frac{V_{\mathrm{o}}'}{V_1},\quad z=\sqrt{\frac{L_{\mathrm{r}}}{C_{\mathrm{r}}}}\ 和\ \omega_{\mathrm{o}}=\frac{1}{\sqrt{L_{\mathrm{r}}C_{\mathrm{r}}}}$$

当电容电压达到零时，此时区结束，因此，从式(4.5)可以得到

$$\omega_{\mathrm{o}}\Delta t_1=\arccos\left(\frac{1-q}{2-q}\right) \tag{4.7}$$

将式(4.7)代入式(4.6)，可以得到在此时区结束时的归一化谐振电流表达式为

$$\overline{I_1}=\frac{I_1(t)z}{V_1}=\sqrt{3-2q} \tag{4.8}$$

4.3.2 时区 Δt_2

在此时区内，谐振电感电流和谐振电容的电压初始条件分别为

$$\begin{cases} i_{\mathrm{Lr}}(t_1)=I_1 \\ v_{\mathrm{Cr}}(t_1)=0 \end{cases}$$

根据图 4.4 的等效电路图，我们有

$$v_{\mathrm{Cr}}(t)=0 \tag{4.9}$$

$$i_{\mathrm{Lr}}(t)=I_1+\frac{V_1-V_{\mathrm{o}}'}{L_{\mathrm{r}}}=(t-t_1) \tag{4.10}$$

对式(4.9)和式(4.10)进行以 V_1 为归一化因子的处理，有

$$\overline{v_{\mathrm{Cr}}(t)}=\frac{v_{\mathrm{Cr}}(t)}{V_1}=0 \tag{4.11}$$

$$\overline{i_{\mathrm{Lr}}(t)}=\frac{i_1(t)z}{V_1}=\overline{I_1}+(1-q)\omega_{\mathrm{o}}(t-t_1) \tag{4.12}$$

占空比 D，即能量传输到负载的时间参数，定义为

$$D=\frac{\Delta t_2}{T_{\mathrm{s}}/2} \tag{4.13}$$

将式(4.13)代入式(4.12)，并重写方程，在电感电流结束时有

$$\overline{I_2}=\overline{I_1}+(1-q)\frac{\pi D}{f_{\mathrm{s}}/f_{\mathrm{o}}} \tag{4.14}$$

4.3.3　时区 Δt_3

在此时区内，谐振电感电流和谐振电容的电压初始条件分别为

$$\begin{cases}i_{\mathrm{Lr}}(t_2)=I_2\\ v_{\mathrm{Cr}}(t_2)=0\end{cases}$$

根据图 4.5 的等效电路图，我们有

$$V_1=L_{\mathrm{r}}\frac{\mathrm{d}i_{\mathrm{Lr}}(t)}{\mathrm{d}t}+V_{\mathrm{o}}'+v_{\mathrm{Cr}}(t) \tag{4.15}$$

$$i_{\mathrm{Lr}}(t)=C_{\mathrm{r}}\frac{\mathrm{d}v_{\mathrm{Cr}}(t)}{\mathrm{d}t} \tag{4.16}$$

对上述两式进行拉普拉斯变换得到

$$\frac{V_1-V_{\mathrm{o}}'}{s}=sL_{\mathrm{r}}I_{\mathrm{Lr}}(s)-L_{\mathrm{r}}I_2+V_{\mathrm{Cr}}(s) \tag{4.17}$$

$$I_{\mathrm{Lr}}(s)=sC_{\mathrm{r}}V_{\mathrm{Cr}}(s) \tag{4.18}$$

对式(4.17)和式(4.18)进行拉普拉斯逆变换，并进行归一化整理得

$$\overline{v_{\mathrm{Cr}}(t)}=\frac{v_{\mathrm{Cr}}(t)}{V_1}=1-q-(1-q)\cos(\omega_{\mathrm{o}}t)+\overline{I_2}\sin(\omega_{\mathrm{o}}t) \tag{4.19}$$

$$\overline{i_{\mathrm{Lr}}(t)}=\frac{i_{\mathrm{Lr}}(t)z}{V_1}=(1-q)\sin(\omega_{\mathrm{o}}t)+\overline{I_2}\cos(\omega_{\mathrm{o}}t) \tag{4.20}$$

此时区在时刻 $t=t_3$ 结束，此时电容电压达到 V_1，因此根据式(4.19)有

$$\omega_{\mathrm{o}}\Delta t_3=\pi-\arccos\left(\frac{1-q}{\sqrt{\overline{I_2}^2+(1-q)^2}}\right)-\arccos\left(\frac{q}{\sqrt{\overline{I_2}^2+(1-q)^2}}\right) \tag{4.21}$$

将式(4.21)代入式(4.20)，可以得到在此时区结束时的归一化电感电流表达式为

$$\overline{I_3}=\sqrt{\overline{I_2}^2+(1-q)^2-q^2} \tag{4.22}$$

4.3.4 时区 Δt_4

在此时区内，谐振电感电流和谐振电容的电压初始条件分别为

$$\begin{cases} i_{\mathrm{Lr}}(t_3)=I_3 \\ v_{\mathrm{Cr}}(t_3)=V_1 \end{cases}$$

根据图 4.6 的等效电路图，我们有

$$v_{\mathrm{Cr}}(t)=V_1 \tag{4.23}$$

$$i_{\mathrm{Lr}}(t)=I_3-\frac{V_{\mathrm{o}}'}{L_{\mathrm{r}}}(t-t_3) \tag{4.24}$$

对式(4.23)和式(4.24)进行以 V_1 为归一化因子的处理，有

$$\overline{v_{\mathrm{Cr}}(t)}=\frac{v_{\mathrm{Cr}}(t)}{V_1}=1 \tag{4.25}$$

$$\overline{i_{\mathrm{Lr}}(t)}=\frac{i_{\mathrm{Lr}}(t)z}{V_1}=\overline{I_3}-q\omega_{\mathrm{o}}(t-t_3) \tag{4.26}$$

在时刻 $t=t_3$，此时区结束，电感电流达到零，考虑到式(4.26)中 $\overline{i_{\mathrm{Lr}}(t)}=0$，有

$$\omega_{\mathrm{o}}\Delta t_4=\frac{\overline{I_3}}{q} \tag{4.27}$$

4.3.5 归一化相平面轨迹图

半桥 CVC-PWM SRC 的归一化相平面轨迹图如图 4.14 所示。

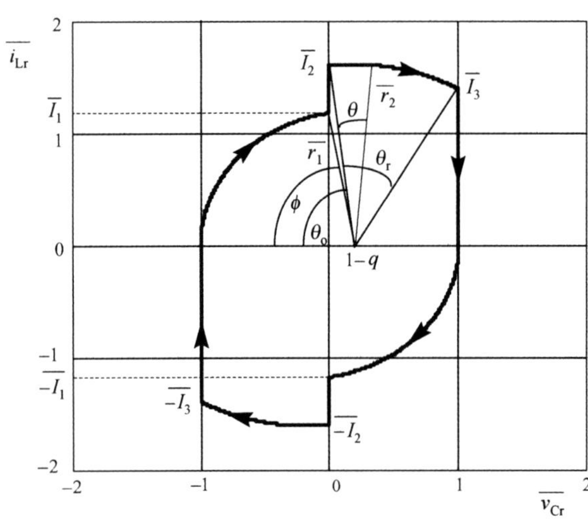

图 4.14　半桥 CVC-PWM SRC 的归一化相平面轨迹图

4.3.6　DCM 约束条件

DCM 和 CCM 边界的开关周期约束条件为

$$\frac{T_s}{2}=\Delta t_1+\Delta t_2+\Delta t_3+\Delta t_4 \tag{4.28}$$

假设电路谐振频率远高于开关频率，这意味着 μ_o 值很小，因此，时区 $\Delta t_3 \cong 0$，为简化起见，可以忽略。

将式(4.28)乘以 ω_o 得

$$\frac{\omega_o T_s}{2}=\omega_o(\Delta t_1+\Delta t_2+\Delta t_3+\Delta t_4) \tag{4.29}$$

将式(4.7)、式(4.13)和式(4.27)代入式(4.28)，并经适当的运算，有

$$\frac{\pi}{\mu_o}=\arccos\left(\frac{1-q}{2-q}\right)+\frac{\pi}{\mu_o}D_{max}+\sqrt{3-2q}+(1-2q)\frac{\pi}{\mu_o}D_{max} \tag{4.30}$$

求解 D_{max}，可得到

$$D_{max}=\frac{\mu_o\arccos\left(\dfrac{1-q}{2-q}\right)+\mu_o\sqrt{3-2q}-\pi}{\pi(q-2)} \tag{4.31}$$

从式(4.31)可以得到最大占空比与静态增益 q，以 μ_o 为参变量的函数关系，如图 4.15 所示。如果不满足约束条件，如前文理论分析所述，变换器不会工作于 DCM 下。

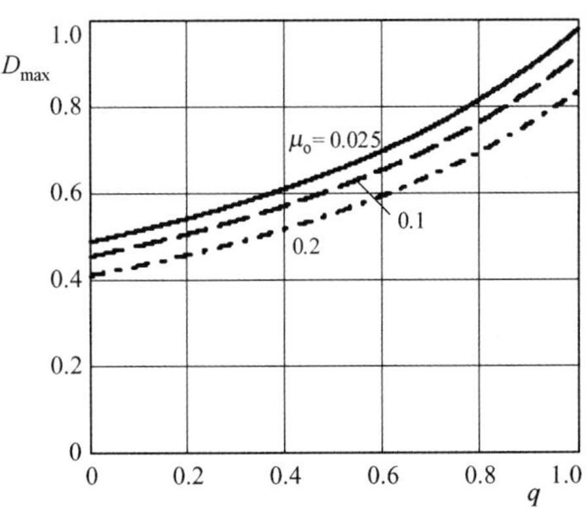

图 4.15　最大占空比与静态增益 q（以 μ_o 为参变量）的函数关系

4.3.7　输出特性

图 4.16 为折算到原边侧的归一化输出电流波形，注意到电流波形的周期是变换器的半个开关周期。

归一化输出电流 $\overline{I_o'}$ 的平均值由下式决定：

$$\overline{I_o'}=\frac{2}{T}\left(\int_{t_0}^{t_1}\overline{i_{Lr}(t)}dt+\int_{t_1}^{t_2}\overline{i_{Lr}(t)}dt+\int_{t_2}^{t_3}\overline{i_{Lr}(t)}dt+\int_{t_3}^{t_4}\overline{i_{Lr}(t)}dt\right) \tag{4.32}$$

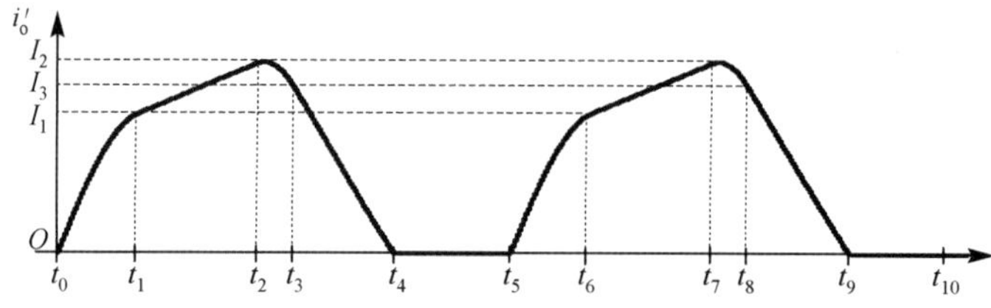

图 4.16 折算到变压器原边侧的归一化输出电流波形

将式(4.6)、式(4.12)、式(4.20)和式(4.26)代入式(4.32)中，并重排公式，有

$$\overline{I'_o}=\frac{I'_o z}{V_1}=\frac{2}{\pi}\frac{\mu_o}{q}+\frac{(1-q)}{2q}\frac{\pi D^2}{\mu_o}+\frac{\sqrt{3-2q}}{q}D \tag{4.33}$$

式(4.33)是归一化负载电流与静态增益 q 的函数，其中以占空比 D 和归一化频率 μ_o 作为参变量。这意味着变换器可以实现 PWM 或频率调制。根据式(4.33)作图，输出特性曲线如图 4.17 所示。

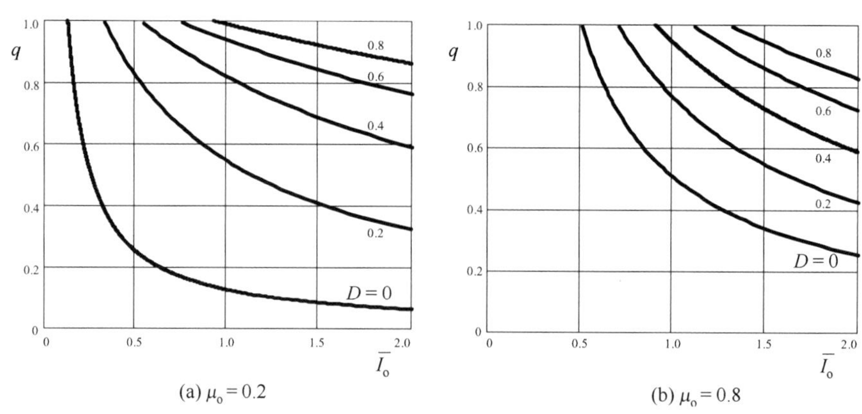

图 4.17 以占空比作为参变量的输出特性曲线

4.4 实际案例

图 4.1 所示的变换器的参数规格如表 4.1 所示。

求：在最小功率时，(a)谐振电感 L_r、谐振电容 C_r；(b)占空比 D。

解：

折算到原边侧的直流输出电压 V'_o 为

$$V'_o=qV_1=0.6\times\frac{400}{2}=160\text{ V}$$

归一化输出电流为

$$\overline{I'_o}=\frac{I'_o z}{V_1}=\frac{2}{\pi}\times\frac{1}{q}\times\frac{f_s}{f_o}+\frac{(1-q)}{2q}\times\frac{\pi D^2}{f_s/f_o}+\frac{\sqrt{3-2q}}{q}\times D=1.3$$

因此，折算到变压器原边侧的平均输出电流为

表 4.1 变换器的参数规格

直流输入电压 V_i	400 V
直流输出电压 V_o	50 V
额定平均输出电流 I_o	10 A
额定输出功率 P_o	500 W
最小输出功率 $P_{o\min}$	100 W
谐振频率 f_o	400 kHz
静态增益 q	0.6
变压器匝数比 n	3.2
归一化频率 μ_o	0.1
占空比 D	0.4

$$I'_o = \frac{I_o}{N_1/N_2} = \frac{10}{3.2} = 3.125\ \text{A}$$

因而有

$$z = \sqrt{\frac{L_r}{C_r}} = \frac{\overline{I'_o}V_1}{I'_o} = 83.2$$

所以

$$L_r = 6922.24C_r$$

已知

$$L_rC_r = \frac{1}{(2\pi f_o)^2} = 1.58\times10^{-13}$$

因此

$$C_r = 4.782\ \text{nF}$$
$$L_r = 33.1\ \mu\text{H}$$

(b) 最小负载功率时的负载电流为

$$I_{o\min} = \frac{100}{50} = 2\ \text{A}$$

因而

$$I'_{o\min} = \frac{I_{o\min}}{N_1/N_2} = \frac{2}{3.2} = 0.625\ \text{A}$$

以及

$$\overline{I'_{o\min}} = \frac{I'_{o\min}\sqrt{L_r/C_r}}{V_1} = \frac{0.625\times83.2}{200} = 0.26$$

在最小功率时有

$$\overline{I'_{o\min}} = \frac{2}{\pi}\times\frac{1}{q}\times\frac{f_s}{f_o} + \frac{(1-q)}{2q}\times\frac{\pi D_{\min}^2}{f_s/f_o} + \frac{\sqrt{3-2q}}{q}\times D_{\min}$$

求解得到 $D_{\min}$

$$D_{\min} = 0.0236$$

4.5　仿真结果

4.4 节所分析的半桥 CVC-PWM 串联谐振变换器的仿真电路图如图 4.18 所示，参数如表 4.1 所示，本节我们通过仿真来验证分析。

图 4.19 为额定负载功率下的谐振电容电压、谐振电感电流、交流电压 v_{ab}，以及输出电流 i'_o。注意到变换器工作于 DCM，图 4.20 给出了开关管 S_1 和 S_2 的电压和电流的波形。

图 4.21 为辅助开关管 S_3 在零电压开关换流关断时的电压和电流的波形。

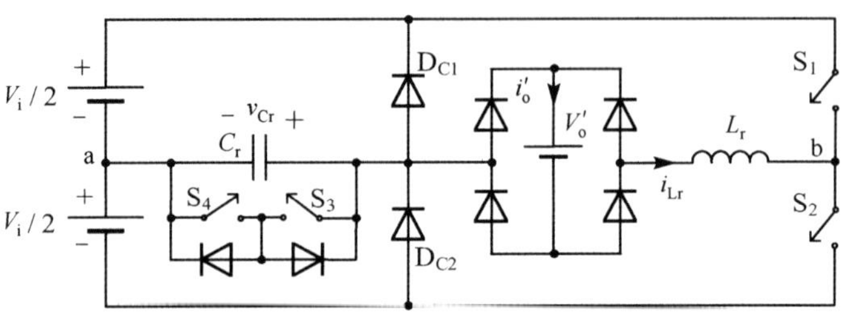

图 4.18　仿真电路图

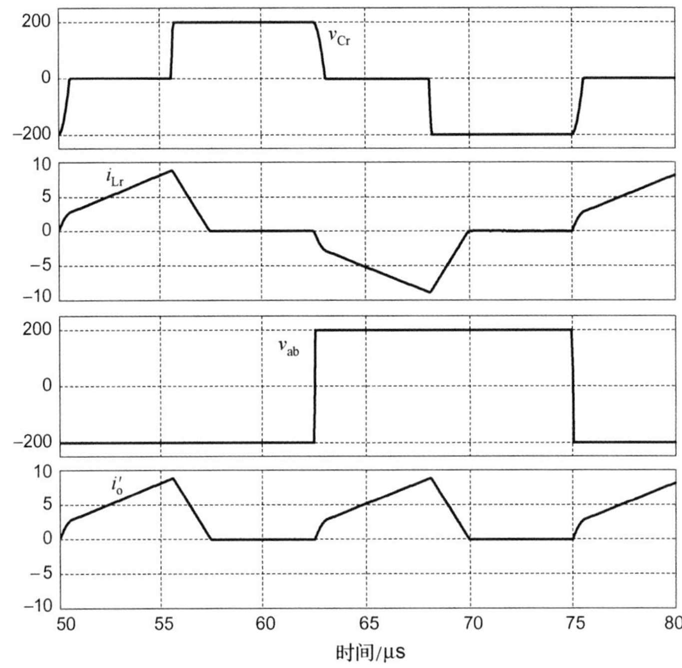

图 4.19　额定负载功率下的谐振电容电压、谐振电感电流、交流电压 v_{ab}，以及输出电流 i'_o

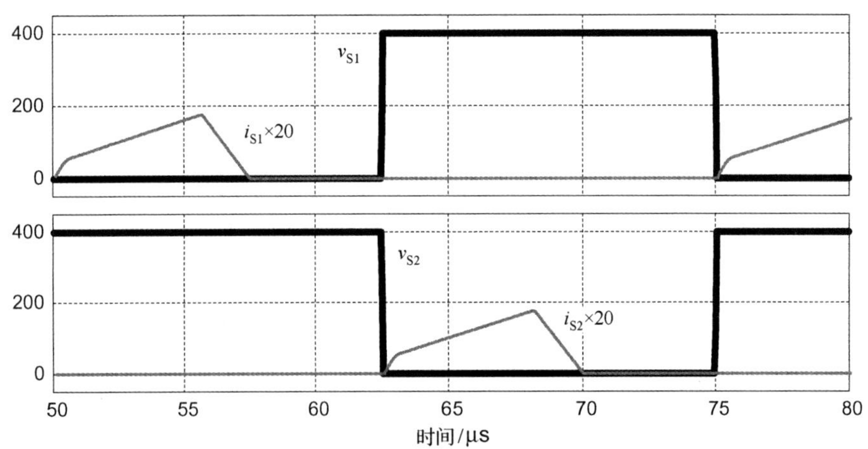

图 4.20　开关管 S_1 和 S_2 的电压和电流的波形

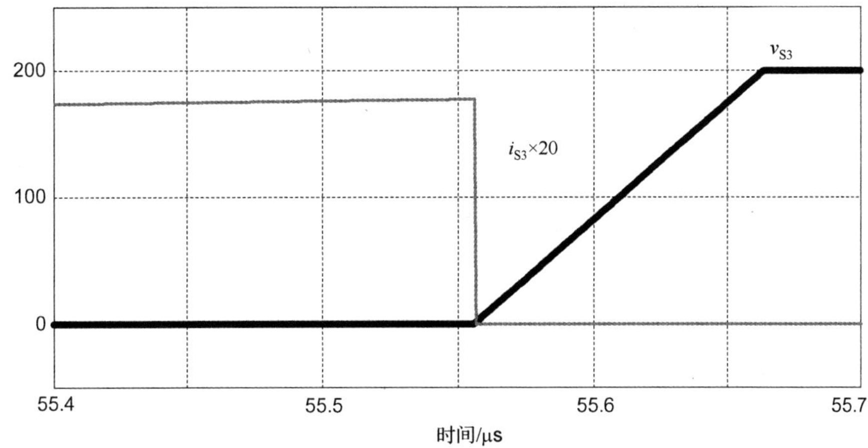

图 4.21　开关管 S_3 在零电压开关换流关断时的电压和电流的波形

4.6　习题

1．一个半桥 CVC-PWM 串联谐振变换器及开关管驱动信号如图 4.22 所示，其电路参数为

$$V_i = 400\,\text{V},\quad V_o' = 140\,\text{V},\quad C_r = 30\,\text{nF},$$
$$L_r = 10\,\mu\text{H},\quad f_s = 60\,\text{kHz},\quad DT_s/2 = 4.63\,\mu\text{s}$$

求：

(a) 平均输出电流；

(b) 输出功率。

答案：(a) $I_o = 19.123\,\text{A}$；(b) $P_o = 2.68\,\text{kW}$。

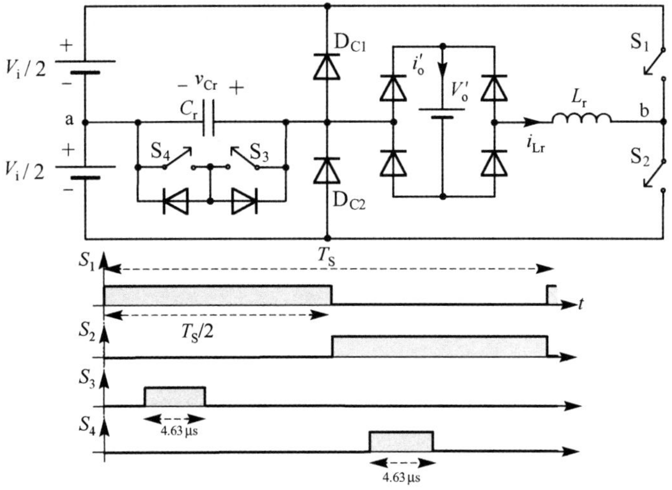

图 4.22　半桥 CVC-PWM 串联谐振变换器及开关管驱动信号

2．一个半桥 CVC-PWM 串联谐振变换器及开关管驱动信号如图 4.23 所示，其电路参数为

$V_i = 400\,\text{V}$, $R_o = 10\,\Omega$, $C_o = 30\,\mu\text{F}$, $C_r = 30\,\text{nF}$,
$L_r = 20\,\mu\text{H}$, $f_s = 40\,\text{kHz}$, $D = 0.44$

求：

(a)折算到原边侧的输出电压；

(b)输出功率；

(c)占空比。

答案：(a) $V_o' = 125\,\text{V}$；(b) $P_o = 1563\,\text{W}$；(c) $D = 0.364$。

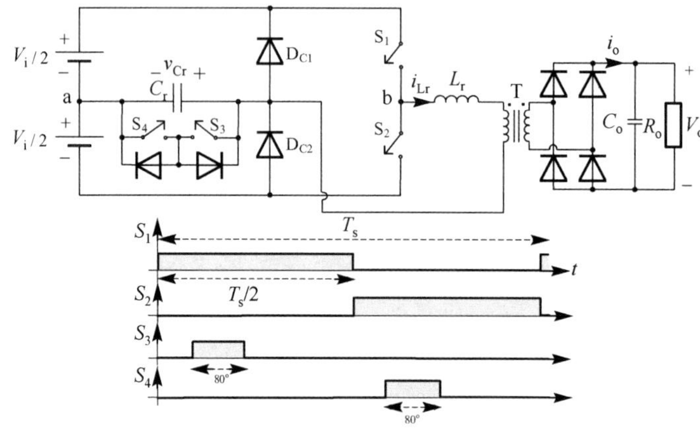

图 4.23 半桥 CVC-PWM 串联谐振变换器及开关管驱动信号

3．考虑半桥 CVC-PWM 串联谐振变换器拓扑的变种，如图 4.24 所示。描述其一个开关周期内的时序和主要波形。证明其静态增益表达式和本节所描述的变换器一样。

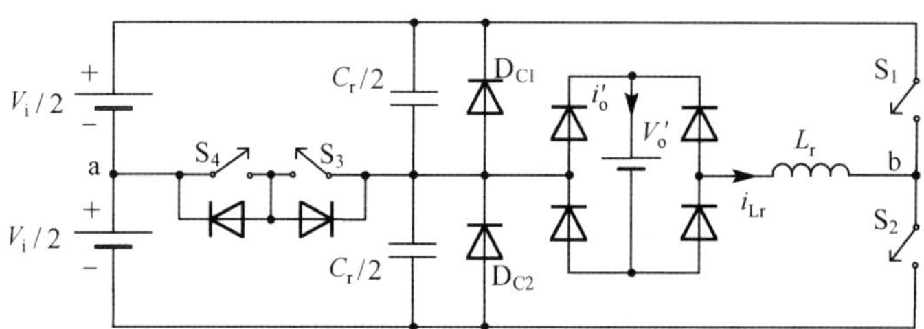

图 4.24 半桥 CVC-PWM 串联谐振变换器拓扑的变种

参考文献

1. Freitas Vieira, J.L., Barbi, I.: Constant frequency PWM capacitor voltage-clamped series resonant power supply. IEEE Trans. Power Electron. 8(2), 120–126(1993)

第 5 章　串联谐振变换器工作于高于谐振频率时的情况

符　号　表

符号	含义
V_i	直流输入电压
V_o	直流输出电压
P_o	额定输出功率
C_o	输出滤波电容
R_o	输出负载电阻
q 和 q_{C0}	静态增益
f_s	开关频率(Hz)
ω_s	开关频率(rad/s)
$f_{s\min}$	最小开关频率(Hz)
$f_{s\max}$	最大开关频率(Hz)
T_s	开关周期
f_o	谐振频率(Hz)
ω_o	谐振角频率(rad/s)
μ_o	归一化频率
z	特征阻抗
t_d	死区时间
T	变压器
n	变压器匝数比
N_1 和 N_2	变压器绕组匝数
V_o'	折算到变压器原边侧的直流输出电压
i_o	输出电流
i_o'	折算到变压器原边侧的输出电流
I_o' ($\overline{I_o'}$)	折算到变压器原边侧的平均输出电流，以及其归一化值
S_1，S_2，S_3 和 S_4	开关管
D_1，D_2，D_3 和 D_4	二极管
C_1，C_2，C_3 和 C_4	电容
C_r	谐振电容
v_{Cr}	谐振电容电压
V_{C0}	谐振电容峰值电压
V_{C1}	时区 1 和时区 3 结束时的谐振电容电压
Q	谐振电容电荷
L_r	谐振电感(可能包含变压器漏感)

续表

i_{Lr}	谐振电感电流
I_{Lr}	谐振电感电流基波峰值
I_1（$\overline{I_1}$）	在时区 1 和时区 4 结束时的电感电流，以及其归一化值
v_{ab}	a 和 b 两点之间的交流电压
v_{cb}	c 和 b 两点之间的交流电压
v_{ab1}	a 和 b 两点之间交流电压的基波分量
v_{cb1}	c 和 b 两点之间交流电压的基波分量
v_{S1} 和 v_{S2}	开关管 S_1 和 S_2 上的电压
v_{g1} 和 v_{g2}	开关管 S_1 和 S_2 上的驱动信号
i_{S1} 和 i_{S2}	开关管 S_1 和 S_2 上的电流
i_{C1} 和 i_{C2}	电容电流
x_{Lr}， x_{CR} 和 x	电抗
R_1， R_2	相平面半径
γ，β 和 θ	相平面角度
Δt_1	时区 1（t_1-t_0）
Δt_2	时区 2（t_2-t_1）
Δt_3	时区 3（t_3-t_2）
Δt_4	时区 4（t_4-t_3）

5.1　引言

在第 2 章中，我们分析了串联谐振变换器开关频率工作于低于谐振频率的情况下，能实现零电流开关(ZCS)。在本章中，我们将继续分析开关频率高于谐振频率的情况。结果就是，开关管以 ZVS 换流，并且开关管的寄生电容会参与到换流过程中。

全桥 ZVS 以及半桥 ZVS 串联谐振变换器工作于高于谐振频率时的电路图分别如图 5.1 和图 5.2 所示。

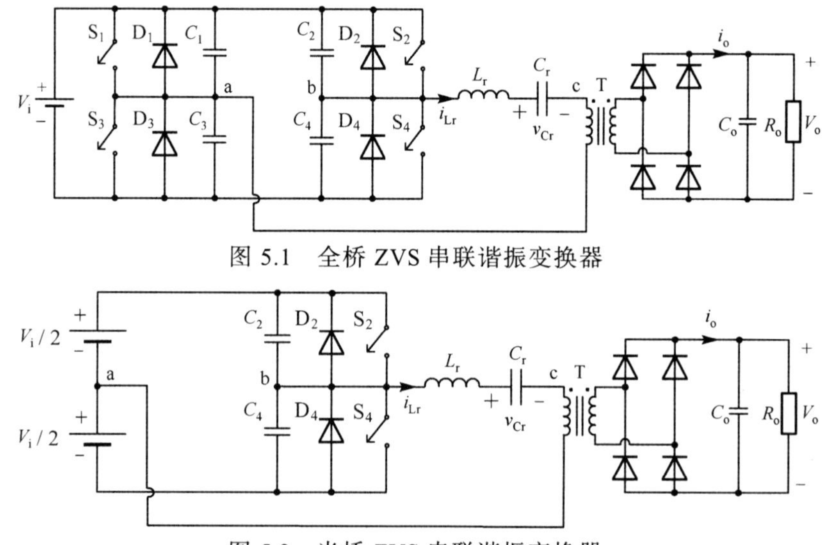

图 5.1　全桥 ZVS 串联谐振变换器

图 5.2　半桥 ZVS 串联谐振变换器

5.2 电路工作过程

在本节中，对应的分析电路图如图 5.3 所示，它并没有换流电容器(对应的软开关换流过程分析将在 5.4 节进行)。为简化分析，作如下假设：

- 所有器件均是理想器件；
- 变换器工作于稳态；
- 输出滤波器用直流电压源 V_o' 代替，其值为折算到变压器原边侧的输出电压；
- 电流流入开关管是单向的，即开关管仅允许电流在箭头方向上流动；
- 开关管 S_1 和 S_2 以 50%的占空比来实现调频控制，死区时间忽略不计。

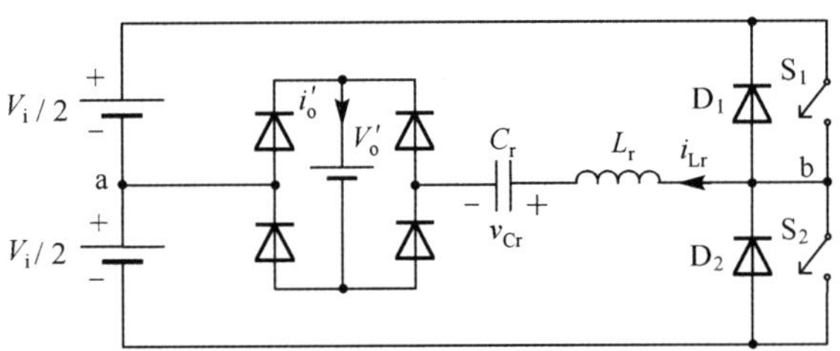

图 5.3 半桥串联谐振变换器的电路图

1．时区 Δt_1 (时区 1， $t_0 \leqslant t \leqslant t_1$)

此时区的等效电路图如图 5.4 所示，它开始于电感电流达到零的时刻 $t = t_0$。开关管 S_1 此时已经导通，电感电流从中流过。电感电流和电容电压发生振荡。DC 直流母线为负载提供能量。

2．时区 Δt_2 (时区 2， $t_1 \leqslant t \leqslant t_2$)

在时刻 $t = t_1$，开关管 S_1 关断， S_2 导通。因为电感电流仍然为正，它开始从二极管 D_2 流过，如图 5.5 所示。此时谐振腔向直流母线及负载传输能量。

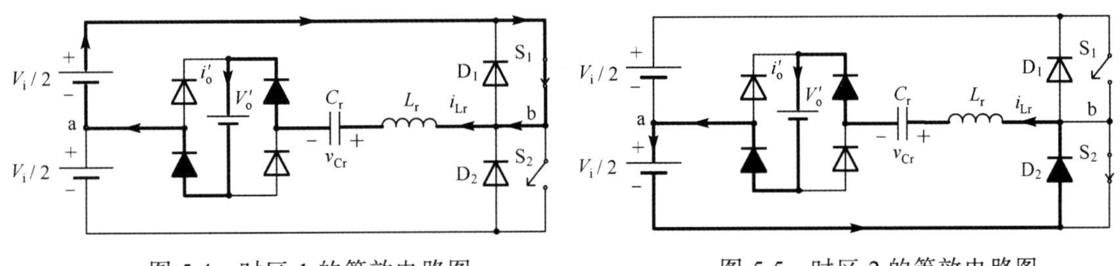

图 5.4 时区 1 的等效电路图

图 5.5 时区 2 的等效电路图

3．时区 Δt_3 (时区 3， $t_2 \leqslant t \leqslant t_3$)

在时刻 $t = t_2$，电感电流达到零，如图 5.6 所示。开关管 S_2 已经导通，流过电感电流。电感电流和电容电压发生振荡。直流母线为负载提供能量。

4．时区 Δt_4（时区 4，$t_3 \leqslant t \leqslant t_4$）

在时刻 $t = t_3$，开关管 S_2 关断，S_1 导通。此时电感电流为负，它将流入二极管 D_1，如图 5.7 所示。此时谐振腔向母线及负载传输能量。相关波形和时序图如图 5.8 所示。

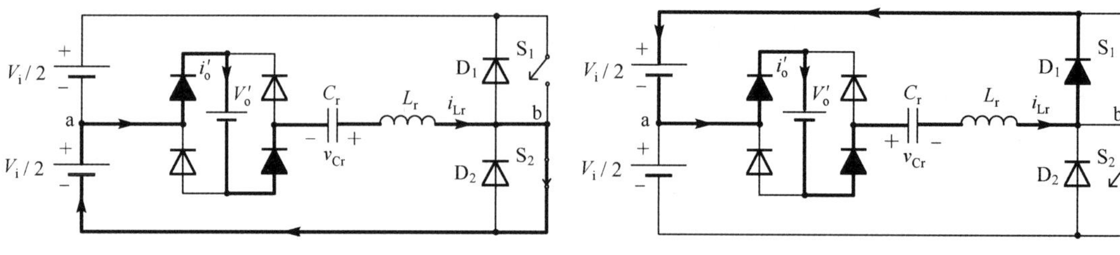

图 5.6 时区 3 的等效电路图

图 5.7 时区 4 的等效电路图

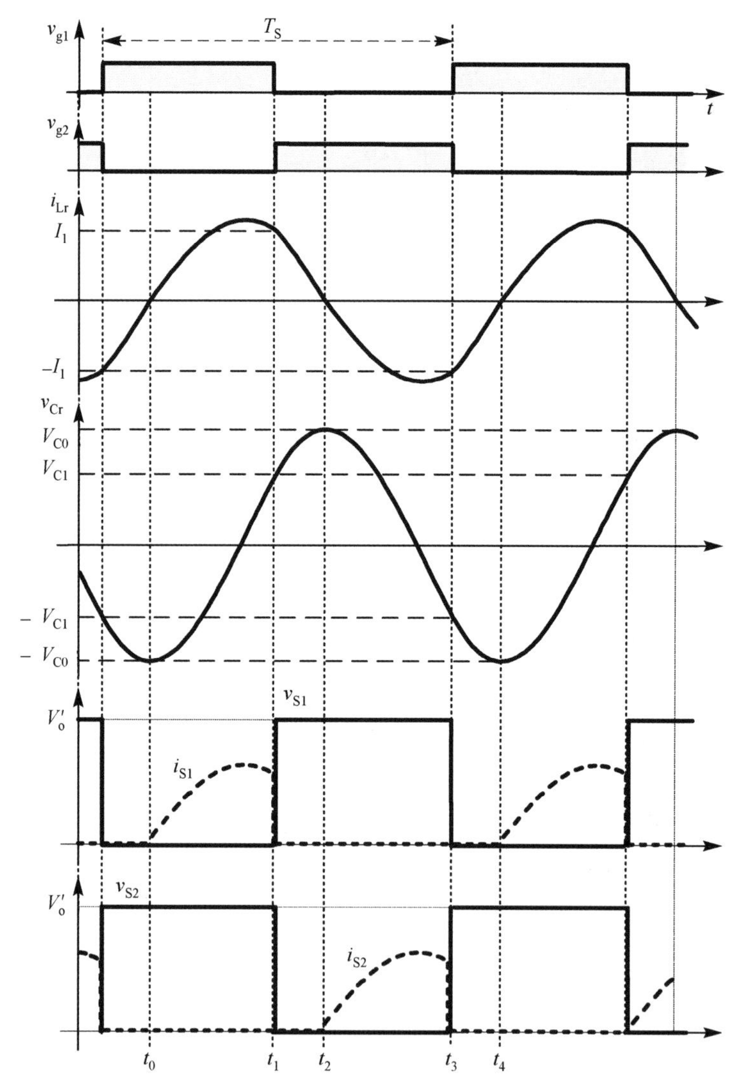

图 5.8 串联谐振变换器工作于高于谐振频率时的相关波形和时序图

5.3　数学分析

本节推导了谐振电容电压和谐振电感电流的表达式，以及变换器输出特性。因为变换器是对称工作的，所以只需分析半个开关周期。

1．时区 Δt_1

在此时区内，谐振电感的初始电流和谐振电容的初始电压分别为

$$\begin{cases} i_{\mathrm{Lr}}(t_0)=0 \\ v_{\mathrm{Cr}}(t_0)=-V_{\mathrm{C0}} \end{cases}$$

根据图 5.4 的等效电路图可以写出差分方程如下：

$$\frac{V_{\mathrm{i}}}{2}=L_{\mathrm{r}}\frac{\mathrm{d}i_{\mathrm{Lr}}(t)}{\mathrm{d}t}+v_{\mathrm{Cr}}(t)+V_{\mathrm{o}}' \tag{5.1}$$

$$i_{\mathrm{Lr}}(t)=C_{\mathrm{r}}\frac{\mathrm{d}v_{\mathrm{Cr}}(t)}{\mathrm{d}t} \tag{5.2}$$

对式(5.1)和式(5.2)进行拉普拉斯变换，有

$$\frac{V_1-V_{\mathrm{o}}'}{s}=sL_{\mathrm{r}}I_{\mathrm{Lr}}(s)+V_{\mathrm{Cr}}(s) \tag{5.3}$$

$$I_{\mathrm{Lr}}(s)=sC_{\mathrm{r}}V_{\mathrm{Cr}}(s)+C_{\mathrm{r}}V_{\mathrm{o}}' \tag{5.4}$$

式中，

$$V_1=V_{\mathrm{i}}/2$$

将式(5.4)代入式(5.3)，并进行拉普拉斯逆变换，得

$$v_{\mathrm{Cr}}(t)=V_1-V_{\mathrm{o}}'-(V_{\mathrm{r}}-V_{\mathrm{o}}'+V_{\mathrm{C0}})\cos(\omega_{\mathrm{o}}t) \tag{5.5}$$

$$i_{\mathrm{Lr}}(t)z=(V_1-V_{\mathrm{o}}'+V_{\mathrm{C0}})\sin(\omega_{\mathrm{o}}t) \tag{5.6}$$

其中，$z=\sqrt{\dfrac{L_{\mathrm{r}}}{C_{\mathrm{r}}}}$，$\omega_{\mathrm{o}}=\dfrac{1}{\sqrt{L_{\mathrm{r}}C_{\mathrm{r}}}}$。

将式(5.5)、式(5.6)进行以 V_1 为归一化因子的处理有

$$\overline{v_{\mathrm{Cr}}(t)}=\frac{v_{\mathrm{Cr}}(t)}{V_1}=1-q-(1-q+\overline{V_{\mathrm{C0}}})\cos(\omega_{\mathrm{o}}t) \tag{5.7}$$

$$\overline{i_{\mathrm{Lr}}(t)}=\frac{i_{\mathrm{Lr}}(t)z}{V_1}=(1-q+\overline{V_{\mathrm{C0}}})\sin(\omega_{\mathrm{o}}t) \tag{5.8}$$

其中 $q=\dfrac{V_{\mathrm{o}}'}{V_1}$。

Δt_1 时区的时间长度为

$$\Delta t_1=t_1-t_0=\frac{\theta}{\omega_{\mathrm{o}}} \tag{5.9}$$

在此时区结束时电感电流和电容电压分别为

$$\overline{I_1}=(1-q+\overline{V_{C0}})\sin(\theta) \tag{5.10}$$

$$\overline{V_1}=(1-q)-(1-q+\overline{V_{C0}})\cos(\theta) \tag{5.11}$$

为了求得此时区的相平面轨迹图，定义

$$\overline{v_{Cr}(t)}+j\overline{i_{Lr}(t)}=(1-q)-(1-q+\overline{V_{C0}})e^{-j\omega_o t} \tag{5.12}$$

式(5.12)的轨迹为一个圆，其中心点坐标为(0, 1−q)，半径为($1-q+\overline{V_{C0}}$)。

2．时区 Δt_2

在此时区内，谐振电感的初始电流和谐振电容的初始电压分别为

$$\begin{cases} i_{Lr}(t_2)=I_1 \\ v_{Cr}(t_2)=V_{C1} \end{cases}$$

根据图 5.5 的等效电路图可以写出差分方程如下

$$V_1=-L_r\frac{di_{Lr}(t)}{dt}-v_{Cr}(t)-V_o' \tag{5.13}$$

$$i_{Lr}(t)=C_r\frac{dv_{Cr}(t)}{dt} \tag{5.14}$$

对式(5.13)和式(5.14)进行拉普拉斯变换，有

$$\frac{V_1+V_o'}{s}=-sL_rI_{Lr}(s)+L_rI_1-V_{Cr}(s) \tag{5.15}$$

$$I_{Lr}(s)=sC_rV_{Cr}(s)-C_rV_{C1} \tag{5.16}$$

将式(5.16)代入式(5.15)，并进行拉普拉斯逆变换，得

$$v_{Cr}(t)=-V_1-V_o'-(-V_1-V_o'-V_{C1})\cos(\omega_o t)+I_1z\sin(\omega_o t) \tag{5.17}$$

$$i_{Lr}(t)z=-(-V_1+V_o'+V_{C1})\sin(\omega_o t)+I_1z\cos(\omega_o t) \tag{5.18}$$

将式(5.17)、式(5.18)进行以 V_1 为归一化因子的处理，有

$$\overline{v_{Cr}(t)}=\frac{v_{Cr}(t)}{V_1}=-1-q+(1+q+\overline{V_{C1}})\cos(\omega_o t)+\overline{I_1}\sin(\omega_o t) \tag{5.19}$$

$$\overline{i_{Lr}(t)}=\frac{i_{Lr}(t)z}{V_1}=-(1+q+\overline{V_{C1}})\sin(\omega_o t)+\overline{I_1}\cos(\omega_o t) \tag{5.20}$$

时区 Δt_2 的长度为

$$\Delta t_2=t_2-t_1=\frac{\gamma}{\omega_o} \tag{5.21}$$

在此时区结束时电容电压为

$$\overline{V_{C0}(t)}=-1-q+(1+q+\overline{V_{C1}})\cos(\gamma)+\overline{I_1}\sin(\gamma) \tag{5.22}$$

为了求得此时区的相平面轨迹图，我们定义

$$\overline{v_{\mathrm{Cr}}(t)}+\mathrm{j}\overline{i_{\mathrm{Lr}}(t)}=-(1+q)+\left[(1+q+\overline{V_{\mathrm{C1}}})+\mathrm{j}\overline{I_1}\right]\mathrm{e}^{-\mathrm{j}\omega_{\mathrm{o}}t} \tag{5.23}$$

式(5.23)的轨迹为一个圆，其中心点坐标为$(0,-1-q)$，半径为$\sqrt{(1+q+\overline{V_{C1}})^2+\overline{I_1}^2}$。

3. 一个完整开关周期的相平面轨迹图

一个完整开关周期的相平面轨迹图如图 5.9 所示。

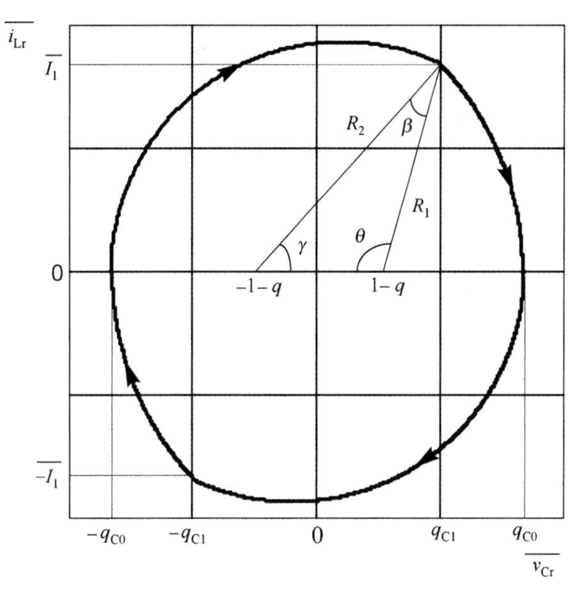

图 5.9　串联谐振变换器稳态时的相平面轨迹图，$\mu_{\mathrm{o}}\geqslant 1$

4. 输出特性

从图 5.9 所示的归一化相平面轨迹图可以观察求出半径R_1和R_2，角度θ和γ分别由式(5.24)、式(5.25)、式(5.26)、式(5.27)给出：

$$R_1=q_{\mathrm{C0}}+1-q \tag{5.24}$$

$$R_2=q_{\mathrm{C0}}+1+q \tag{5.25}$$

$$\theta=\omega_{\mathrm{o}}\Delta t_1 \tag{5.26}$$

$$\gamma=\omega_{\mathrm{o}}\Delta t_2 \tag{5.27}$$

一个周期内，同样有如下条件：

$$\frac{1}{T_{\mathrm{s}}}=\frac{1}{2(\Delta t_1+\Delta t_2)} \tag{5.28}$$

因此

$$\mu_{\mathrm{o}}=\frac{f_{\mathrm{s}}}{f_{\mathrm{o}}}=\frac{2\pi}{2(\Delta t_1+\Delta t_2)}\times\frac{1}{\omega_{\mathrm{o}}} \tag{5.29}$$

所以

$$\frac{\mu_{\mathrm{o}}}{\pi}=\frac{1}{\omega_{\mathrm{o}}(\Delta t_1+\Delta t_2)}=\frac{1}{\theta+\gamma} \tag{5.30}$$

在半个开关周期内的电容电荷 Q 为

$$Q = 2C_{r}V_{C0} = \int_{0}^{T_s/2} i_{Lr}(t)\mathrm{d}t \tag{5.31}$$

平均负载电流由下式决定

$$I_o' = \frac{2}{T_s}\int_{0}^{T_s/2} i_{Lr}(t)\mathrm{d}t \tag{5.32}$$

将式(5.32)代入式(5.31)得到

$$Q = 2C_{r}V_{C0} = \frac{T_s}{2}I_o' \tag{5.33}$$

因此

$$V_{C0} = \frac{I_o'}{4f_sC_r} \tag{5.34}$$

对式(5.34)进行以 V_1 为归一化因子的处理，有

$$q_{C0} = \frac{V_{C0}}{V_1} = \frac{I_o'}{4f_sC_rV_1} \tag{5.35}$$

归一化输出电流为

$$\overline{I_o'} = \frac{zI_o'}{V_1} \tag{5.36}$$

将式(5.35)代入式(5.34)，可以得到

$$q_{C0} = \frac{V_{C0}}{V_1} = \frac{\overline{I_o'}V_1}{z} \times \frac{1}{4f_sC_rV_1} = \frac{\overline{I_o'}}{2} \times \frac{\pi}{2\pi f_sC_rz} = \frac{\overline{I_o'}}{2} \times \frac{\pi}{\mu_o} \tag{5.37}$$

将式(5.36)代入式(5.24)、式(5.25)得到

$$R_1 = q_{C0} + 1 - q \tag{5.38}$$

$$R_2 = q_{C0} + 1 + q \tag{5.39}$$

根据图 5.9，利用余弦定律可得

$$2^2 = R_1^2 + R_2^2 - 2R_1R_2\cos\beta \tag{5.40}$$

因为三角形内角和为 π，所以有 $\beta = \pi - \gamma - \theta$ 或 $\beta = \pi - \frac{\pi}{\pi_o}$。令 $\rho = \frac{\pi}{\pi_o}$，则有 $\beta = \pi - \rho$。

通过运算并重新整理可得

$$R_1 = \frac{\overline{I_o'}}{2}\rho + 1 - q \tag{5.41}$$

$$R_2 = \frac{\overline{I_o'}}{2}\rho + 1 + q \tag{5.42}$$

$$\cos(\beta) = -\cos(\rho) \tag{5.43}$$

将式(5.41)、式(5.42)、式(5.43)代入式(5.40)，可得

$$4=\left(\frac{\overline{I'_{\mathrm{o}}}}{2}\times\rho+1-q\right)^2+\left(\frac{\overline{I'_{\mathrm{o}}}}{2}\times\rho+1+q\right)^2+2\left(\frac{\overline{I'_{\mathrm{o}}}}{2}\times\rho+1-q\right)\left(\frac{\overline{I'_{\mathrm{o}}}}{2}\times\rho+1+q\right)\cos(\rho) \tag{5.44}$$

因此

$$2\left(\frac{\overline{I'_{\mathrm{o}}}\rho}{2}+1\right)^2+2q^2+2\left(\frac{\overline{I'_{\mathrm{o}}}\rho}{2}+1-q\right)\times\left(\frac{\overline{I'_{\mathrm{o}}}\rho}{2}+1+q\right)\cos(\rho)-4=0 \tag{5.45}$$

重新整理可得

$$2\left(\frac{\overline{I'_{\mathrm{o}}}\rho}{2}+1\right)^2+2q^2+2\left(\frac{\overline{I'_{\mathrm{o}}}\rho}{2}+1\right)^2\cos(\rho)-2q^2\cos(\rho)-4=0 \tag{5.46}$$

利用三角函数关系 $\frac{1-\cos\rho}{2}=\sin^2\left(\frac{\rho}{2}\right)$，以及 $\frac{1+\cos\rho}{2}=\cos^2\left(\frac{\rho}{2}\right)$ 代入式(5.46)有

$$q^2\sin^2\left(\frac{\rho}{2}\right)=1-\left(\frac{\overline{I'_{\mathrm{o}}}\rho}{2}+1\right)^2\cos^2\left(\frac{\rho}{2}\right) \tag{5.47}$$

求解式(5.47)，得到静态增益 q 的关系式如下

$$q=\sqrt{\frac{1-\left(\frac{\overline{I'_{\mathrm{o}}}\rho}{2}-1\right)^2\cos^2\left(\frac{\rho}{2}\right)}{\sin^2\left(\frac{\rho}{2}\right)}} \tag{5.48}$$

将 $\rho=\frac{\pi}{\mu_{\mathrm{o}}}$ 代入式(5.48)有

$$q=\sqrt{\frac{1-\left(\frac{\overline{I'_{\mathrm{o}}}\pi}{2\mu_{\mathrm{o}}}+1\right)^2\cos^2\left(\frac{\pi}{2\mu_{\mathrm{o}}}\right)}{\sin^2\left(\frac{\pi}{2\mu_{\mathrm{o}}}\right)}} \tag{5.49}$$

式(5.49)为串联谐振的静态增益表达式，其开关频率是高于谐振频率的，以归一化输出电流作为函数，μ_{o} 作为参变量，输出特性如图 5.10 所示。注意到，串联谐振变换器工作频率高于谐振频率时，呈现为电流源特性，这样，变换器短路及过载保护更容易实现，这与串联谐振变换器低于谐振频率时的工作类似。

5．基于基波分析法，分析当 $\mu_{\mathrm{o}}\geqslant 1$ 时的串联谐振变换器

本节利用基波分析方法，对于串联谐振变换器工作于高于谐振频率的情况进行了研究，串联谐振变换器的等效电路图如图 5.11 所示。

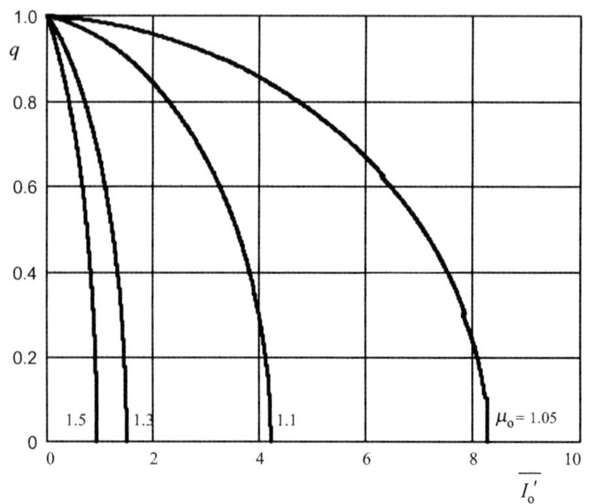

图 5.10 理想的串联谐振变换器输出特性，$\mu_o \geqslant 1$

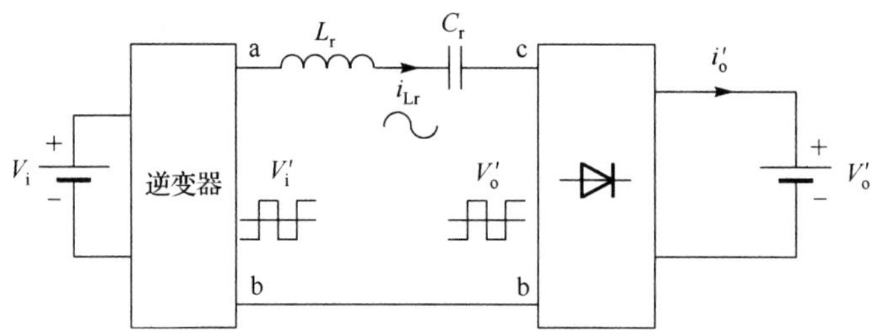

图 5.11 串联谐振变换器的等效电路图

变压器是理想的，其励磁电流可以忽略。方波的基波电流的幅值 v_{ab} 和 v_{cb} 分别由式 (5.50)、式(5.51)给出

$$v_{ab1} = \frac{4}{\pi}V_1 \tag{5.50}$$

$$v_{cb1} = \frac{4}{\pi}V_o' \tag{5.51}$$

定义电抗 x_{Lr} 和 x_{Cr} 的绝对值为

$$|x_{Lr}| = L_r\omega_s = 2\pi f_s L_r \tag{5.52}$$

$$|x_{Cr}| = \frac{1}{C_r\omega_s} = \frac{1}{2\pi f_s C_r} \tag{5.53}$$

因此，等效电抗可以由下式得到：

$$|x| = |x_{Lr}| - |x_{cr}| \tag{5.54}$$

所以

$$|x| = L_r\omega_s - \frac{1}{C_r\omega_s} \tag{5.55}$$

输出二极管迫使电流 i_{Lr} 和电压 v_{cb1} 同相位。同时，当变换器工作于 $f_s \geqslant f_o$ 时，电流 i_{Lr} 会滞后电压 v_{ab1} 90°。

因此，在稳态时，可以画出电压和电流相量图如图 5.12 所示。

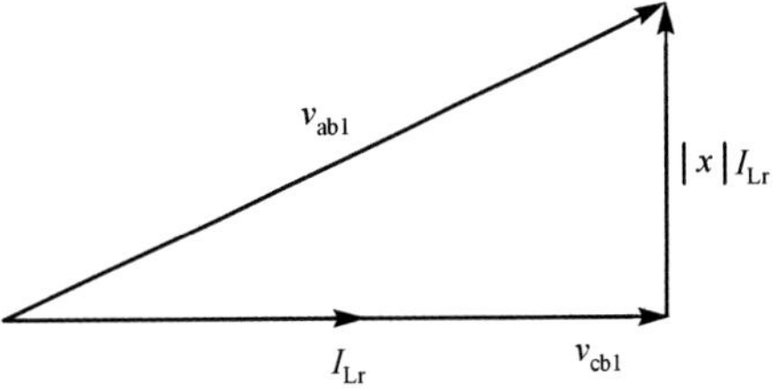

图 5.12　基波近似分析法的相量图

从相量图中可以看到

$$v_{ab1}^2 = v_{cb1}^2 + (|x|I_{Lr})^2 \tag{5.56}$$

这里，I_{Lr} 是电感的基波峰值电流，因此有

$$v_{cb1}^2 = v_{ab1}^2 - (|x|I_{Lr})^2 \tag{5.57}$$

将式(5.50)代入式(5.51)和式(5.57)，可得

$$\left(\frac{4}{\pi}V_o'\right)^2 = \left(\frac{4}{\pi}V_1\right)^2 + (|x|I_{Lr})^2 \tag{5.58}$$

则

$$\left(\frac{\frac{4}{\pi}V_o'}{\frac{4}{\pi}V_1}\right)^2 = 1 - \left(\frac{|x|I_{Lr}}{\frac{4}{\pi}V_1}\right)^2 \tag{5.59}$$

定义静态增益为

$$q = \frac{V_o'}{V_1} \tag{5.60}$$

因此

$$q^2 = 1 - \left(\frac{|x|I_{Lr}}{\frac{4}{\pi}V_1}\right)^2 \tag{5.61}$$

或

$$q = \sqrt{1 - \left(\frac{|x|I_{Lr}}{\frac{4}{\pi}V_1}\right)^2} \tag{5.62}$$

图 5.13 为整流二极管的输入和输出电流波形。

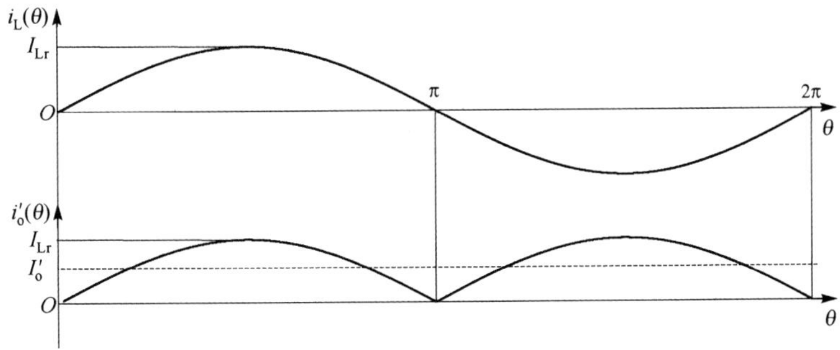

图 5.13　整流二极管的输入和输出电流波形

平均整流电流为

$$I_o' = \frac{2}{\pi}I_{Lr} \tag{5.63}$$

因此有

$$I_{\mathrm{Lr}}=\frac{2}{\pi}I'_{\mathrm{o}} \tag{5.64}$$

将式(5.64)代入式(5.62)，可得

$$q=\sqrt{1-\left(\frac{|x|\pi I'_{\mathrm{o}}}{2\frac{4}{\pi}V_1}\right)^2} \tag{5.65}$$

对上式进行化简，有

$$q=\sqrt{1-\left(\frac{|x|I'_{\mathrm{o}}}{V_1}\frac{\pi^2}{8}\right)^2} \tag{5.66}$$

归一化电流表达式(5.67)已在前面章节中定义过

$$\overline{I'_{\mathrm{o}}}=\frac{z}{V_1}I'_{\mathrm{o}} \tag{5.67}$$

因此

$$I'_{\mathrm{o}}=\frac{V_1}{z}\overline{I'_{\mathrm{o}}} \tag{5.68}$$

或

$$\left(\frac{|x|I'_{\mathrm{o}}}{V_1}\right)^2=\left(\frac{|x|\overline{I'_{\mathrm{o}}}}{z}\right)^2 \tag{5.69}$$

但是有

$$\frac{|x|}{z}=\frac{1}{\sqrt{\dfrac{L_{\mathrm{r}}}{C_{\mathrm{r}}}}}\left(\omega_{\mathrm{s}}L_{\mathrm{r}}-\frac{1}{\omega_{\mathrm{s}}C_{\mathrm{r}}}\right) \tag{5.70}$$

其中，

$$\omega_{\mathrm{o}}=\frac{1}{\sqrt{L_{\mathrm{r}}C_{\mathrm{r}}}} \tag{5.71}$$

对式(5.70)和式(5.71)进行数学运算，可以得到

$$\left(\frac{|x|I'_{\mathrm{o}}}{V_1}\frac{\pi^2}{8}\right)^2=\left(\frac{\pi^2}{8}\right)^2\left(\frac{\omega_{\mathrm{s}}}{\omega_{\mathrm{o}}}-\frac{\omega_{\mathrm{o}}}{\omega_{\mathrm{s}}}\right)^2\overline{I'_{\mathrm{o}}}^2 \tag{5.72}$$

将式(5.72)代入式(5.66)，可求得

$$q=\sqrt{1-\left[\frac{\pi^2}{8}\left(\frac{\omega_{\mathrm{s}}}{\omega_{\mathrm{o}}}-\frac{\omega_{\mathrm{o}}}{\omega_{\mathrm{s}}}\right)\overline{I'_{\mathrm{o}}}\right]^2} \tag{5.73}$$

因为

$$\frac{\omega_{\mathrm{o}}}{\omega_{\mathrm{s}}}=\frac{f_{\mathrm{o}}}{f_{\mathrm{s}}} \tag{5.74}$$

可以得到

$$q=\sqrt{1-\frac{\pi^4}{64}\left(\frac{f_s}{f_o}-\frac{f_o}{f_s}\right)^2\overline{I'_o}^2} \tag{5.75}$$

归一化开关频率定义为

$$\mu_o=\frac{f_s}{f_o} \tag{5.76}$$

将式(5.76)代入式(5.75)，可得

$$q=\sqrt{1-\frac{\pi^4}{64}\left(\mu_o-\frac{1}{\mu_o}\right)^2\overline{I'_o}^2} \tag{5.77}$$

式(5.77)为串联谐振变换器的输出特性（$f_s \geqslant f_o$时的情况），它含有电压电流的基波分量。根据式(5.77)作图得到图 5.14 所示的根据基波近似法得到的输出特性曲线。

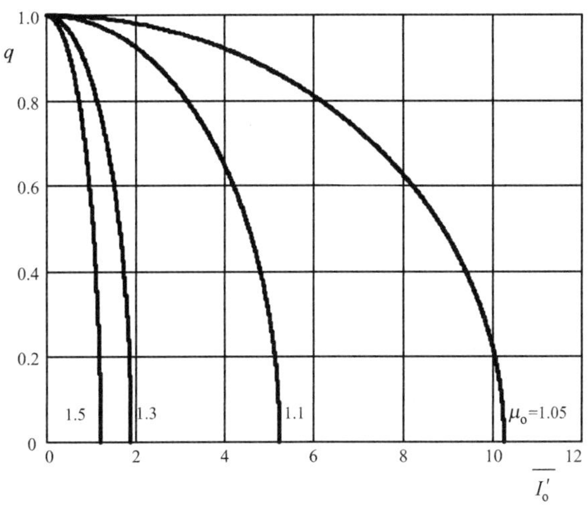

图 5.14　根据基波近似法得到的输出特性曲线

5.4　换流过程分析

图 5.15 为第一次换流过程的等效电路图和相关波形，它发生在时区 Δt_1 和 Δt_2 之间（见 5.2 节）。当开关管 S_1 关断但开关管 S_2 还没导通时（死区时间），电感电流在这个时区内为 I_1，并且一半的电流 $I_1/2$ 流入换流电容中，将 C_1 从零充电到 V_i，并将 C_2 从 V_i 放电到零。只要电容 C_2 被放电，二极管 D_2 即会导通并流过电感电流。软开关换流实现的条件为换流电容的充/放电必须在死区时间结束时完成。

第二个换流时区，其等效电路图如图 5.16 所示，它发生在时区 Δt_3 和 Δt_4 之间（见 5.2 节），当开关管 S_2 关断，但开关管 S_1 没有导通时（死区时间）。电感电流仍为 I_1，且其一半电流流入换流电容中，对 C_2 从零充电到 V_i，并对 C_1 从 V_i 放电到零。图 5.16 同样给出了软开关 ZVS 换流过程中的相关波形。当电容 C_1 被完全放电后，二极管 D_1 开始流过电感电流。同样，要实现软开关换流，电容必须在死区时间结束前充分充/放电。

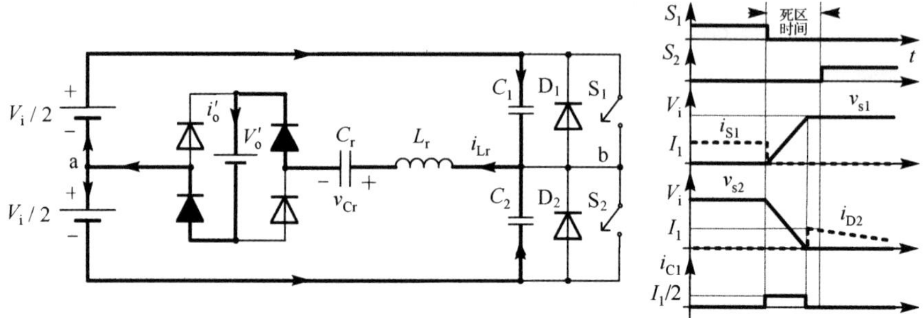

图 5.15 第一个换流时区内的等效电路图和相关波形

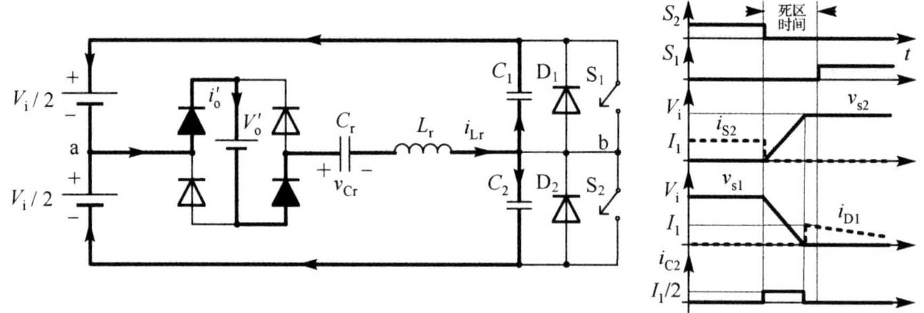

图 5.16 第二个换流时区内的等效电路图和相关波形

换流电流 I_1 可以从图 5.9 的相平面轨迹图中得到，由正弦定理可得

$$\frac{2}{\sin\beta}=\frac{R_2}{\sin\theta}=\frac{R_1}{\sin\gamma} \tag{5.78}$$

换流电流为

$$\overline{I_1}=R_2\sin\gamma \tag{5.79}$$

将式(5.78)代入式(5.79)可得

$$\overline{I_1}=\frac{R_1R_2}{2}\sin\beta=\frac{R_1R_2}{2}\sin\left(\pi-\frac{\pi}{\mu_o}\right) \tag{5.80}$$

半径 R_1 和 R_2 分别为

$$R_1=\frac{\overline{I_1}}{2}\times\frac{\pi}{\mu_o}+1+q \tag{5.81}$$

$$R_2=\frac{\overline{I_1}}{2}\times\frac{\pi}{\mu_o}+1-q \tag{5.82}$$

将式(5.82)和式(5.81)代入式(5.80)可得

$$\overline{I_1}=\frac{1}{2}\times\left[\left(\frac{\overline{I_o}}{2}\times\frac{\pi}{\mu_o}+1\right)^2-q^2\right]\sin\left(\pi-\frac{\pi}{\mu_o}\right) \tag{5.83}$$

将式(5.65)代入式(5.83)可得

$$\overline{I_1}=(1-q^2)\times\tan\left(\frac{\pi}{2\mu_o}\right) \tag{5.84}$$

归一化换流电流 $\overline{I_1}$，以静态增益 q 为参变量，绘出与其归一化频率 μ_o 的关系图，如图 5.17 所示。可以看到，换流电流越小，电容充/放电所需要的时间越长。因为 I_1 会达到一个临界值，在此时电容不可能充分完成充/放电，会有损耗的换流电流产生，从而无法保证在所有的负载范围内均实现软开关换流。对于一个给定的死区时间和负载范围，电容可以计算如下：

$$C_1 = C_2 = \frac{I_1 t_d}{V_i} \tag{5.85}$$

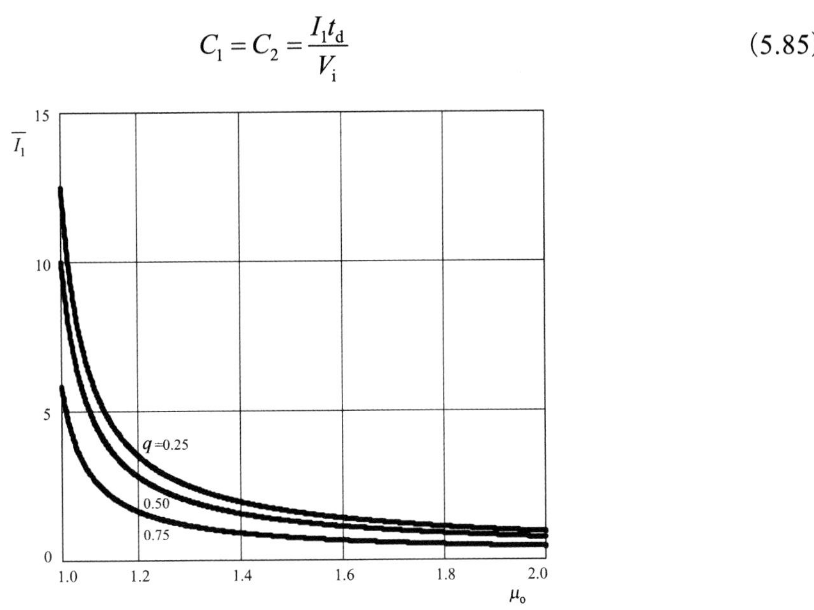

图 5.17　归一化换流电流 $\overline{I_1}$ 与归一化频率 μ_o 的关系图，以静态增益 q 为参变量

5.5　实际案例

一个工作于高于谐振频率的串联谐振变换器实例，其参数规格如表 5.1 所示。

表 5.1　变换器的参数规格

直流输入电压 V_i	400 V
直流输出电压 V_o	50 V
额定平均输出电流 I_o	10 A
额定输出功率 P_o	500 W
最大开关频率 $f_{s\max}$	40 kHz
静态增益 q	0.6
归一化频率 μ_o	1.1
死区时间 t_d	1 μs

求：

(a) 谐振电感量 L_r；(b) 谐振电容 C_r；(c) 换流电容值。

解：

折算到变压器原边侧的直流输出电压 V_o'，以及变压器的匝数比计算如下：

$$V_o' = qV_1 = 0.6 \times \frac{400}{2} = 120\text{ V}$$

$$n = \frac{N_1}{N_2} = \frac{V_o'}{V_o} = \frac{120}{50} = 2.4$$

在额定功率时的最小开关频率为

$$f_{s\min} = f_o \mu_o = 20 \times 10^3 \times 1.1 = 22 \times 10^3\text{ Hz}$$

谐振频率由下式给出：

$$f_o = \frac{1}{2\pi\sqrt{L_r C_r}} = 22 \times 10^3\text{ Hz}$$

因此有

$$L_r C_r = 63.325 \times 10^{-12}$$

在此工作点，从输出特性上可以求得归一化输出电流

$$\overline{I_o'} = 3.25$$

从折算到变压器原边侧的平均输出电流可以得到谐振腔参数比值。

因

$$I_o' = \frac{I_o}{N_1 / N_2} = \frac{10}{2.4} = 4.1667\text{ A}$$

由方程

$$\overline{I_o'} = \frac{I_o'\sqrt{L_r / C_r}}{V_1}$$

可求得谐振腔参数比值为

$$\frac{L_r}{C_r} = \left(\frac{\overline{I_o'} V_1}{I_o'}\right)^2 = 24336$$

因此，结合前面的结果，我们得到谐振腔的参数为

$$C_r = 51\text{ nF}$$

$$L_r = 1.2414\text{ mH}$$

串联谐振变换器工作于高于谐振频率时的仿真等效电路图如图 5.18 所示，其换流电容 $C_1 = C_2 = 2.125\text{ nF}$，死区时间为 455 ns。图 5.19 为谐振电容电压、谐振电感电流、交流电压 v_{ab} 和输出归一化电流 i_o' 的波形。开关管中的电压和电流如图 5.20 所示，而图 5.21 给出了开关管 S_1 中 ZVS 换流的具体过程。

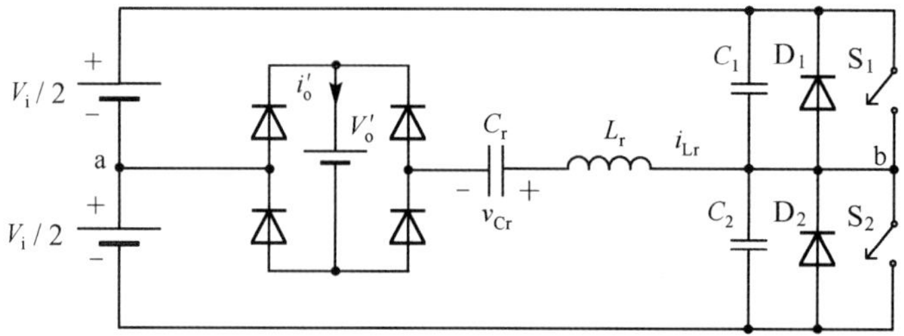

图 5.18　串联谐振变换器工作于高于谐振频率时的仿真等效电路图

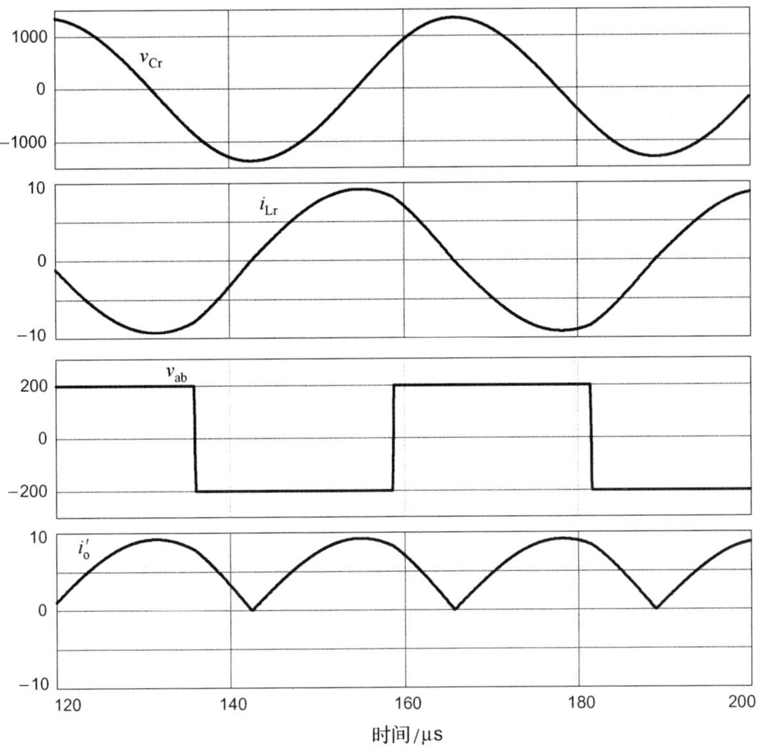

图 5.19　在额定功率下，谐振电容电压、谐振电感电流、交流电压 v_{ab} 和输出归一化电流 i'_o 的波形

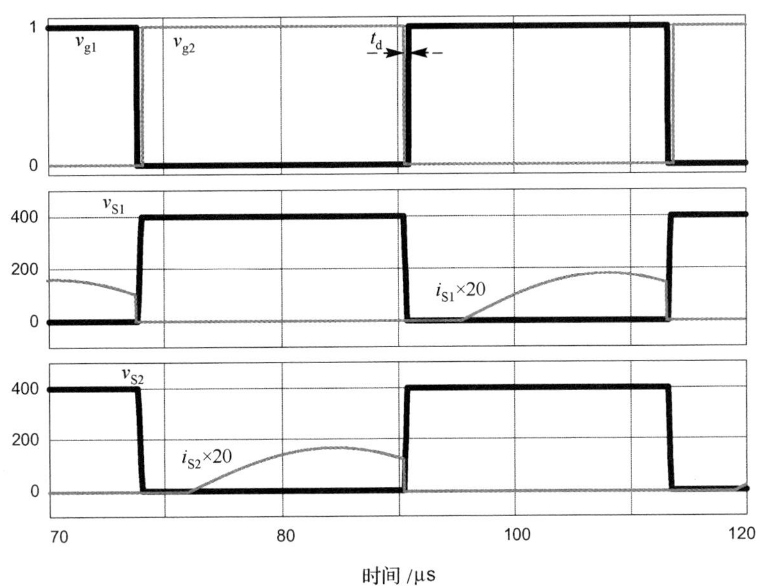

图 5.20　开关管 S_1 和 S_2 在额定功率下的换流：开关管的驱动信号、电压和电流

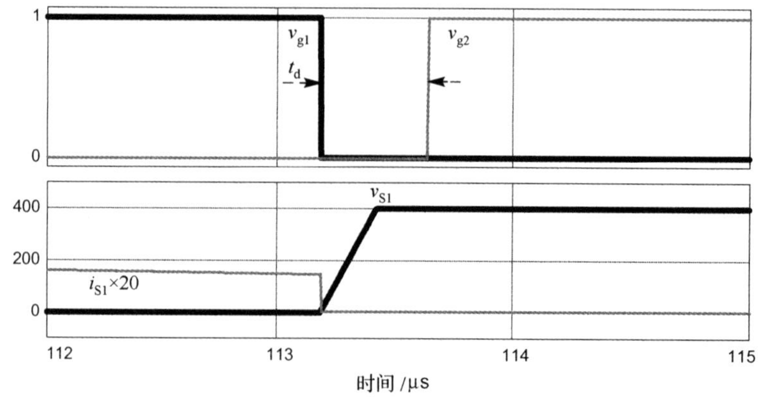

图 5.21 在额定功率下，开关管 S_1 中的 ZVS 换流的具体过程、S_1 和 S_2 的驱动信号，以及 S_1 的电压和电流波形

5.6 习题

1．全桥串联谐振变换器如图 5.22 所示，其参数分别为

$$V_i = 400\,\text{V},\quad N_p/N_s = 1,\quad C_r = 52\,\mu\text{F},$$
$$L_r = 48.65\,\mu\text{H},\quad \mu_o = 1.5,\quad R_o = 25\,\Omega$$

求：

(a)谐振频率；

(b)平均输出电流；

(c)输出电压；

(d)谐振电容峰值电压；

(e)谐振电感峰值电流。

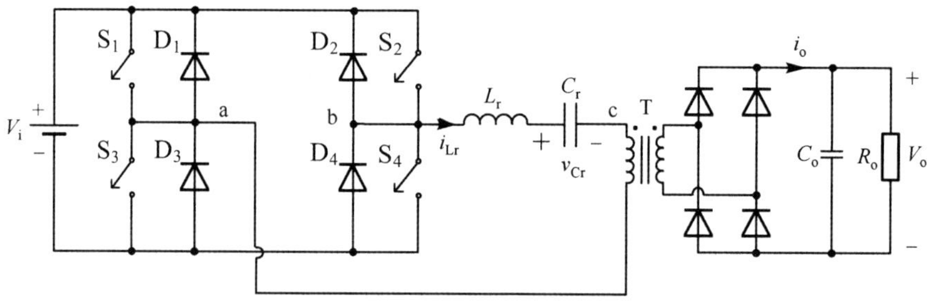

图 5.22 全桥串联谐振变换器

答案：

(a) $f_o = 100\,\text{kHz}$；(b) $I_o = 9.19\,\text{A}$；(c) $V_o = 229.7\,\text{V}$；(d) $V_{C0} = 294\,\text{V}$；(e) 15.2 A。

2．考虑图 5.22 所示的全桥串联谐振变换器，其 $\mu_o = 1.5$，输出短路，求如下表达式：

(a)谐振电容峰值电压；

(b)平均输出短路电流；

(c)谐振电感峰值电流。

答案：

(a) $v_{\mathrm{Cr\,peak}} = V_{\mathrm{i}}$；(b) $I'_{\mathrm{o}} = \frac{3}{\pi} \times \frac{V_{\mathrm{i}}}{z}$；(c) $i_{\mathrm{Lr\,peak}} = \frac{2V_{\mathrm{i}}}{z}$。

3．对于前述变换器参数，求：

(a)平均输出短路电流；

(b)谐振电感峰值电流；

(c)谐振电容峰值电压；

(d)母线平均电流。

考虑所有器件均是理想的，描述上述变换器的工作状态，并用等效电路图进行仿真验证，绘出主要波形。

答案：(a) $I_{\mathrm{o}} = 12.4\,\mathrm{A}$；(b) $i_{\mathrm{Lr\,peak}} = 26.18\,\mathrm{A}$；(c) $v_{\mathrm{Cr\,peak}} = 400\,\mathrm{V}$；(d) $i_{\mathrm{Vi}} = 0\,\mathrm{A}$。

4．习题 1 的变换器工作于 $\mu_{\mathrm{o}} = 1.5$，且 $V_{\mathrm{o}} = 200\,\mathrm{V}$ 时，求此时的负载电阻 R_{o}。

答案：$R_{\mathrm{o}} = 20\,\Omega$。

第 6 章　LLC 谐振变换器[①]

6.1　引言

图 6.1 为两个常用的 LLC 变换器的功率级变种，它们的输出均为全桥整流形式。串联谐振变换器(SRC)是 LLC 的一个特殊的拓扑，其励磁电感相对而言比较大，且不包含在谐振过程中[1-4]。

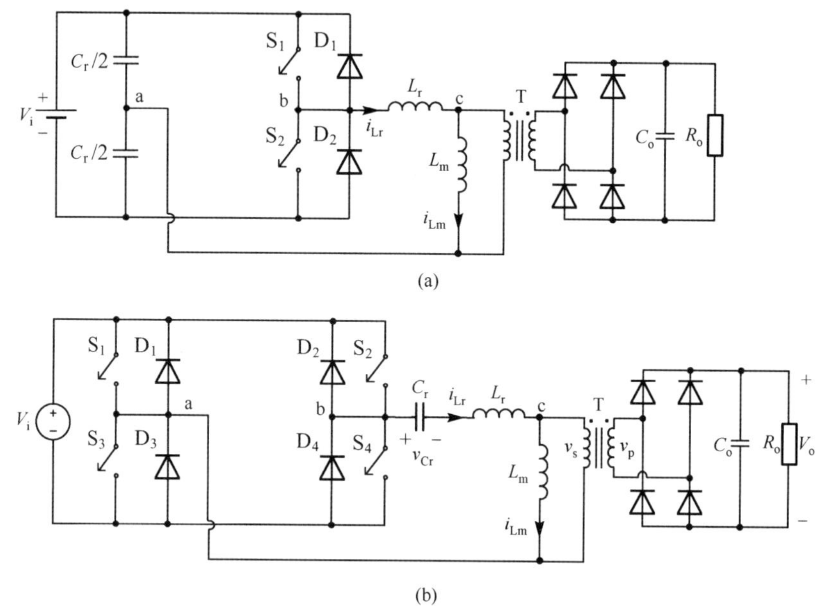

图 6.1　LLC 变换器的功率级变种：(a)半桥和(b)全桥 LLC 变换器

LLC 变换器相对于传统的串联谐振变换器有许多优点。例如，它能在很宽的输入电压范围内对输出电压进行调节，且负载变化时频率变化很小，从而维持很高的效率。它同样可以在整个工作范围内实现 ZVS 工作。

重新绘制全桥 LLC 变换器，其参数(也包括励磁电感)均是折算到原边侧的值，如图 6.2 所示。

为了便于变换器稳态分析，与 R_o 并联的电容 C_o 用电压源 V_o' 代替。

在图 6.2 中，可以看到有两个电感 L_r 和 L_m，以及一个谐振电容 C_r，相比于其他谐振变换器，其在静态和动态特性、开关损耗等方面都具有独特的优势。

LLC 变换器可以工作于调频或调脉宽的模式，但是我们只研究其调频情况，这是最常见的情况。

---

① 常简称为 LLC 变换器。

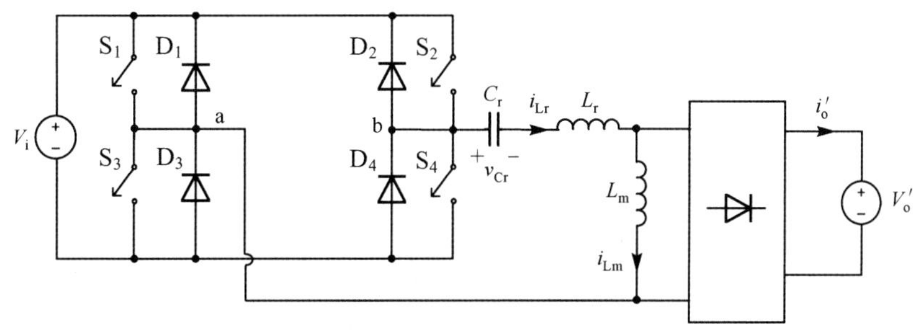

图 6.2　全桥 LLC 变换器的功率级(所有器件均为理想器件，且参数均为折算到原边侧的值)

6.2　基波分析等效电路

图 6.3 为 LLC 变换器的另一种分析思路，其参数也均为折算到原边侧的值。

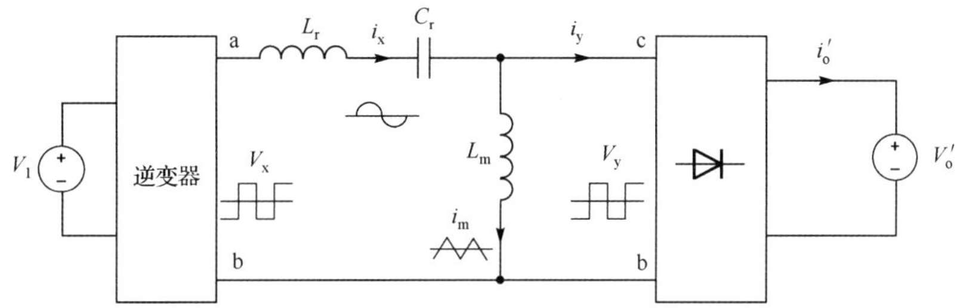

图 6.3　LLC 变换器简化的等效电路图

在图 6.4 中，方波电压为 V_x，其基波分量为 $v_{x1}(t)$。变换器的开关频率为 f_s。有

$$v_{x1}(t)=\frac{4V_1}{\pi}\sin(\omega_s t) \tag{6.1}$$

其中，

$$\omega_s = 2\pi f_s \tag{6.2}$$

和

$$T_s=\frac{1}{f_s} \tag{6.3}$$

电压 V_y 也可以认为是方波，其幅值为 V'_o，其波形和基波如图 6.5 所示。

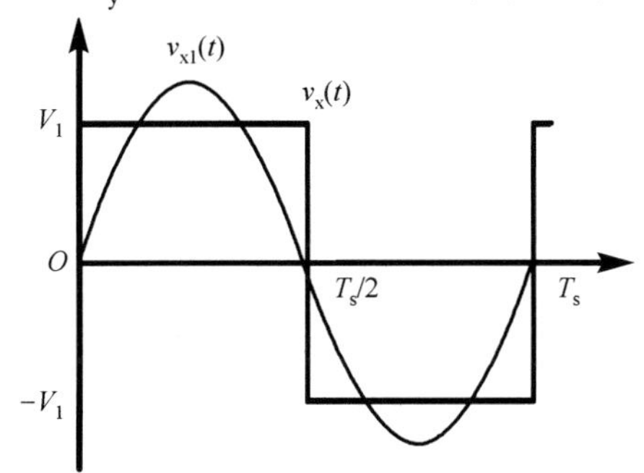

图 6.4　V_x 及其基波波形

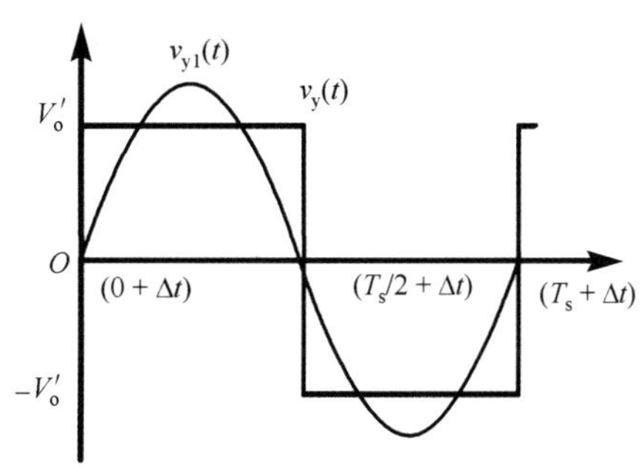

图 6.5　V_y 及其基波波形

V_y的基波分量由下式给出：

$$v_{y1}(t)=\frac{4V_o'}{\pi}\sin(\omega_s t-f) \tag{6.4}$$

V_{x1}和V_{y1}之间的相移角度可以用ϕ表示。

LLC 变换器的基波等效电路图如图 6.6 所示。

输出整流二极管保持电流i_{y1}和电压V_{y1}同相位。

利用戴维宁(Thevenin)定律，可以得到如图 6.7 所示的等效电路图。

V_{Tp}由下式定义：

$$V_{Tp}=V_{xp}\frac{j\omega_s L_m}{\dfrac{1}{j\omega_s C_r}+j\omega_s(L_r+L_m)} \tag{6.5}$$

经过数学运算，可以得到

$$V_{Tp}=V_{xp}\frac{\omega_s^2 C_r L_m}{\omega_s^2 C_r(L_r+L_m)-1} \tag{6.6}$$

从式(6.6)中可以看到，V_{Tp}和V_{yp}是同相位的。

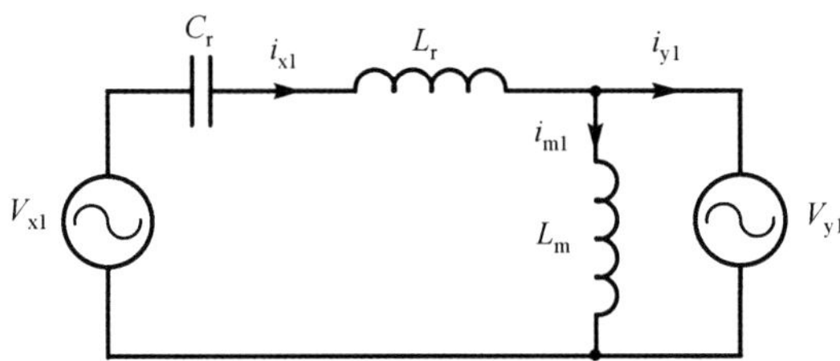

图 6.6　LLC 变换器的基波等效电路图

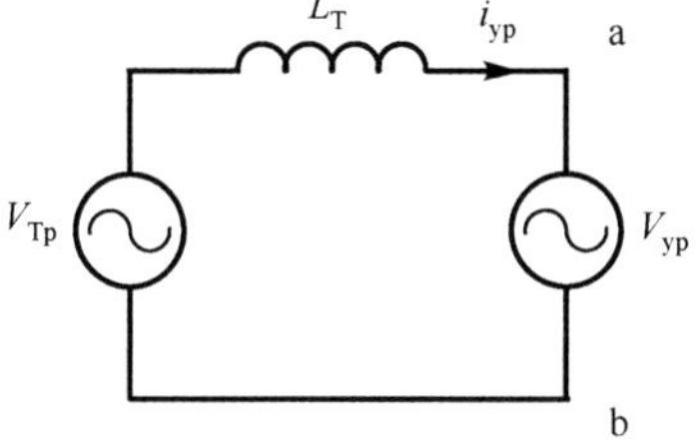

图 6.7　利用戴维宁定律得到的等效电路图

等效戴维宁阻抗为

$$Z_T=\frac{j\omega_s L_m\left(j\omega_s L_r+\dfrac{1}{j\omega_s C_r}\right)}{\dfrac{1}{j\omega_s C_r}+j\omega_s(L_r+L_m)} \tag{6.7}$$

同样，适当化简后可以得到

$$Z_T=\frac{j\omega_s L_m(\omega_s^2 C_r L_r-1)}{\omega_s^2 C_r(L_r+L_m)-1} \tag{6.8}$$

6.3　电压增益特性

为了得到 LLC 变换器稳态曲线的正弦电流和电压，我们采用相量图来表示，如图 6.8 所示。

$$V_{xp}=\frac{4V_1}{\pi} \tag{6.9}$$

$$V_{yp}=\frac{4V_o'}{\pi} \tag{6.10}$$

$$L_{\rm T}=\frac{L_{\rm m}(\omega_{\rm s}^2C_{\rm r}L_{\rm r}-1)}{\omega_{\rm s}^2C_{\rm r}(L_{\rm r}+L_{\rm m})-1} \tag{6.11}$$

在图 6.8 中，相量代表电压和电流的幅值，角度ϕ代表$V_{\rm xp}$和$V_{\rm yp}$的相移。从相量图分析可以得到

$$V_{\rm Tp}^2=V_{\rm yp}^2+(\omega_{\rm s}L_{\rm T}I_{\rm yp})^2 \tag{6.12}$$

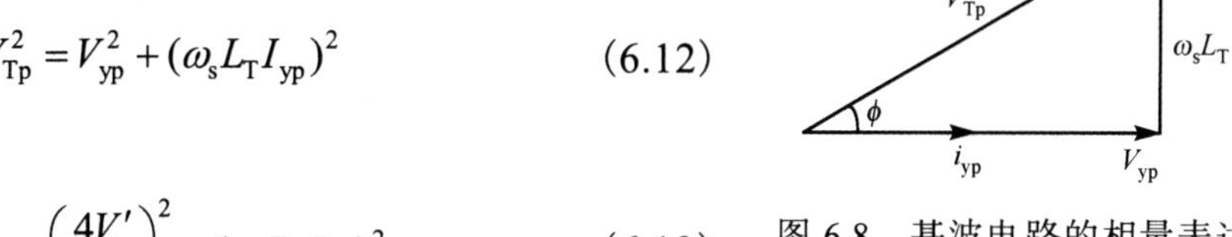

图 6.8　基波电路的相量表达

因此有

$$V_{\rm Tp}^2=\left(\frac{4V_{\rm o}'}{\pi}\right)^2+(\omega_{\rm s}L_{\rm T}I_{\rm yp})^2 \tag{6.13}$$

峰值电流$I_{\rm y}$，以折算到原边侧的负载电流$I_{\rm o}$来表示，可以得到

$$I_{\rm yp}=\frac{\pi}{2}I_{\rm o}' \tag{6.14}$$

将式(6.14)代入式(6.13)，可以得到

$$V_{\rm Tp}^2=\left(\frac{4V_{\rm o}'}{\pi}\right)^2+\left(\frac{\omega_{\rm s}L_{\rm T}\pi I_{\rm o}'}{2}\right)^2 \tag{6.15}$$

联立式(6.6)、式(6.11)、式(6.15)，可以得到

$$\left(\frac{4V_1}{\pi}\right)^2\left[\frac{\omega_{\rm s}^2C_{\rm r}L_{\rm m}}{\omega_{\rm s}^2C_{\rm r}(L_{\rm r}+L_{\rm m})-1}\right]^2=\left(\frac{4V_{\rm o}'}{\pi}\right)^2+\left(\frac{\pi}{2}\right)^2\left[\frac{\omega_{\rm s}L_{\rm m}(\omega_{\rm s}^2C_{\rm r}L_{\rm r}-1)I_{\rm o}'}{\omega_{\rm s}^2C_{\rm r}(L_{\rm r}+L_{\rm m})-1}\right]^2 \tag{6.16}$$

对式(6.16)进行化简，可得

$$(V_{\rm o}')^2=(V_1)^2\left[\frac{\omega_{\rm s}^2C_{\rm r}L_{\rm m}}{\omega_{\rm s}^2C_{\rm r}(L_{\rm r}+L_{\rm m})-1}\right]^2-\frac{\pi^4}{64}\left[\frac{\omega_{\rm s}L_{\rm m}(\omega_{\rm s}^2C_{\rm r}L_{\rm r}-1)I_{\rm o}'}{\omega_{\rm s}^2C_{\rm r}(L_{\rm r}+L_{\rm m})-1}\right]^2 \tag{6.17}$$

定义如下

$$M=\frac{V_{\rm o}'}{V_1} \tag{6.18}$$

$$\omega_{\rm s}=2\pi f_{\rm s} \tag{6.19}$$

$$\omega_{\rm r1}=\frac{1}{\sqrt{C_{\rm r}L_{\rm r}}} \tag{6.20}$$

$$\omega_{\rm n}=\frac{\omega_{\rm s}}{\omega_{\rm r1}} \tag{6.21}$$

因此有

$$\omega_{\rm s}^2C_{\rm r}L_{\rm r}=\omega_{\rm n}^2 \tag{6.22}$$

$$\lambda=\frac{L_{\rm r}}{L_{\rm m}} \tag{6.23}$$

$$\overline{I_{\rm o}'}=\frac{\omega_{\rm s}L_{\rm r}}{V_1}I_{\rm o}' \tag{6.24}$$

将式(6.18)、式(6.24)代入式(6.17)，可以得到

$$M^2=\left[\frac{\omega_n^2}{\omega_n^2(\lambda+1)-\lambda}\right]^2-\frac{\pi^4}{64}\left[\frac{(\omega_n^2-1)\overline{I_o'}}{\omega_n^2(\lambda+1)-\lambda}\right]^2 \tag{6.25}$$

重新整理后有

$$M=\frac{\sqrt{\omega_n^4-\dfrac{\pi^4}{64}\left[(\omega_n^2-1)\overline{I_o'}\right]^2}}{\omega_n^2(\lambda+1)-\lambda} \tag{6.26}$$

以及

$$\omega_{r1}=2\pi f_{r1} \tag{6.27}$$

$$\omega_s=2\pi f_s \tag{6.28}$$

另外

$$\omega_n=\frac{f_s}{f_{r1}} \tag{6.29}$$

$$\omega_n=f_n \tag{6.30}$$

因此，可以得到电压增益表达式

$$M=\frac{\sqrt{f_n^4-\dfrac{\pi^4}{64}\left[(f_n^2-1)\overline{I_o'}\right]^2}}{f_n^2(\lambda+1)-\lambda} \tag{6.31}$$

当 $f_r=f_s$ 时，$f_n=1$ 且 $M=1$，忽略电流 $\overline{I_o'}$。谐振频率 f_r 由 C_r 和 L_r 决定：

$$f_{r1}=\frac{1}{2\pi\sqrt{C_rL_r}} \tag{6.32}$$

理论上，当分母为零时，变换器的电压增益是无限大的，

$$f_n^2(\lambda+1)-\lambda=0 \tag{6.33}$$

因此，当

$$f_n=\sqrt{\frac{\lambda}{\lambda+1}} \tag{6.34}$$

将式(6.23)代入式(6.34)，有

$$f_n=\sqrt{\frac{L_r}{L_r+L_m}} \tag{6.35}$$

以及

$$f_n=\frac{f_s}{f_{r1}} \tag{6.36}$$

因此有

$$f_s=f_r\sqrt{\frac{L_r}{L_r+L_m}} \tag{6.37}$$

将式(6.32)代入式(6.37)，有

$$f_s = \frac{1}{2\pi\sqrt{C_r L_r}}\sqrt{\frac{L_r}{L_r + L_m}} \tag{6.38}$$

因此

$$f_s = \frac{1}{2\pi\sqrt{C_r (L_r + L_m)}} \tag{6.39}$$

式(6.39)为串联谐振电路的谐振频率，它由 C_r、L_r、L_m 定义

$$f_{r2} = \frac{1}{2\pi\sqrt{C_r (L_r + L_m)}} \tag{6.40}$$

将式(6.40)除以式(6.32)，可得

$$\frac{f_{r2}}{f_{r1}} = \sqrt{\frac{\lambda}{\lambda + 1}} \tag{6.41}$$

根据式(6.41)作图如图 6.9 所示。

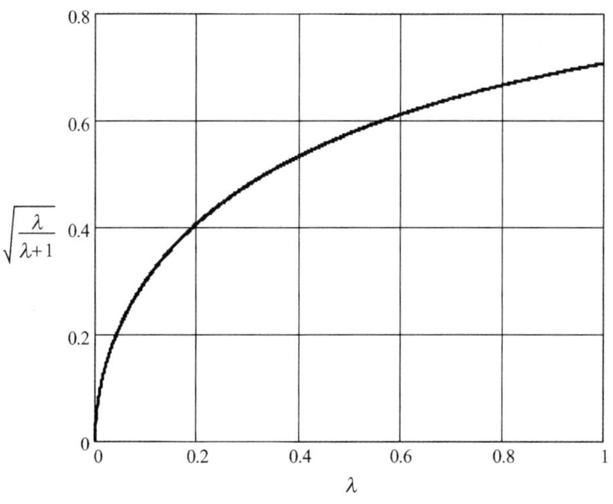

图 6.9　不同的 λ 值时的 f_s / f_r

从 LLC 变换器的设计步骤可以看到，可以保证 f_{r2} 是远小于 f_{r1} 的。当 λ 为 0.2(典型值)时，就意味着 $f_{r2} = 0.4 f_{r1}$。

静态电压增益 M 与归一化频率 f_n 在不同参数化电流 $\overline{I'_o}$ 值的图如图 6.10 所示。电感之间的比值 $\lambda = 0.2$。

图 6.11 为在不同的相对频率 f_n 下，静态电压增益 M 与不同归一化参数化电流 $\overline{I'_o}$ 的曲线。

从这些曲线可以看到，变换器的增益是受频率控制的。当开关频率大于或是小于谐振频率 f_{r1} 时，折算到原边侧的负载电压可以高于或低于输入电压。从曲线同样可以看到，当 $0 \leqslant \overline{I'_o} \leqslant 0.5$ 且 $0.8 \leqslant f_n \leqslant 1.2$ 时，静态增益对于负载电流变化并不太敏感。

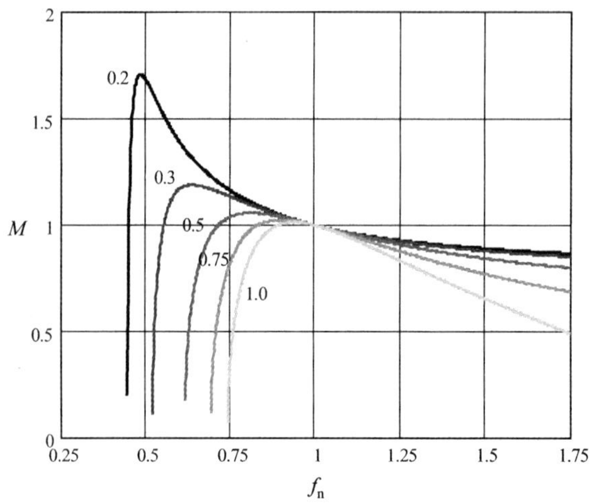

图 6.10 不同参数化电流 $\overline{I_o'}$ 值时的静态电压增益 M

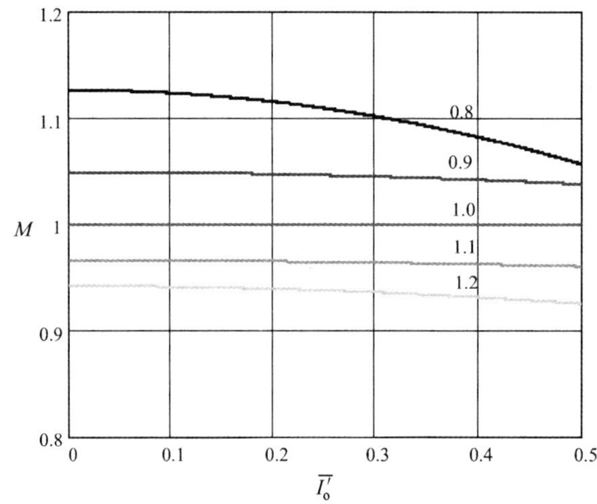

图 6.11 在不同的相对频率 f_n 下，静态电压增益 M 与不同归一化参数化电流 $\overline{I_o'}$ 的关系曲线

实际案例 1

一个 LLC 变换器，变压器匝数比 $n=1$，其余参数如下：

- $V_1 = 400\ \text{V}$
- $L_r = 14\ \mu\text{H}$
- $L_m = 70\ \mu\text{H}$
- $C_r = 47\ \text{nF}$
- $f_s = 170\ \text{kHz}$
- $I_o = 5\ \text{A}$

求负载电压和负载功率。

解：

$$\lambda = \frac{L_\mathrm{r}}{L_\mathrm{m}} = \frac{14\times10^{-6}}{70\times10^{-6}} = 0.2$$

$$f_\mathrm{r1} = \frac{1}{2\pi\sqrt{L_\mathrm{r}C_\mathrm{r}}} = \frac{1}{2\pi\sqrt{14\times10^{-6}\times47\times10^{-9}}} = 196.2\ \mathrm{kHz}$$

$$\omega_\mathrm{r1} = 2\pi f_\mathrm{r1} = 1232748\ \mathrm{rad/s}$$

$$f_\mathrm{n} = \frac{f_\mathrm{s}}{f_\mathrm{r1}} = \frac{170000}{196204} = 0.866$$

$$\overline{I_\mathrm{o}'} = \frac{\omega_\mathrm{r1}L_\mathrm{r}}{V_1}I_\mathrm{o} = \frac{1232748\times14\times10^{-6}}{400}\times5 = 0.216$$

$$M = \frac{\sqrt{f_\mathrm{n}^4 - \frac{\pi^4}{64}\left[(f_\mathrm{n}^2-1)\overline{I_\mathrm{o}'}\right]^2}}{f_\mathrm{n}^2(\lambda+1)-\lambda} = 1.067$$

$$\boxed{V_\mathrm{o}' = MV_1 = 1.067\times400 = 426.78\ \mathrm{V}}$$

$$\boxed{P_\mathrm{o} = V_\mathrm{o}'I_\mathrm{o}' = 426.78\times5 = 2134\ \mathrm{W}}$$

6.4　空载时的静态增益

当变换器工作于空载时，负载上的功率为零。在这种情况下，参数化的负载电流同样为零。因此，式(6.42)表示的静态增益如图 6.12 所示，可以通过式(6.31)的增益公式推导得出

$$M = \frac{f_\mathrm{n}^2}{f_\mathrm{n}^2(\lambda+1)-\lambda} \tag{6.42}$$

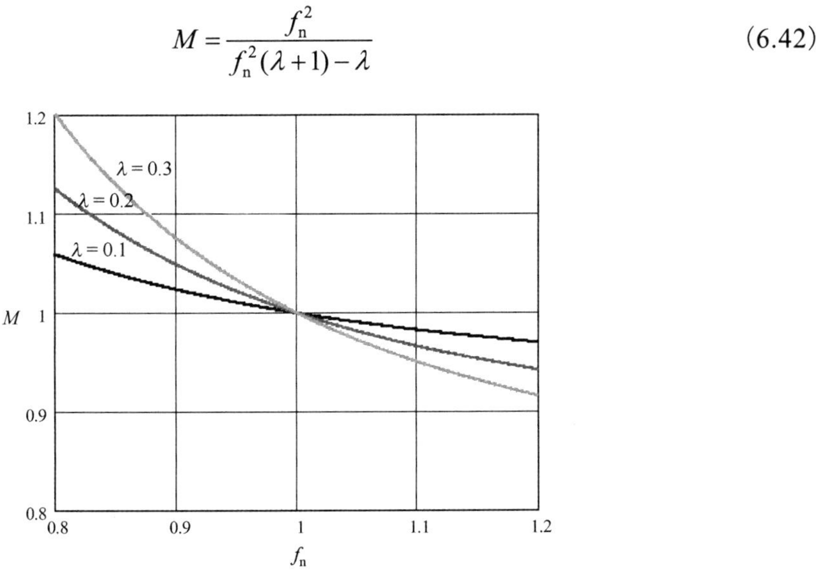

图 6.12　空载时，LLC 变换器在不同 λ 值时的静态增益

可以看到，当 $f_n<1$时静态增益大于 1，而当 $f_n>1$时，静态增益小于 1。变换器空载时仍然正常工作且电压受频率控制。

这是 LLC 变换器最重要的特性之一，也是相比于其他串联和并联谐振变换器所独有的。

6.5 静态增益与负载阻抗的关系

式(6.31)表示静态增益作为折算到变压器原边侧的平均负载电流的参数化值函数,可重写为

$$M=\frac{\sqrt{f_n^4-\left[\frac{\pi^2}{8}(f_n^2-1)\overline{I_o'}\right]^2}}{f_n^2(\lambda+1)-\lambda} \tag{6.43}$$

参数化电流 $\overline{I_o'}$ 定义为

$$\overline{I_o'}=\frac{\omega_s L_r}{V_1}I_o' \tag{6.44}$$

但有

$$I_o'=\frac{V_o'}{R_o'} \tag{6.45}$$

参数 R_o' 被定义为折算到原边侧的负载阻抗，因此有

$$\overline{I_o'}=\frac{\omega_s L_r}{V_1}\frac{V_o'}{R_o'} \tag{6.46}$$

因为

$$M=\frac{V_o'}{V_1} \tag{6.47}$$

可得

$$\overline{I_o'}\frac{\pi^2}{8}=M\frac{\omega_n\frac{1}{\sqrt{C_r L_r}}L_r}{R_o'\frac{8}{\pi^2}} \tag{6.48}$$

定义

$$R_{ac}=R_o'\frac{8}{\pi^2} \tag{6.49}$$

$$Q=\frac{\sqrt{\frac{L_r}{C_r}}}{R_{ac}} \tag{6.50}$$

R_{ac} 为折算到原边侧的负载阻抗(正弦电流下)，Q 为品质因数。因此

$$\overline{I_o'}\frac{\pi^2}{8}=f_n M Q \tag{6.51}$$

将式(6.51)代入式(6.43)，并化简可得

$$M=\frac{f_n^2}{\sqrt{[f_n^2(\lambda+1)-\lambda]^2+[f_nQ(f_n^2-1)]^2}} \tag{6.52}$$

图 6.13 是根据式(6.52)得到的，在不同品质因数 Q 下，静态增益 M 与 f_n 的关系曲线。

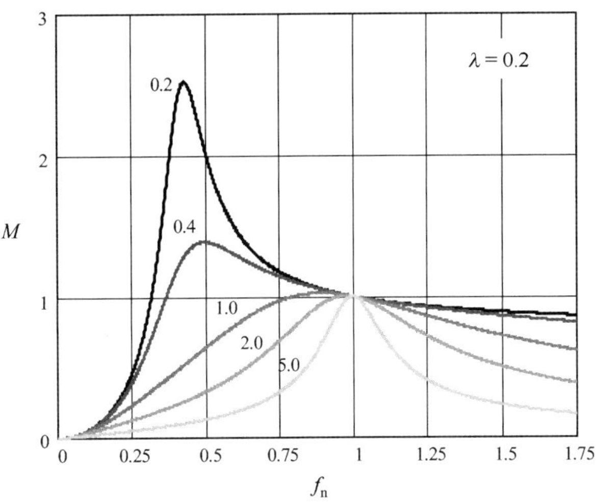

图 6.13　在不同品质因数 Q 下，静态增益 M 与 f_n 的关系曲线

图 6.14 为不同 f_n 值下，静态增益 M 与品质因数 Q 的关系曲线。

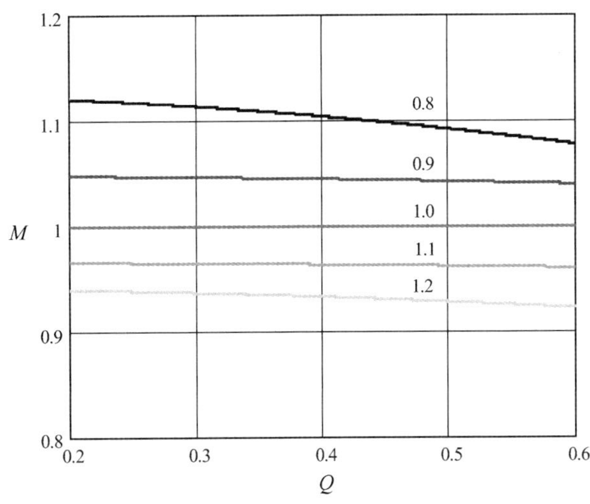

图 6.14　不同的 f_n 值下，静态增益 M 与品质因数 Q 的关系曲线

当输出功率为零时，$Q=0$，且静态增益表达式为式(6.53)。当参数化负载电流为零时，它也可以从式(6.42)得到，这意味着没有能量向负载传输

$$M=\frac{f_n^2}{f_n^2(\lambda+1)-\lambda} \tag{6.53}$$

实际案例 2

一个 LLC 变换器，其变压器匝数比为 $a=1$，具体参数如下：

- $V_1 = 400\ \text{V}$
- $L_r = 14\ \mu\text{H}$
- $L_m = 70\ \mu\text{H}$
- $C_r = 47\ \text{nF}$
- $f_s = 220\ \text{kHz}$
- $R_o = 50\ \Omega$

求负载电阻上的电压和功率。

解：

$$\lambda = \frac{L_r}{L_m} = \frac{14\times10^{-6}}{70\times10^{-6}} = 0.2$$

$$f_{r1} = \frac{1}{2\pi\sqrt{L_r C_r}} = \frac{1}{2\pi\sqrt{14\times10^{-6}\times47\times10^{-9}}} = 196.2\ \text{kHz}$$

$$\omega_{r1} = 2\pi f_{r1} = 1232748\ \text{rad/s}$$

$$f_n = \frac{f_s}{f_{r1}} = \frac{220000}{196204} = 1.121$$

$$R_{ac} = \frac{8}{\pi^2}R_o = \frac{8}{\pi^2}\times50 = 40.53\ \Omega$$

$$Q = \frac{\sqrt{\dfrac{L_r}{C_r}}}{R_{ac}} = \frac{\sqrt{\dfrac{14\times10^{-6}}{47\times10^{-9}}}}{40.53} = 0.426$$

$$M = \frac{f_n^2}{\sqrt{[f_n^2(\lambda+1)-\lambda]^2+[f_n Q(f_n^2-1)]^2}} = 0.956$$

$$\boxed{V_o' = MV_1 = 0.956\times400 = 382.59\ \text{V}}$$

$$\boxed{P_o = \frac{(V_o')^2}{R_o} = \frac{382.59^2}{50} = 2928\ \text{W}}$$

6.6 最小归一化频率

根据图 6.15 的绘制曲线，对于每一个参数化电流 $\overline{I_o'}$，静态增益 M 和归一化频率 f_n 的函数存在一个峰值点，它用来定义 LLC 变换器的容性或感性输入阻抗的边界。当变换器工作于允许的最小频率时会出现容性阻抗，这是需要避免的情况。

对于一个给定的 $\overline{I_o'}$，当 $f_n < f_{n\min}$ 时，输入阻抗变为容性的，而当 $f_n > f_{n\min}$ 时，它变为感性的。

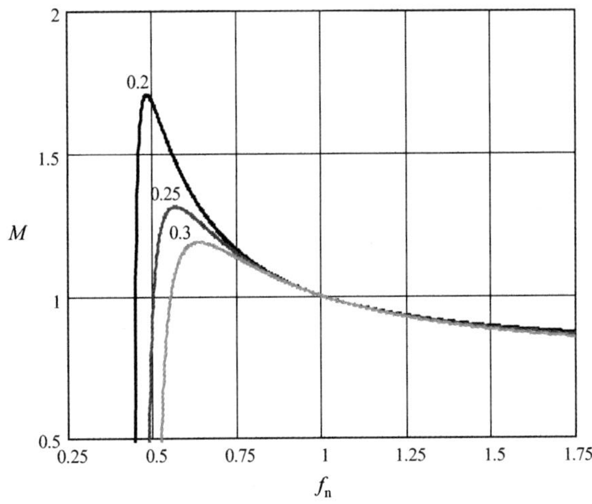

图 6.15　LLC 变换器在不同的 $\overline{I'_o}$ 值下的静态增益 M 与归一化频率 f_n 的关系曲线

为了确保 ZVS，变换器必须呈现为感性阻抗，所以输入电流必须滞后于 V_{ab}。对式(6.31)求导，可以得到最小的归一化频率：

$$\frac{\mathrm{d}M(\overline{I'_o},\lambda,f_n)}{\mathrm{d}f_n}=\frac{-2f_n(\alpha\overline{I'_o}^2f_n^2-\alpha\overline{I'_o}^2+\lambda f_n^2)}{(\lambda f_n^2-\lambda+f_n^2)^2\sqrt{f_n^4-\alpha\overline{I'_o}^2(f_n^2-1)^2}} \tag{6.54}$$

其中，

$$\alpha=\frac{\pi^4}{64} \tag{6.55}$$

令式(6.54)等于零，得

$$\frac{\mathrm{d}M(\overline{I'_o},\lambda,f_n)}{\mathrm{d}f_n}=0 \tag{6.56}$$

从而有

$$\alpha\overline{I'_o}^2f_n^2-\alpha\overline{I'_o}^2+\lambda f_n^2=0 \tag{6.57}$$

因此

$$f_{n\min}=\sqrt{\frac{\alpha\overline{I'_o}^2}{\alpha\overline{I'_o}^2+\lambda}} \tag{6.58}$$

得到

$$f_{n\min}=\frac{1}{\sqrt{1+\dfrac{64\lambda}{\pi^4\overline{I'_o}^2}}} \tag{6.59}$$

根据式(6.59)作图如图 6.16 所示。对于一个给定的 λ，$f_{n\min}$ 的值是由最大功率或最大参数化负载电流 $\overline{I'_o}$ 决定的。

对于一个给定的 $\overline{I'_o}$，$f_{n\min}$ 总会存在一个值与之对应。

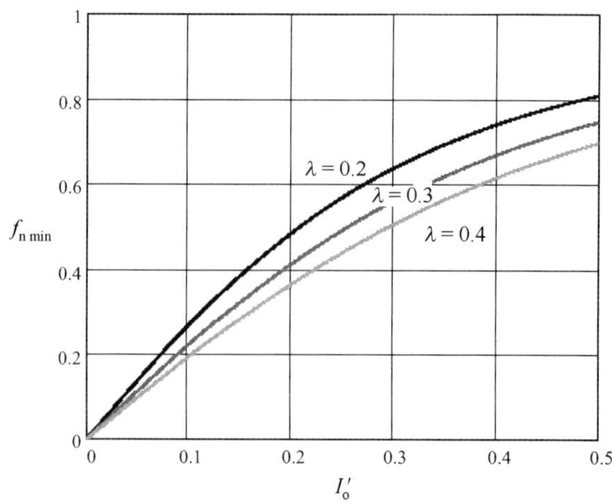

图 6.16 不同 λ 值下，最小归一化频率和参数化负载电流的关系曲线

实际案例 3

LLC 变换器的参数为：

- $V_1 = 400\ \text{V}$
- $L_r = 14\ \mu\text{H}$
- $L_m = 70\ \mu\text{H}$
- $C_r = 47\ \text{nF}$
- $a = 1$
- $I_o = 5\ \text{A}$ （最大值）

求使此 LLC 输入电抗为感性时的最小工作频率。

解：

$$\lambda = \frac{L_r}{L_m} = \frac{14 \times 10^{-6}}{70 \times 10^{-6}} = 0.2$$

$$f_{r1} = \frac{1}{2\pi\sqrt{L_r C_r}} = \frac{1}{2\pi\sqrt{14 \times 10^{-6} \times 47 \times 10^{-9}}} = 196.2\ \text{kHz}$$

$$\omega_{r1} = 2\pi f_{r1} = 1232748\ \text{rad/s}$$

$$\overline{I'_{o\,max}} = \frac{\omega_{r1} L_r}{V_1} I_{o\,max} = \frac{1232748 \times 14 \times 10^{-6}}{400} \times 5 = 0.216$$

$$f_{n\,min} = \frac{1}{\sqrt{1 + \dfrac{64\lambda}{\pi^4 \overline{I'_{o\,max}}^2}}} = 0.511$$

$$\boxed{f_{s\,min} = f_{n\,min} f_{r1} = 0.511 \times 196.2 = 100.34\ \text{kHz}}$$

6.7　换流过程分析

为了在整个输入电压和输出功率范围内实现 ZVS，在死区时间内开关电容必须充分完成充/放电。

因此，在开关管关断时，开关管中的电流值必须大于使等效换流电容完全充电的最小值。

最低电流值出现在空载时的最大工作频率时刻。

图 6.17 为 LLC 变换器空载时的等效电路图。

图 6.18 为 LLC 变换器工作在空载时的典型波形。此时，开关管关断，开关管电容充/放电电流为 I_{mp}，具体将在下文进行推导。

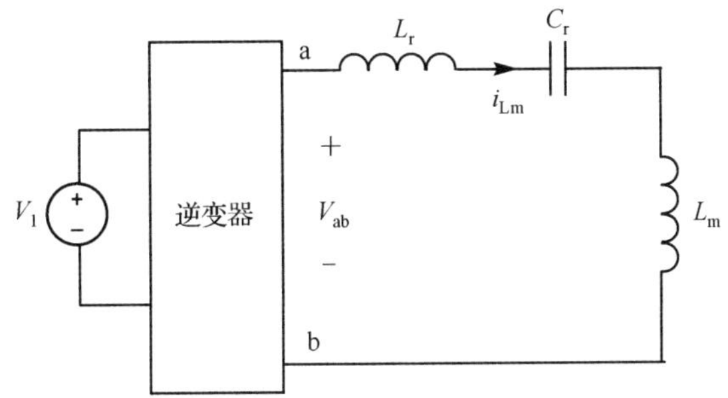

图 6.17　LLC 变换器空载时的等效电路图

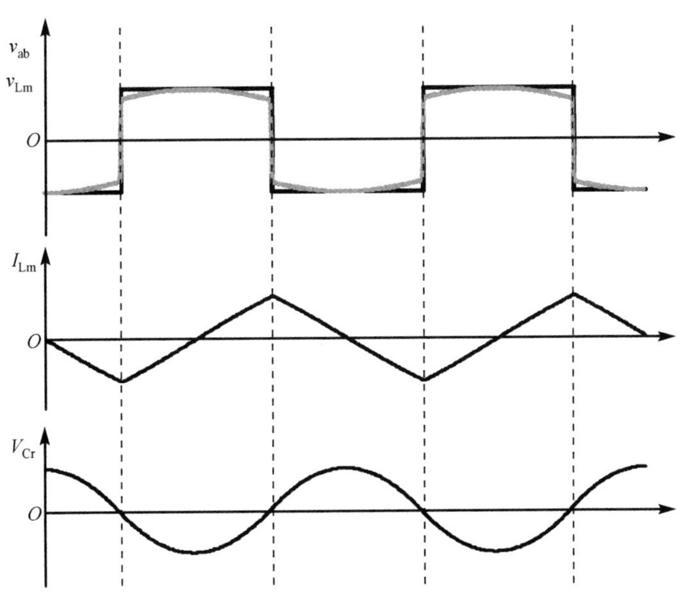

图 6.18　LLC 变换器工作在空载时的典型波形

6.7.1　换流时的开关管电流

在时区 $[0, T_s / 2]$ 内，电流表达式为

$$i_{\mathrm{Lm}}(t)=\frac{V_1}{Z_2}\sin(\omega_2 t)-I_{\mathrm{mp}}\cos(\omega_2 t) \tag{6.60}$$

其中，

$$Z_2=\sqrt{\frac{L_{\mathrm{r}}+L_{\mathrm{m}}}{C_{\mathrm{r}}}} \tag{6.61}$$

$$\omega_2=\frac{1}{\sqrt{C_{\mathrm{r}}(L_{\mathrm{r}}+L_{\mathrm{m}})}} \tag{6.62}$$

可得

$$\frac{Z_2 i_{\mathrm{Lm}}(t)}{V_1}=\sin(\omega_2 t)-\frac{Z_2 I_{\mathrm{mp}}}{V_1}\cos(\omega_2 t) \tag{6.63}$$

定义

$$\overline{i_{\mathrm{Lm}}}(t)=\frac{Z_2 i_{\mathrm{Lm}}(t)}{V_1} \tag{6.64}$$

和

$$\overline{I_{\mathrm{mp}}}=\frac{Z_2 I_{\mathrm{mp}}}{V_1} \tag{6.65}$$

那么

$$\overline{i_{\mathrm{Lm}}}(t)=\sin(\omega_2 t)-\overline{I_{\mathrm{mp}}}\cos(\omega_2 t) \tag{6.66}$$

当$t=T/2$时，有$\overline{i_{\mathrm{Lm}}}(t)=\overline{I_{\mathrm{mp}}}$。

有

$$\overline{i_{\mathrm{Lm}}}(t)=\sin\left(\omega_2\frac{T}{2}\right)-\overline{I_{\mathrm{mp}}}\cos\left(\omega_2\frac{T}{2}\right) \tag{6.67}$$

而

$$\frac{T}{2}=\frac{1}{2f_{\mathrm{s}}} \tag{6.68}$$

因此有

$$\omega_2\frac{T}{2}=2\pi f_{\mathrm{r2}}\frac{1}{2f_{\mathrm{s}}} \tag{6.69}$$

$$\omega_2\frac{T}{2}=\frac{\pi f_{\mathrm{r2}}}{f_{\mathrm{s}}} \tag{6.70}$$

将式(6.70)代入式(6.66)，并整理，可得

$$\overline{I_{\mathrm{mp}}}=\frac{\sin\left(\frac{\pi f_{\mathrm{r2}}}{f_{\mathrm{s}}}\right)}{1+\cos\left(\frac{\pi f_{\mathrm{r2}}}{f_{\mathrm{s}}}\right)} \tag{6.71}$$

在前面章节已经得到

$$f_{r2} = f_{r1}\sqrt{\frac{\lambda}{\lambda+1}} \tag{6.72}$$

因此有

$$\frac{f_{r2}}{f_s} = \frac{f_{r1}}{f_s}\sqrt{\frac{\lambda}{\lambda+1}} \tag{6.73}$$

而

$$\frac{f_s}{f_{r1}} = f_n \tag{6.74}$$

则有

$$\frac{f_{r2}}{f_s} = \frac{1}{f_n}\sqrt{\frac{\lambda}{\lambda+1}} \tag{6.75}$$

将式(6.75)代入式(6.71)，可得

$$\overline{I_{mp}} = \frac{\sin\left(\frac{\pi}{f_n}\sqrt{\frac{\lambda}{\lambda+1}}\right)}{1+\cos\left(\frac{\pi}{f_n}\sqrt{\frac{\lambda}{\lambda+1}}\right)} \tag{6.76}$$

式(6.76)是开关管关断时刻的参数化电流表达式，它是归一化开关频率 f_n 以及谐振励磁电感比值 λ 的函数。

图 6.19 为参数化电流 $\overline{I_{mp}}$ 与归一化开关频率 f_n 的关系曲线，$\lambda = 0.2$。

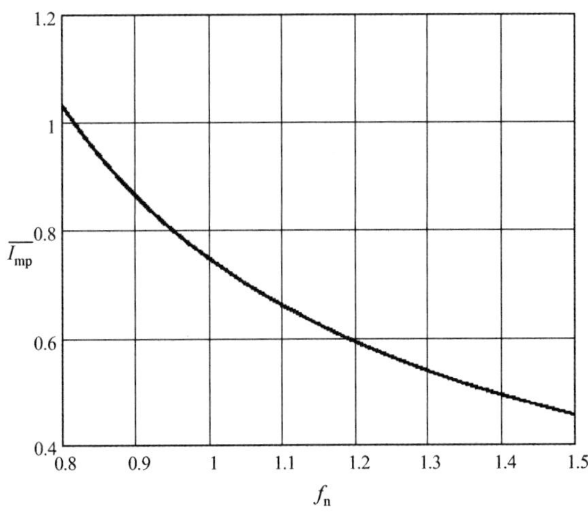

图 6.19　参数化电流 $\overline{I_{mp}}$ 与归一化开关频率 f_n 的关系曲线

对式(6.76)进行适当的运算，可以得到

$$\overline{I_{mp}} = \tan\left(\frac{\pi}{2f_n}\sqrt{\frac{\lambda}{\lambda+1}}\right) \tag{6.77}$$

从图 6.19 可以看到，开关管电流下降的时刻，对应着开关管频率的上升时刻。

6.7.2　换流过程分析

图 6.20 为在换流时区内变换器一个桥臂的等效电路图。

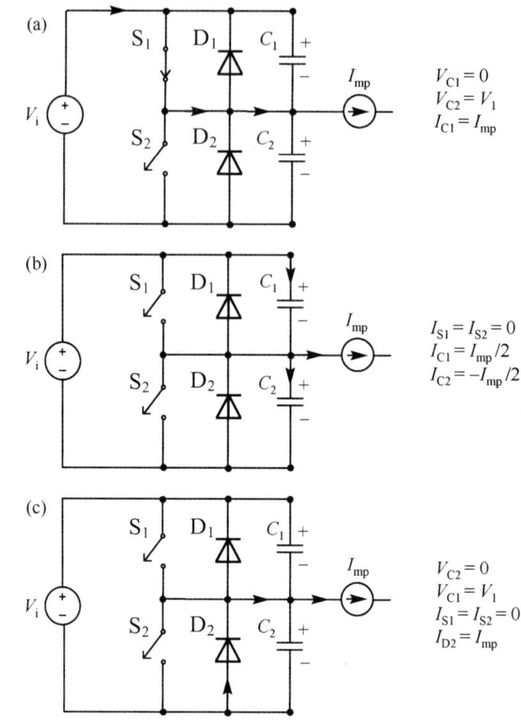

图 6.20　在换流时区内变换器一个桥臂的等效电路图

对应的波形如图 6.21 所示。

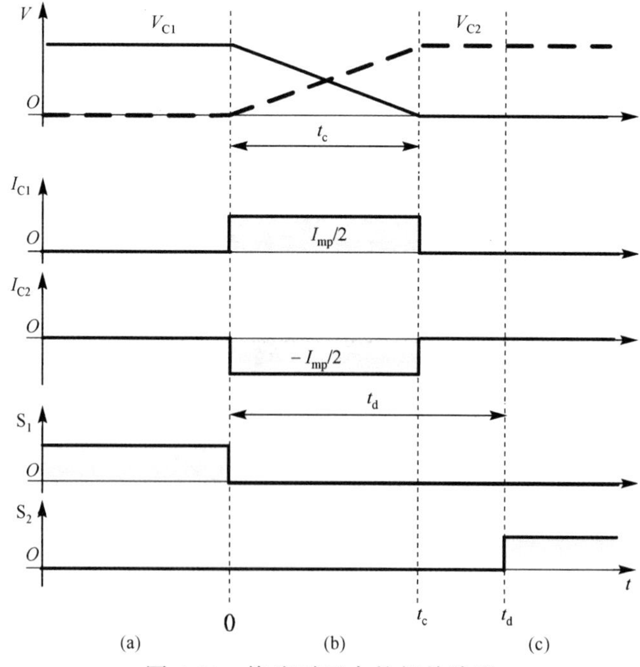

图 6.21　换流时区内的相关波形

在等效状态(a)时区,在换流阶段开始之前,开关管S_1导通,流过的电流为I_{mp},$I_{S2}=0$,$V_{C1}=0$,$V_{C2}=V_1$。

在等效状态(b)时区,当S_1关断后,在时刻$t=0\,s$,I_{mp}向电容C_1充电,其电压从零升到V_i。而C_2被完全放电。因为I_{mp}在此时区内仍然是常数,V_{C1}线性上升而V_{C2}线性下降,这就是 ZVS 关断,因为开关管上的电压上升时开关管的电流为零。

在时刻$t=t_c$,I_{mp}开始通过二极管D_2环流。在时刻$t=t_d$,开关管S_2在零电压和零电流条件下导通。

因为

$$V_{C1}(t)+V_{C2}(t)=V_1 \tag{6.78}$$

$$\frac{dV_{C1}(t)}{dt}+\frac{dV_{C2}(t)}{dt}=0 \tag{6.79}$$

假设$C_1=C_2=C$,有

$$C\frac{dV_{C1}(t)}{dt}+C\frac{dV_{C2}(t)}{dt}=0 \tag{6.80}$$

但是

$$i_{C1}(t)=C\frac{dV_{C1}(t)}{dt} \tag{6.81}$$

和

$$i_{C2}(t)=C\frac{dV_{C2}(t)}{dt} \tag{6.82}$$

因此

$$i_{C2}(t)=-i_{C1}(t) \tag{6.83}$$

由于

$$i_{C1}(t)+i_{C2}(t)=I_{mp} \tag{6.84}$$

可得

$$i_{C1}(t)=\frac{I_{mp}}{2} \tag{6.85}$$

$$i_{C2}(t)=-\frac{I_{mp}}{2} \tag{6.86}$$

由于

$$i_{C2}(t)=C\frac{V_1}{t} \tag{6.87}$$

定义

$$\frac{I_{mp}}{2}=C\frac{V_1}{t_c} \tag{6.88}$$

因此,要实现C_2的完全放电,必须有

$$I_{mp} \geqslant 2C\frac{V_1}{t_d} \tag{6.89}$$

根据式(6.77)有

$$\overline{I_{mp}} = \tan\left(\frac{\pi}{2f_n}\sqrt{\frac{\lambda}{\lambda+1}}\right) \tag{6.90}$$

另外

$$\overline{I_{mp}} = \frac{Z_2 I_{mp}}{V_i} \tag{6.91}$$

$$I_{mp2} = \frac{V_1}{Z_2}\overline{I_{mp}} \tag{6.92}$$

或

$$I_{mp} = \frac{V_1}{Z_2}\tan\left(\frac{\pi}{2f_n}\sqrt{\frac{\lambda}{\lambda+1}}\right) \tag{6.93}$$

联立式(6.93)和式(6.89)，可得

$$\frac{V_1}{Z_2}\tan\left(\frac{\pi}{2f_n}\sqrt{\frac{\lambda}{\lambda+1}}\right) \geqslant 2C\frac{V_1}{t_d} \tag{6.94}$$

或

$$\tan\left(\frac{\pi}{2f_n}\sqrt{\frac{\lambda}{\lambda+1}}\right) \geqslant 2C\frac{Z_2}{t_d} \tag{6.95}$$

其中，

$$Z_2 = \sqrt{\frac{L_r + L_m}{C_r}} \tag{6.96}$$

6.7.3 实际案例 4

LLC 变换器如图 6.22 所示，它工作在空载状态下，且变换器参数如下：

- $V_1 = 400\ \text{V}$
- $L_r = 14\ \mu\text{H}$
- $L_m = 70\ \mu\text{H}$
- $C_r = 47\ \text{nF}$
- $C = 2.2\ \text{nF}(C_1 = C_2 = C_3 = C_4 = C)$
- $f_n = 1$

求其驱动信号的死区时间。

解：

$$\lambda = \frac{L_r}{L_m} = \frac{14\times10^{-6}}{70\times10^{-6}} = 0.2$$

$$f_{r1} = \frac{1}{2\pi\sqrt{L_r C_r}} = \frac{1}{2\pi\sqrt{14\times10^{-6}\times47\times10^{-9}}} = 196.2\ \text{kHz}$$

$$\overline{I_{\text{mp}}} = \tan\left(\frac{\pi}{2f_{\text{n}}}\sqrt{\frac{\lambda}{\lambda+1}}\right) = 0.747$$

$$Z_2 = \sqrt{\frac{L_{\text{r}} + L_{\text{m}}}{C_{\text{r}}}} = 42.27\,\Omega$$

$$I_{\text{mp}} = \frac{V_1}{Z_2}\overline{I_{\text{mp}}} = \frac{400}{42.27} \times 0.747 = 7.06\text{ A}$$

$$\boxed{t_{\text{c}} = 2C\frac{V_1}{I_{\text{mp}}} \approx 250\text{ ns}}$$

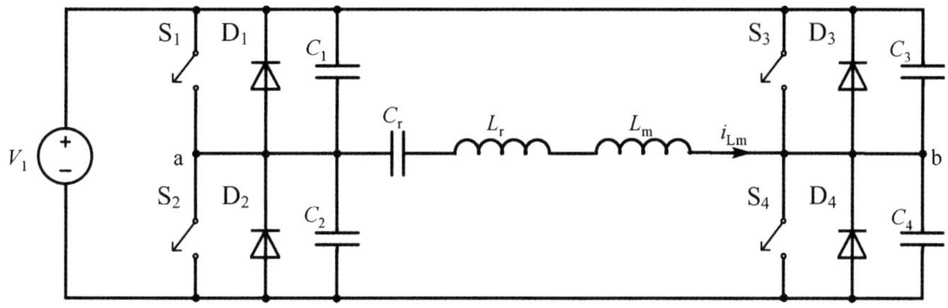

图 6.22　理想 LLC 变换器空载的等效电路图

如果一个桥臂的开关管驱动信号之间的死区时间 t_{d} 大于 t_{c}，就能实现 ZVS，即

$$t_{\text{d}} > 250\text{ ns}$$

图 6.23 为在开关管 S_1 关断时，仿真得到的相关波形。所有器件均为理想器件，$t_{\text{d}} = 400\text{ ns}$。在此换流时区，$I_{\text{Lr}}$ 电流仍然几乎是常数，等于 I_{mp}。由于工作在高频下，死区时间 t_{d} 占整个开关周期很大的比重，因此会对静态增益有一定的影响。

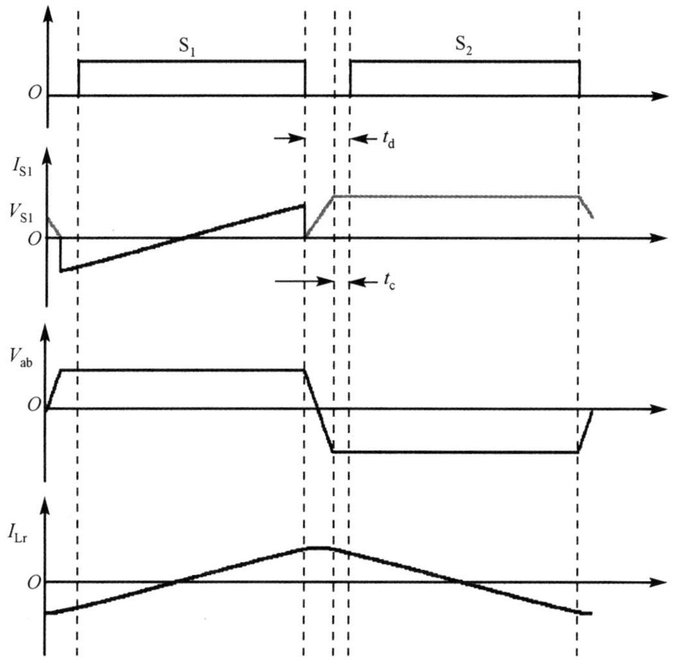

图 6.23　在换流时区内的相关波形

6.8 输入阻抗

图 6.24 为基波近似情况下的 LLC 等效电路图。输入阻抗由下式决定：

$$Z_1 = \frac{j\omega_s L_m R}{R + j\omega_s L_m} + j\omega_s L_r + \frac{1}{j\omega_s C_r} \tag{6.97}$$

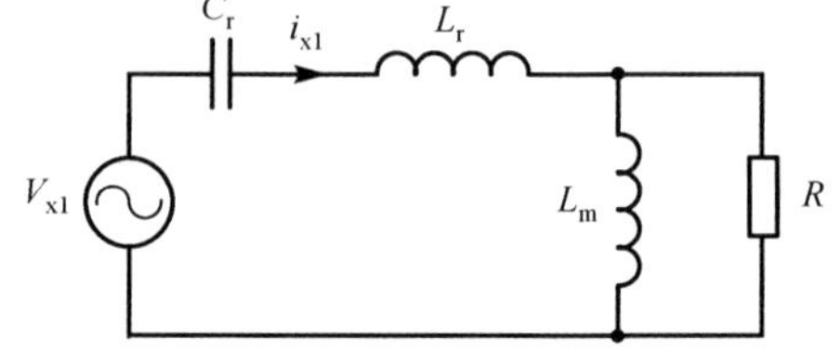

图 6.24 基波近似情况下的 LLC 等效电路图

已知

$$\lambda = \frac{L_r}{L_m} \tag{6.98}$$

$$f_{r1} = \frac{1}{2\pi\sqrt{L_r C_r}} \tag{6.99}$$

$$Q = \frac{\omega_r L_r}{R} \tag{6.100}$$

$$f_n = \frac{f_s}{f_{r1}} \tag{6.101}$$

将式(6.98)、式(6.99)、式(6.100)、式(6.101)代入式(6.97)，可得

$$\overline{Z_1}(\lambda, f_n, Q) = \overline{R_1}(\lambda, f_n, Q) + j\overline{X_1}(\lambda, f_n, Q) \tag{6.102}$$

其中，

$$\overline{R_1}(\lambda, f_n, Q) = \frac{Qf_n^2}{Q^2 f_n^2 + \lambda^2} \tag{6.103}$$

和

$$\overline{X_1}(\lambda, f_n, Q) = \frac{f_n^2 - 1}{f_n} + \frac{\lambda f_n}{Q^2 f_n^2 + \lambda^2} \tag{6.104}$$

$\overline{Z_1}(\lambda, f_n, Q)$，$\overline{R_1}(\lambda, f_n, Q)$，$\overline{X_1}(\lambda, f_n, Q)$ 和 Z_{r1} 分别定义如下

$$\overline{Z_1}(\lambda, f_n, Q) = \frac{Z_1(\lambda, f_n, Q)}{Z_{r1}} \tag{6.105}$$

$$\overline{R_1}(\lambda, f_n, Q) = \frac{R_1(\lambda, f_n, Q)}{R_{r1}} \tag{6.106}$$

$$\overline{X_1}(\lambda, f_n, Q) = \frac{X_1(\lambda, f_n, Q)}{X_{r1}} \tag{6.107}$$

$$Z_{r1} = \sqrt{\frac{L_r}{C_r}} \tag{6.108}$$

因此，输入阻抗 Z_1 及其分量 R_1 和 X_1，都基于特征阻抗 Z_{r1} 被参数化了。

图 6.25 为当 $\lambda = 0.2$ 时，在不同的 Q 值下，归一化输入阻抗 $\overline{Z_1}$ 与 f_n 的关系曲线。

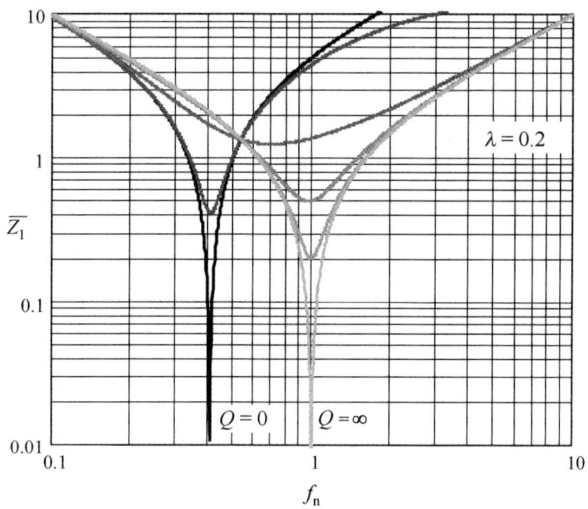

图 6.25　在不同的 Q 值下，归一化输入阻抗 $\overline{Z_1}$ 与 f_n 的关系曲线

输出短路意味着 $R = 0$，且 $Q = \infty$，对应的等效电路图如图 6.26(a)所示，谐振发生在 $f_n = 1$。

输出开路时，如图 6.26(b)所示，意味着 $R = \infty$，$Q = 0$，其归一化谐振频率由下式给出：

$$f_{n2} = \sqrt{\frac{\lambda}{\lambda + 1}} \tag{6.109}$$

所有阻抗曲线相交处的归一化频率为

$$f_{n3} = \sqrt{\frac{2\lambda}{1 + 2\lambda}} \tag{6.110}$$

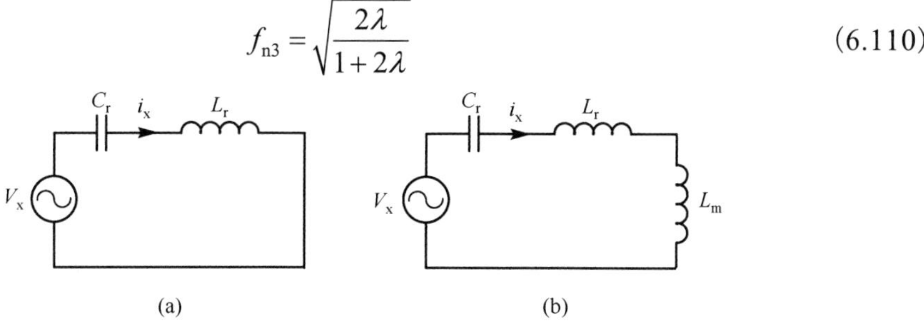

图 6.26　LLC 变换器的等效电路图：(a)输出短路；(b)输出开路

6.9　谐振电容电流和电压

谐振电容 C_r 上的峰值电流为

$$I_{xp} = \frac{V_{xp}}{|Z_1|} \tag{6.111}$$

但是

$$V_{xp} = \frac{4V_1}{\pi} \tag{6.112}$$

和

$$|Z_1| = Z_{r1}|\overline{Z_1}| \tag{6.113}$$

即有

$$I_{xp} = \frac{4V_1}{\pi}\frac{1}{Z_{r1}|\overline{Z_1}|} \tag{6.114}$$

或

$$\frac{Z_{r1}I_{xp}}{V_1} = \frac{4}{\pi|\overline{Z_1}|} \tag{6.115}$$

参数化电流可以定义为

$$\overline{I_{xp}} = \frac{Z_{r1}I_{xp}}{V_1} \tag{6.116}$$

因此有

$$\overline{I_{xp}} = \frac{4}{\pi|\overline{Z_1}|} \tag{6.117}$$

同样

$$\overline{I_{xp}}(\lambda, f_n, Q) = \frac{4}{\pi|\overline{Z_1}(\lambda, f_n, Q)|} \tag{6.118}$$

其中，

$$|\overline{Z_1}(\lambda, f_n, Q)| = \sqrt{\left(\frac{Qf_n^2}{Q^2 f_n^2 + \lambda^2}\right)^2 + \left(\frac{f_n^2 - 1}{f_n} + \frac{\lambda f_n}{Q^2 f_n^2 + \lambda^2}\right)^2} \tag{6.119}$$

图 6.27 为在不同的品质因数 Q 下，参数化峰值电流与归一化开关频率 f_n 的关系曲线。

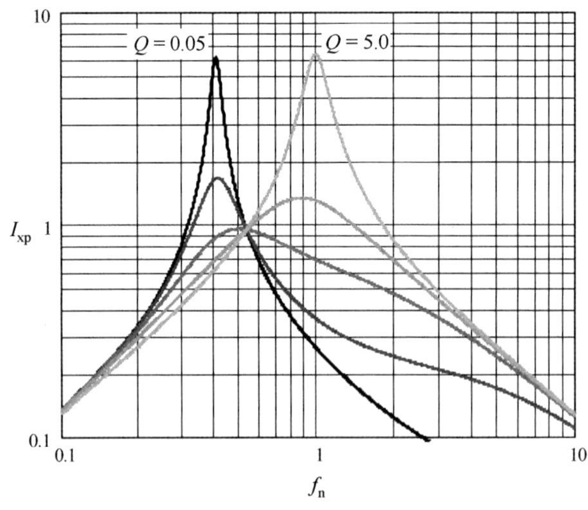

图 6.27 C_r 中的参数化峰值电流与归一化开关频率 f_n 的关系曲线（在不同的品质因数 Q 值下）

可以看到输入阻抗曲线在 $f_n = f_{n3}$ 时相交。

谐振电容上的峰值电压由下式决定：

$$V_{crp} = \frac{I_{xp}}{\omega_s C_r} \tag{6.120}$$

定义

$$\overline{V_{crp}} = \frac{V_{crp}}{V_1} \tag{6.121}$$

然后有

$$\overline{V_{crp}} = \frac{I_{xp}}{V_1 \omega_s C_r} \tag{6.122}$$

但

$$I_{xp} = \frac{V_1}{Z_{r1}} \overline{I_{xp}} \tag{6.123}$$

则有

$$\overline{V_{crp}} = \frac{\overline{I_{xp}}}{Z_{r1} \omega_s C_r} \tag{6.124}$$

已知

$$Z_{r1} \omega_s C_r = \frac{\omega_s}{\omega_{r1}} \tag{6.125}$$

这意味着

$$Z_{r1} \omega_s C_r = f_n \tag{6.126}$$

因此

$$\overline{V_{crp}}(\lambda, f_n, Q) = \frac{\overline{I_{xp}}(\lambda, f_n, Q)}{f_n} \tag{6.127}$$

图 6.28 所示的曲线为式(6.127)的图形化的结果，即在不同的品质因数 Q 下，谐振电容参数化峰值电压与归一化谐振频率 f_n 的关系曲线。

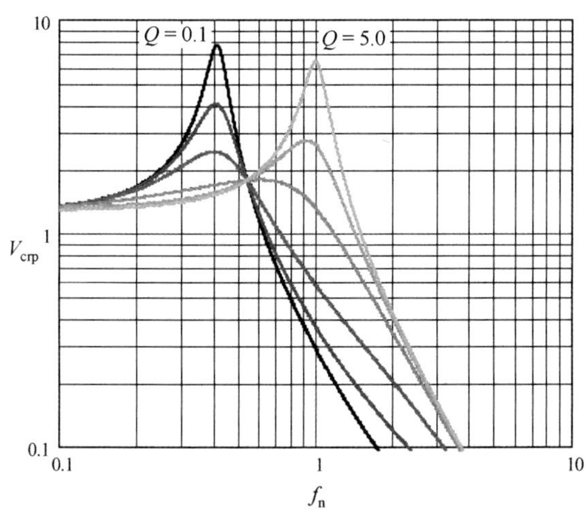

图 6.28　不同的品质因数 Q 下，谐振电容参数化峰值电压与归一化谐振频率 f_n 的关系曲线

实际案例 5

一个 LLC 变换器的参数如下：

- $V_1 = 400\ \text{V}$
- $L_r = 14\ \mu\text{H}$
- $L_m = 70\ \mu\text{H}$
- $C_r = 47\ \text{nF}$
- $f_n = 1$
- $\lambda = 0.2$
- $a = 1$
- $P_o = 2000\ \text{W}$

求输入阻抗、谐振电容电流和电压。

解：

(a)计算参数化输入阻抗

$$R_o = \frac{V_o^2}{P_o} = \frac{400^2}{2000} = 80\ \Omega$$

$$R_{ac} = \frac{8}{\pi^2} R_o = \frac{8}{\pi^2} \times 80 = 64.85\ \Omega$$

$$Q = \frac{\sqrt{\dfrac{L_r}{C_r}}}{R_{ac}} = \frac{\sqrt{\dfrac{14\times10^{-6}}{47\times10^{-9}}}}{64.85} = 0.266$$

$$|\overline{Z_1}| = \sqrt{\left(\frac{Qf_n^2}{Q^2 f_n^2 + \lambda^2}\right)^2 + \left(\frac{f_n^2 - 1}{f_n} + \frac{\lambda f_n}{Q^2 f_n^2 + \lambda^2}\right)^2} = 3.004$$

$$Z_{r1} = \sqrt{\frac{L_r}{C_r}} = \sqrt{\frac{14\times10^{-6}}{47\times10^{-9}}} = 17.26\ \Omega$$

$$\boxed{|Z_1| = Z_{r1} |\overline{Z_1}| = 17.26 \times 3.004 = 51.84\ \Omega}$$

(b)计算谐振电路中的峰值电流

$$\boxed{I_{xp} = \frac{V_{xp}}{|Z_1|} = \frac{4V_1}{\pi |Z_1|} = \frac{4\times400}{\pi\times51.84} = 9.82\ \text{A}}$$

(c)计算谐振电容上的峰值电压

$$\boxed{V_{cp} = \frac{I_{xp}}{2\pi f_s C_r} = 169.6\ \text{V}}$$

读者可以通过数值仿真验证这些结果。

但我们必须认识到，这些计算结果是基于基波近似分析方法的，因此和仿真结果可能略有不同。

6.10 设计实例及方法

LLC 变换器的参数如下：

- $P_o = 250\ \text{W}$
- $V_o' = 400\ \text{V}$
- $V_{1\max} = 400\ \text{V}$
- $V_{1\min} = 340\ \text{V}$
- $\lambda = 0.2$
- $f_{\max} = 100\ \text{kHz}$

为简化起见，变压器匝数比 $n = 1$，且所有器件均为理想器件。同时为了阐述清楚设计方法，将其分解为几步来介绍。

第一步

假设 $f_{n\max} = 1$，这样变换器工作于 DCM 下，输出侧整流二极管的开关损耗理论上为零。因此有

$$f_{r1} = 100\ \text{kHz} \tag{6.128}$$

因为

$$f_{r1} = \frac{1}{2\pi\sqrt{C_r L_r}} \tag{6.129}$$

可以得到

$$C_r L_r = \frac{1}{4\pi^2 10^{10}} \tag{6.130}$$

因此得到 C_r 和 L_r 的第一个关系式。

第二步

最小静态增益为

$$M_{\min} = \frac{V_o'}{V_{1\max}} = 1 \tag{6.131}$$

最大静态增益为

$$M_{\max} = \frac{V_o'}{V_{1\min}} = 1.176 \tag{6.132}$$

第三步

重写之前推导得到的参数化静态增益如下：

$$M = \frac{f_n^2}{\sqrt{[f_n^2(\lambda+1)-\lambda]^2 + [f_n Q(1-f_n^2)]^2}} \tag{6.133}$$

在我们希望考虑的区域内，静态增益是最大的，当变换器空载时，$Q = 0$。

在这种条件下，变换器工作于最低频率，从式(6.133)可以得到

$$M_{\max}=\frac{f_{\text{n min}}^2}{f_{\text{n min}}^2(\lambda+1)-\lambda} \tag{6.134}$$

那么

$$f_{\text{n min}}=\sqrt{\frac{\lambda M_{\max}}{(\lambda+1)M_{\max}-1}} \tag{6.135}$$

当 $\lambda=0.2$，且 $M_{\max}=1.176$，有

$$f_{\text{n min}}=0.756 \tag{6.136}$$

$$f_{\min}=f_{\text{n min}}f_{\max}=75.6\,\text{kHz} \tag{6.137}$$

f_{n} 的极限值为 $f_{\text{n min}}=0.756$，$f_{\text{n max}}=1$，图 6.29 为 f_{n} 在此范围内时静态增益与 Q 的关系曲线。

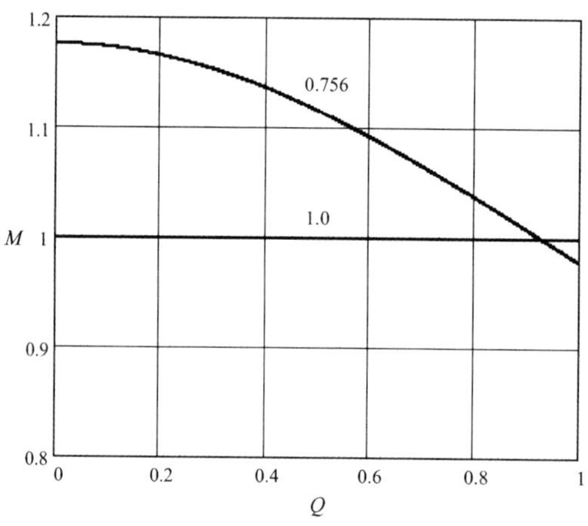

图 6.29 f_{n} 的值在 0.756 与 1 之间时静态增益与 Q 的关系曲线

第四步

在本设计中，$Q_{\max}$ 已经选择好。利用式(6.138)，可以得到式(6.140)：

$$Q_{\max}=\frac{1}{R_{\text{ac}}}\sqrt{\frac{L_{\text{r}}}{C_{\text{r}}}} \tag{6.138}$$

$$\frac{L_{\text{r}}}{C_{\text{r}}}=(Q_{\max}R_{\text{ac}})^2 \tag{6.139}$$

$$R_{\text{ac}}=\left(\frac{4V_{\text{o}}'}{\pi}\right)\frac{1}{2P_{\text{o}}}=518.76\,\Omega \tag{6.140}$$

R_{ac} 为折算到变压器原边侧的负载阻抗。必须采用一定的评判标准来选择 $Q_{\max}$。可以看到，谐振电容 C_{r} 中的峰值电流由下式给出：

$$I_{\text{1p}}(Q)=\frac{4V_{\text{1max}}}{\pi}\frac{1}{|Z_1(Q)|} \tag{6.141}$$

其中，

$$|Z_1(Q)|=Z_{\text{r}}(Q)\sqrt{\left(\frac{Qf_{\text{n}}^2}{Q^2f_{\text{n}}^2+\lambda^2}\right)^2+\left(\frac{f_{\text{n}}^2-1}{f_{\text{n}}}+\frac{\lambda f_{\text{n}}}{Q^2f_{\text{n}}^2+\lambda^2}\right)^2} \tag{6.142}$$

根据式(6.130)及式(6.139)，参数 C_r，L_r，L_m，Z_1 及谐振电路中对应的电流值是和 Q_{max} 相关的。对于之前设计实例中得到的参数，谐振腔峰值电流和 Q_{max} 的关系曲线如图 6.30 所示。

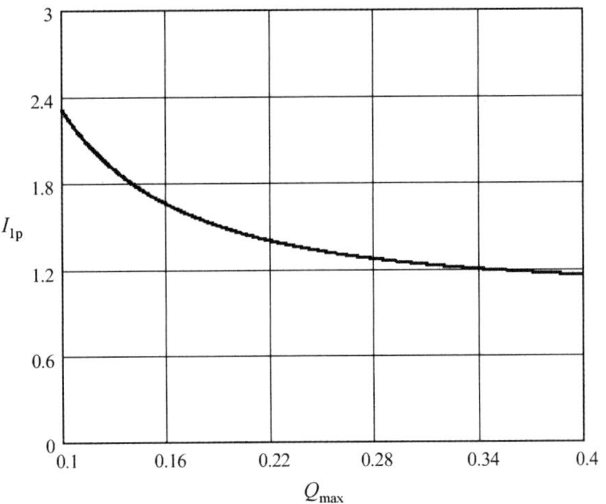

图 6.30　谐振腔峰值电流与 Q_{max} 的关系曲线

注意到，Q_{max} 增加会导致 I_{1p} 降低，但是，这会导致励磁电感 L_m 增加，以及励磁电流减小，如式(6.143)所示：

$$I_{mp} = V_o' \tan\left(\frac{\pi}{2f_n}\sqrt{\frac{\lambda}{\lambda+1}}\right)\sqrt{\frac{C_r}{L_r+L_m}} \tag{6.143}$$

在此设计实例中，I_{mp} 与 Q_{max} 的关系曲线如图 6.31 所示。

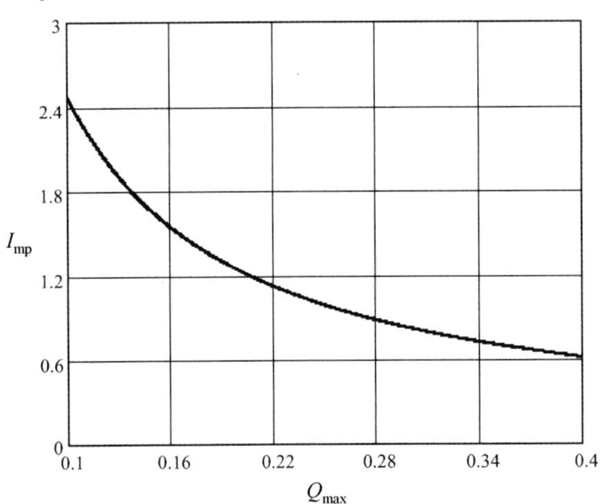

图 6.31　励磁峰值电流 I_{mp} 与 Q_{max} 的关系曲线

为了保证空载时仍然能进入软开关，I_{mp} 必须大于 $I_{mp\,min}$。假设 $I_{mp\,min} = 1\text{A}$。因此 $Q_{max} = 0.237$。L_r 和 C_r 可以通过下式得到：

$$C_r L_r = \frac{1}{4\pi^2 f_{max}^2} \tag{6.144}$$

$$\frac{L_r}{C_r} = (Q_{max} R_{ac})^2 \tag{6.145}$$

代入参数可得

$$f_{max} = 100\ \text{kHz} \tag{6.146}$$

$$R_{ac} = 518.76\ \Omega \tag{6.147}$$

$$Q_{max} = 0.237 \tag{6.148}$$

进一步可得到谐振参数

$$C_r = 12.94\ \text{nF} \tag{6.149}$$

$$L_r = 195.7\ \mu\text{H} \tag{6.150}$$

$$L_m = 978.4\ \mu\text{H} \tag{6.151}$$

读者可以进一步通过仿真来验证上述 LLC 变换器参数的正确性。

6.11 LLC 变换器的工作模式详细描述

前面章节分析了基波近似法 LLC 等效电路图，其电压和电流均为正弦曲线。

本节详细分析 LLC 变换器在低于、等于、高于谐振频率时等效电路图和主要相关波形，以方波电压作为输入波形。

6.11.1 工作于谐振频率（$f_s = f_{r1}$）

当 $f_s = f_{r1}$ 时的相关波形如图 6.32 所示。

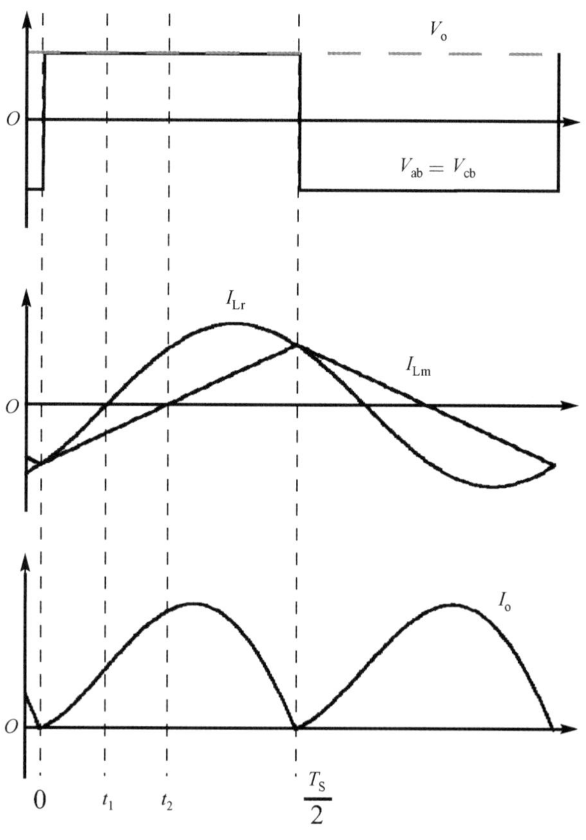

图 6.32 工作于谐振频率时的相关波形

在此工作模式下，负载电流 I_o 处于 DCM 和 CCM 的边界，且 L_m 处的电压等于 $\pm V_o$ 或 V_{ab}。

在时区 $[0, T_s/2]$，会有 3 个电路状态，如图 6.33 所示，分别对应于时区 $[0, t_1]$，$[t_1, t_2]$，$[t_2, T_s/2]$。

所有器件均为理想器件，而整流器和负载的参数均是折算到变压器原边侧的。

第 1 个电路状态，时区$[0, t_1]$

电压 V_{ab} 为正。负向电流 i_{Lr} 和 i_{Lm} 分别以正弦和线性形式上升。这个阶段在时刻 t_1 结束，此时 $i_{Lr}=0$。

第 2 个电路状态，时区$[t_1, t_2]$

在此时区中，谐振电流为正，并正弦增加，而励磁电流为负，并线性增加。

第 3 个电路状态，时区$[t_2, T_s/2]$

在此时区，i_{Lr} 和 i_{Lm} 均为正，i_{Lr} 为正弦上升，而 i_{Lm} 线性上升。

在轻载时，负载电流 i_o 可能会进入 DCM，且会出现比图 6.33 所示的更多电路状态。

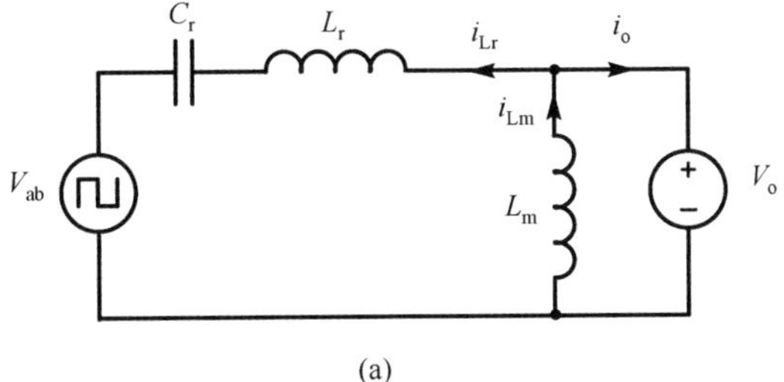

(a)

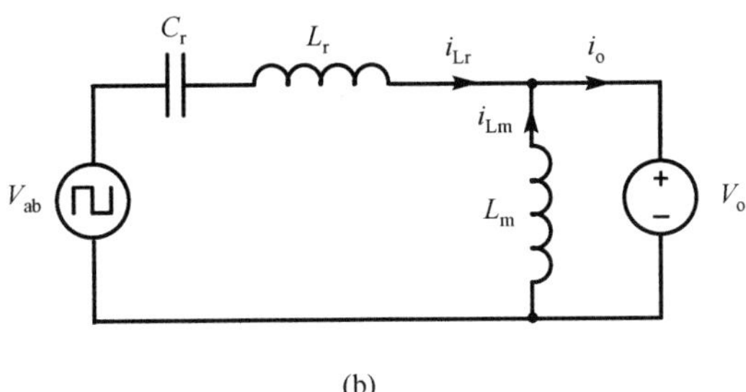

(b)

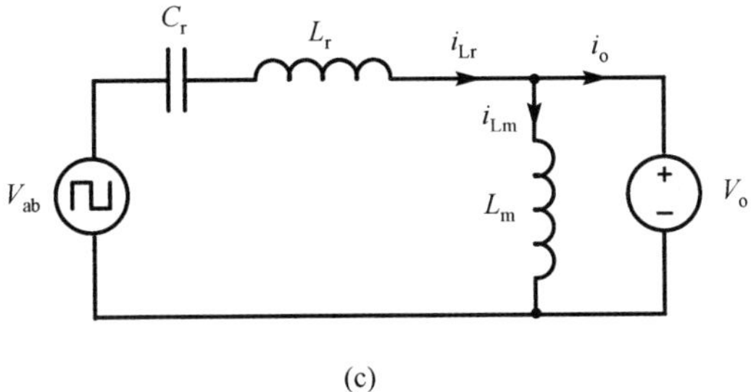

(c)

图 6.33　时区 (a) $[0, t_1]$，(b) $[t_1, t_2]$，(c) $[t_2, T_s/2]$ 的等效电路图

6.11.2 工作于低于谐振频率（$f_s < f_{r1}$）

$f_s < f_{r1}$ 时的相关波形如图 6.34 所示。

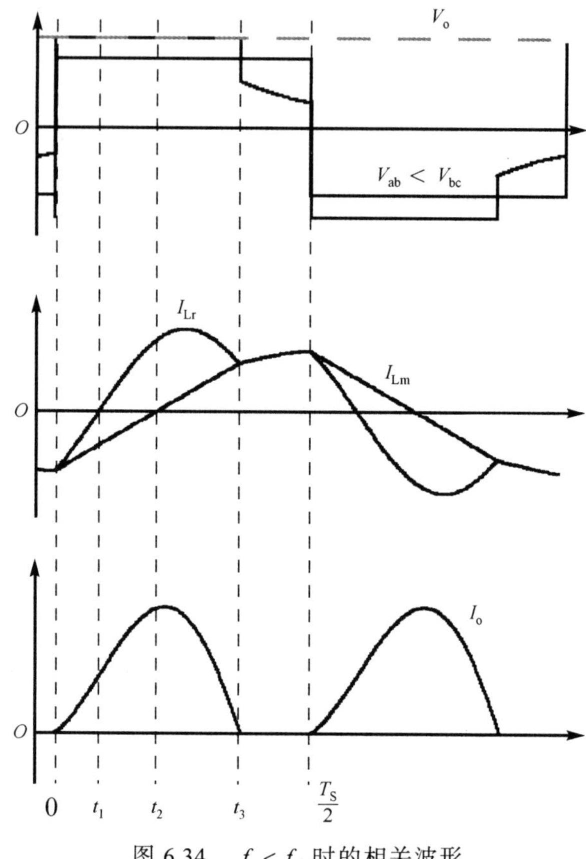

图 6.34　$f_s < f_{r1}$ 时的相关波形

在时区 $[0, T_s/2]$，会有 4 个电路状态，如图 6.35 所示，分别对应于时区 $[0,\ t_1]$，$[t_1,\ t_2]$，$[t_2,\ t_3]$，$[t_3,\ T_s/2]$。

第 1 个电路状态，时区 $[0,\ t_1]$

电压 V_{ab} 和电压 V_{cb} 为正，且 $V_o > V_1$。电流 i_{Lr} 和 i_{Lm} 为负。电流 i_{Lr} 正弦增大，i_{Lm} 线性增大。此时区结束于时刻 t_1，此时 $i_{Lr} = 0$。

第 2 个电路状态，时区 $[t_1,\ t_2]$

电流 i_{Lr} 呈正弦形式，为正且线性增大，而 i_{Lm} 为负并线性增大。此时区结束于时刻 t_2，此时 $i_{Lm} = 0$。

第 3 个电路状态，时区 $[t_2,\ t_3]$

在此时区内，i_{Lr} 和 i_{Lm} 为正。此时区结束于时刻 $t = t_3$，此时 $i_{Lr} = i_{Lm}$ 且 $i_o = 0$。

第 4 个电路状态，时区 $[t_3,\ T_s/2]$

在此时区内，$i_{Lr} = i_{Lm}$ 且 $i_o = 0$。它结束于 $t = T_s/2$，此时电压 V_{ab} 极性改变，变为负的。

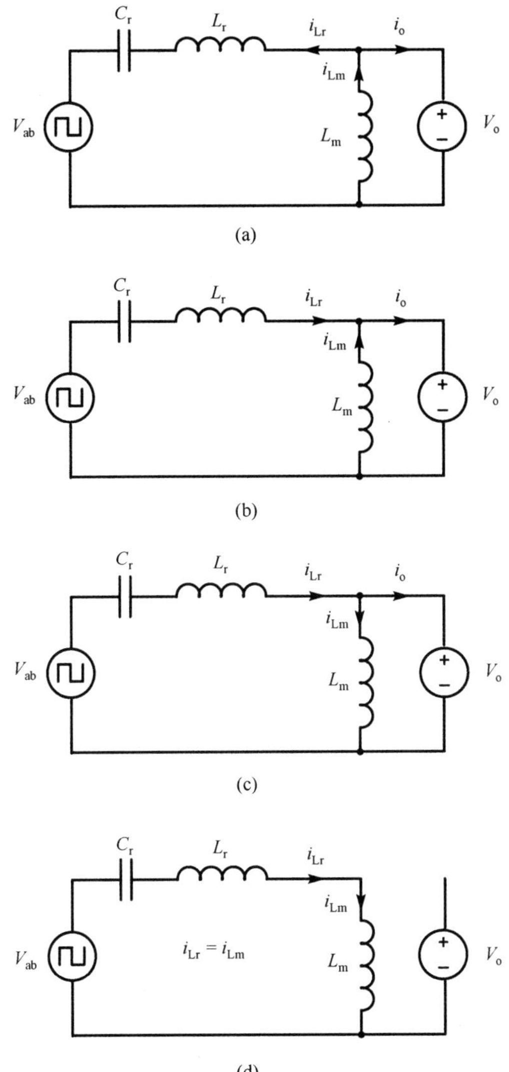

图 6.35　工作频率低于谐振频率时，时区 (a) $[0, t_1]$，(b) $[t_1, t_2]$，(c) $[t_2, t_3]$，(d) $[t_3, T_s/2]$的等效电路图

当 $f_s < f_{r1}$ 时，与 $f_s = f_{r1}$ 时有两个方面的不同：

- 负载电压 V_o 大于电源电压 V_1；
- 输出整流桥中的电流 i_o 是不连续的。

6.11.3　工作于高于谐振频率（$f_s > f_{r1}$）

$f_s > f_{r1}$ 时的相关波形如图 6.36 所示。

在时区 $[0, T_s/2]$，会有 4 个电路状态，如图 6.37 所示，分别对应于时区 $[0, t_1]$，$[t_1, t_2]$，$[t_2, t_3]$，$[t_3, T_s/2]$。

第 1 个电路状态，时区[0，t_1]

在此时区内，V_{ab} 和 V_{cb} 均为正，电流 i_{Lr} 和 i_{Lm} 为负。当 i_{Lr} 达到零时，即时刻 $t = t_1$，此时区结束。

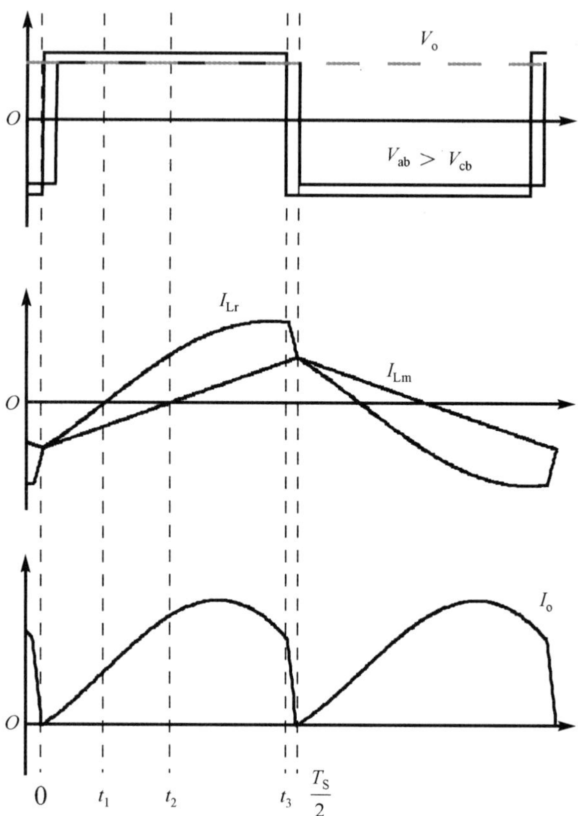

图 6.36　$f_s > f_{r1}$ 时的相关波形

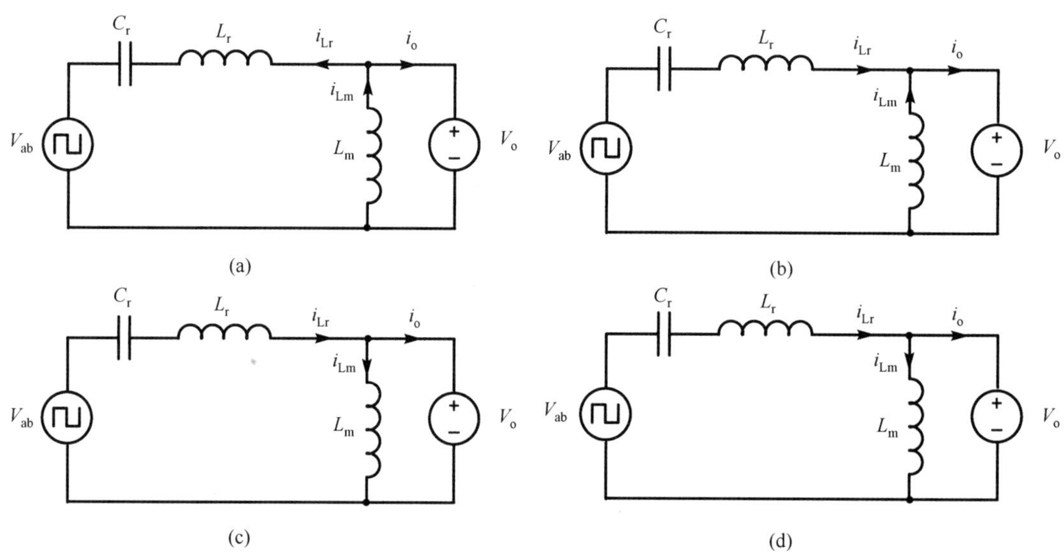

图 6.37　$f_s > f_{r1}$ 时，时区(a)$[0, t_1]$，(b)$[t_1, t_2]$，(c)$[t_2, t_3]$，(d)$[t_3, T_s/2]$的等效电路图

第 2 个电路状态，时区$[t_1，t_2]$

在此时区内，V_{ab} 和 V_{cb} 仍然为正，电流 i_{Lr} 为正，而 i_{Lm} 仍然为负且线性增大。当励磁电流为零时，即时刻 $t = t_2$，此时区结束。

第 3 个电路状态，时区$[t_2, t_3]$

在此时区内，i_{Lr} 和 i_{Lm} 均为正。当输入电压 V_{ab} 反向变为负时，即时刻 $t=t_3$，此时区结束。

第 4 个电路状态，时区$[t_3, T_s/2]$

在此时区内，电流 i_{Lr} 下降且它等于励磁电流 i_{Lm}，此时 $t=T_s/2$。

在 $f_s > f_{r1}$ 的工作模式下，当电压 V_{cb} 变为正时开始计算，会更易理解。在此工作模式下，V_{ab} 的极性会在电流 i_o 自然回到零之前翻转，这会导致整流二极管的强迫截止，开关损耗增加，牺牲了效率。因为这些原因，我们不希望变换器工作于 $f_s > f_{r1}$ 模式。

6.12 LLC 变换器特性总结

根据本章的研究，相对于其他谐振变换器，LLC 变换器有如下独特的优点：

- 它能在宽输入电压范围内对负载进行调节，而频率变化很小；
- 通过参数的适当组合，它可以在空载到满载范围内均实现软开关；
- 因为电压和电流均是正弦波形，可以减少 EMI 滤波器的使用，从而降低成本；
- 所有的寄生参数，如半导体的结电容、体二极管、漏感和励磁电流对于 LLC 变换器的工作均有益处，并可以帮助实现功率开关管的软换流。

6.13 习题

1. LLC 变换器如图 6.1 所示，其参数如下：

- $V_1 = 100\ \text{V}$
- $f_s = 100\ \text{kHz}$
- $C_r = 633\ \text{nF}$
- $L_r = 4\ \mu\text{H}$
- $L_m = 20\ \mu\text{H}$
- $a = 10$
- $R_o = 1000\ \Omega$

求：

(a) 电感量比 λ；

(b) 品质因数 Q；

(c) 谐振频率 f_{r1}；

(d) 谐振频率 f_{r2}；

(e) 归一化频率 f_n；

(f) 负载电压 V_o；

(g) 向负载电阻 R_o 传输的功率；

(h) 励磁电流峰值；

(i) 电感 L_r 的峰值电流；

(j) 电源 V_1 中的平均电流；

(k) V_{ab} 和 i_{Lr} 的相角差 ϕ；

(l) 谐振电容 C_r 上的峰值电压；

(m) 其中一个输出整流二极管中的平均电流；

(n) 一个逆变桥臂开关管中的 RMS 电流。

答案：(a) $\lambda = 0.2$；(b) $Q = 0.31$；(c) $f_{r1} = 100\text{ kHz}$；(d) $f_{r2} = 40830\text{ kHz}$；(e) $f_n = 1$；(f) $V_o = 1000\text{ V}$；(g) $P_o = 1000\text{ W}$；(h) $I_{mp} = 12.5\text{ A}$；(i) $I_p = 20.07\text{ A}$；(j) $I_1 = 10\text{ A}$；(k) $\phi = 0.672\text{ rad}$；(l) $V_{crp} = 50.47\text{ V}$；(m) $I_{Daver} = 0.5\text{ A}$；(n) $I_{srms} = 10.04\text{ A}$。

2. LLC 变换器的参数如下：

- $V_1 = 200\text{ V}$
- $f_s = 150\text{ kHz}$
- $C_r = 100\text{ nF}$
- $L_r = 7\text{ μH}$
- $L_m = 35\text{ μH}$
- $a = 0.25$
- $R_o = 500\ \Omega$

利用基波近似法，求解：

(a) 负载电阻 R_o 上的电压；

(b) 向负载传输的功率大小。

答案：(a) $V_o = 888\text{ V}$；(b) $P_o = 1578\text{ W}$。

建议读者对以上参数进行仿真验证，并验证基波分析法带来的误差。

3. 一个 LLC 变换器工作于归一化频率 $f_n = 1$。推导出流经电感 L_r 的正弦电流峰值

$$I_p = \sqrt{I_{mp}^2 + \left(\frac{\pi}{2} I_o\right)^2}$$

式中，I_{mp} 和 I_o 分别为在换流时刻的励磁电流和负载平均电流。

4. 证明电感 L_r 中的正弦电流和谐振电路的输入电压之间的相角关系式是

$$\tan(\phi) = \frac{2}{\pi} \frac{I_{mp}}{I_o}$$

5. 在本章中，我们已经证明了在基波近似时，在 $f_n = 1$ 时，$M = 1$。证明此结论在方波时仍然有效(即在真正的变换器中)。

参考文献

1. Schmidmer, E.G.: A new high frequency resonant converter topology. In: HFPC Conference Record, pp. 9–16 (1988)

2. Sevems, R.P.: Topologies for three-element resonant converters. In: IEEE Transactions on Power

Electronics, vol. 1.7, no. 1, pp. 89–98 (1992)

3. Lazar, J.F., Martinelli, R.: Steady-state analysis of the LLC series resonant converter. In: Sixteenth Annual IEEE Applied Power Electronics Conference and Exposition, APEC 2001,vol. 2, pp. 728–735 (2001)

4. Yang, B., Lee, F.C., Zhang, A.J., Huang, G.: LLC resonant converter for front end DC/DC conversion. In: Seventeenth Annual IEEE Applied Power Electronics Conference and Exposition, APEC 2002, vol. 2, pp. 1108–1112 (2002)

第7章　带输出滤波电容的ZVS-PWM全桥变换器

符 号 表

V_i	直流输入电压
V_o	直流输出电压
P_o	额定输出功率
C_o	输出滤波电容
R_o	输出负载电阻
ZVS	零电压开关
ϕ	超前桥臂和滞后桥臂的移相角
q	静态增益
D	占空比
f_s	开关频率(Hz)
T_s	开关周期
t_d	死区时间
n	变压器匝数比
V'_o	折算到变压器原边侧的输出直流电压
i_o	输出电流
i'_o	折算到变压器原边侧的输出电流
i'_{oC}	CCM下，折算到变压器原边侧的输出电流
i'_{oD}	DCM下，折算到变压器原边侧的输出电流
I'_o（$\overline{I'_o}$）	折算到变压器原边侧的平均输出电流，以及其归一化值
I'_{oC}（$\overline{I'_{oC}}$）	CCM下，折算到变压器原边侧的平均输出电流，以及其归一化值
I'_{oD}（$\overline{I'_{oD}}$）	DCM下，折算到变压器原边侧的平均输出电流，以及其归一化值
I'_{oL}（$\overline{I'_{oL}}$）	极限情况下，折算到变压器原边侧的平均输出电流(在CRM模式下)及其归一化值
S_1和S_3	超前桥臂开关管
S_2和S_4	滞后桥臂开关管
v_{g1}，v_{g2}，v_{g3}和v_{g4}	开关管S_1，S_2，S_3，S_4的驱动信号
D_1，D_2，D_3和D_4	外接的反并联二极管(MOSFET体二极管)
C_1，C_2，C_3和C_4	外接的电容(或是MOSFET寄生电容)
L_c	谐振电感
i_{Lc}	电感电流
I_{Lc}（$\overline{I_{Lc}}$）	漏感L_c的峰值电流，以及其归一化值，开关管S_1和S_3的换流电流
I_{Lc_C}（$\overline{I_{Lc\_C}}$）	CCM下，电感L_c的峰值电流，以及其归一化值
I_{Lc_D}（$\overline{I_{Lc\_D}}$）	DCM下，电感L_c的峰值电流，以及其归一化值

续表

$\overline{I_{\mathrm{Lc\,RMS}}}$	电感 L_c 的归一化 RMS 电流值
$I_{\mathrm{Lc\,RMS\_C}}$（$\overline{I_{\mathrm{Lc\,RMS\_C}}}$）	CCM 下，电感 L_c 的 RMS 有效值电流，以及其归一化值
$I_{\mathrm{Lc\,RMS\_D}}$（$\overline{I_{\mathrm{Lc\,RMS\_D}}}$）	DCM 下，电感 L_c 的 RMS 有效值电流，以及其归一化值
I_1（$\overline{I_1}$）	在第 1 个和第 4 个时区结束时的电感电流（开关管 S_2 和 S_4 的换流电流），以及其归一化值
v_{ab}	a 和 b 两点之间的交流电压
v_{cb}	c 和 b 两点之间的电感电压
v_{ac}	整流桥交流侧 a 和 c 两点之间的电压
v_{S1}， v_{S2}， v_{S3} 和 v_{S4}	开关管电压
i_{S1}， i_{S2}， i_{S3} 和 i_{S4}	开关管电流
i_{C1}， i_{C2}， i_{C3} 和 i_{C4}	电容电流
ΔT	$v_{ab}=\pm V_i$ 的时区
Δt_1	时区 1（t_1-t_0）
Δt_2	时区 2（t_2-t_1）
Δt_3	时区 3（t_3-t_2）
Δt_4	时区 4（t_4-t_3）
Δt_5	时区 5（t_5-t_4）
Δt_6	时区 6（t_6-t_5）
A_1， A_2 和 A_3	面积

7.1 引言

本章重点分析一个带滤波电容的 ZVS-PWM 全桥（FB-ZVS-PWM）变换器[1]。这种变换器特别适合于高功率和高电压场合，如工业、商用或住宅电池充电器，以及混合/纯电动汽车的电池充电器。首先介绍此变换器的基本拓扑结构和理想状态下的工作过程，然后对变换器的 CCM 和 DCM 下的 ZVS 工作情况进行详细分析，最后通过设计实例来加以说明。

带滤波电容的 FB-ZVS-PWM 变换器原理图如图 7.1 所示，它包含一个全桥逆变器、一个电感、一个变压器、一个全桥整流器及一个输出电容滤波器。二极管 D_1，D_2，D_3，D_4 反向并联在开关管 S_1，S_2，S_3，S_4 上面，而并联电容 C_1，C_2，C_3，C_4 可以是 MOSFET 的寄生电容或外接电容，如使用 IGBT 时即如此。电感 L_c 可能是变压器的漏感或是外置电感（当有必要时）。这个电感至关重要，因为它向负载传输功率的同时实现软开关。所有的工作状态均是线性的，这样可以简化分析和设计。

变换器工作开关频率固定，开关管上的电压被钳位在直流母线电压 V_i 上。为了实现 ZVS，两个桥臂工作于移相调制方式，且每个桥臂上的开关管是互补驱动的。

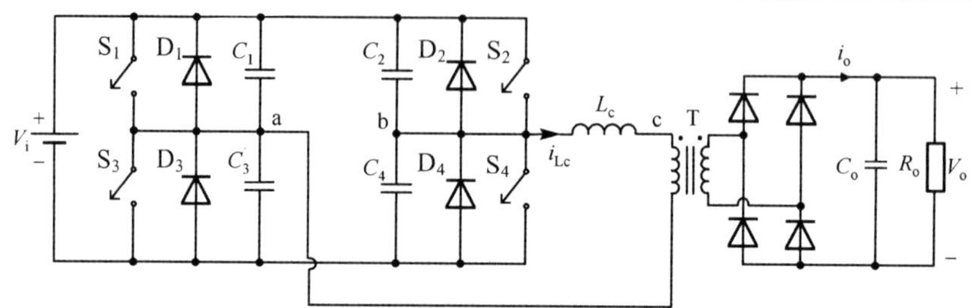

图 7.1 带滤波电容的 FB-ZVS-PWM 变换器

7.2 电路工作状态

在本节中，对图 7.2 所示的变换器进行分析，其开关管上没有并联电容(7.4 节将介绍软开关换流分析)。先做如下假设：

- 所有器件均是理想器件；
- 变换器工作于稳态；
- 输出滤波器用直流电压源 V_o' 代替，其值为折算到变压器原边侧的输出电压；
- 电流单向流入开关管，即开关管仅允许电流在箭头方向上流动；
- 反并联的二极管与开关管是独立的，所以此分析不限于 MOSFET，也适用于 IGBT 等。

图 7.3 为移相调制的开关管驱动信号，包括超前桥臂开关管(S_1 和 S_3)和滞后桥臂开关管(S_2 和 S_4)以及 v_{ab} 的波形。此时并没有考虑到死区时间。

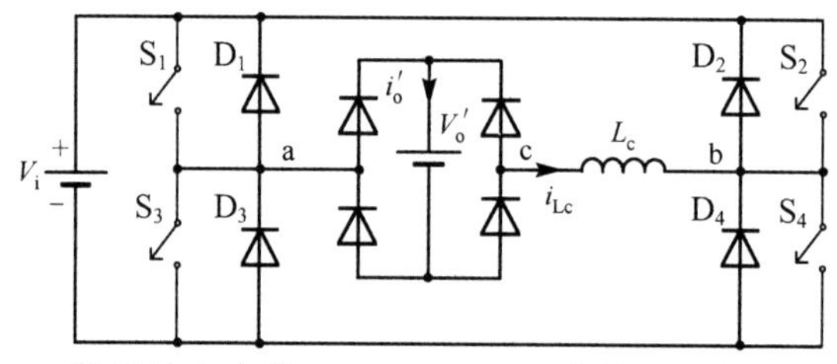

图 7.2 带滤波电容的 FB-ZVS-PWM 变换器的等效电路图

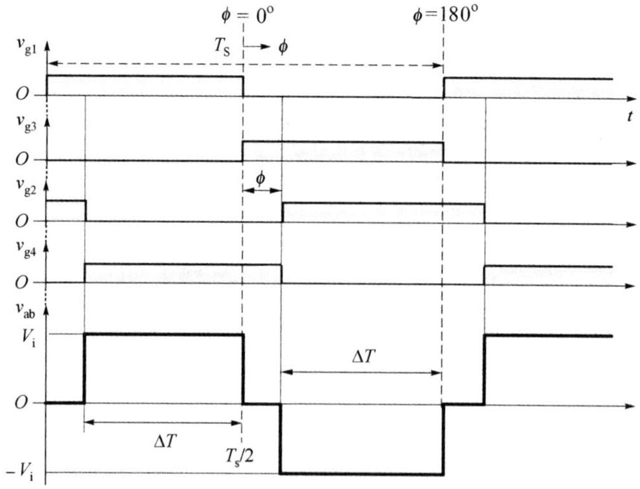

图 7.3 移相调制 FB-ZVS-PWM 变换器的相关波形

在移相调制时，开关频率是固定的，且占空比为 50%。滞后桥臂驱动信号相对于超前臂驱动信号存在相位差 ϕ，这样可以进行功率控制。如果相位差 ϕ=0°，v_{ab} 值最大，因为开关管 S_1 和 S_4 总是在同一个时刻导通（$v_{ab}=V_i$），S_2 和 S_3 也在相同时刻导通（$v_{ab}=-V_i$）。当移相角 ϕ 增大时，v_{ab} 的有效值减小，因为开关管 S_1、S_2 以及 S_3、S_4 在同一时刻导通时会导致 $v_{ab}=0$。相角 ϕ 可以从 0°(最大功率传输)增大到 180°(零功率传输)。

7.2.1　CCM 情形

一个开关周期被分成 6 个子时区，每个时区代表着不同的工作状态。在 CCM 下，整流二极管在所有 6 个子时区内均有电流流过。

1．时区 Δt_1（时区 1，$t_0 \leqslant t \leqslant t_1$）

如图 7.4 所示，第 1 个时区开始于时刻 $t=t_0$，此时开关管 S_1 导通，S_3 关断。虽然 S_1 导通，但是因为电流 i_{Lc} 为负 [$i_{Lc}(t_0)=-I_{Lc\_C}$]，所以 S_1 上仍然没有电流流过。因此，二极管 D_1 和 S_2 一起导通(在此时区开始之前)。电压 v_{ab} 为零，且电感电压 v_{cb} 为 V_o'，电感向负载传输功率。

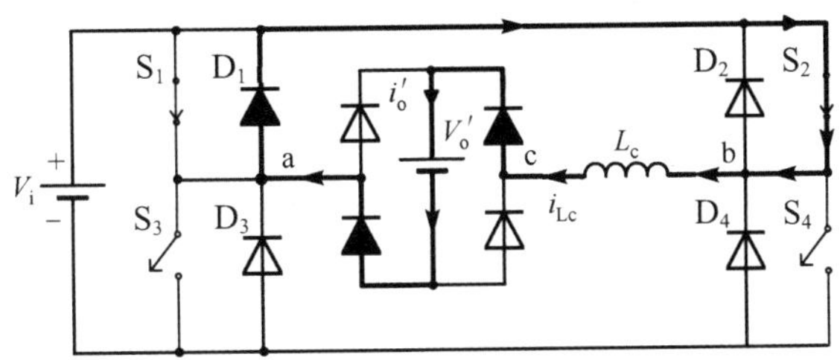

图 7.4　CCM 下，第 1 个时区的等效电路图

2．时区 Δt_2（时区 2，$t_1 \leqslant t \leqslant t_2$）

此时区的等效电路图如图 7.5 所示，开始于时刻 $t=t_1$，此时开关管 S_4 导通，S_2 关断。因为电感电流仍然为负 [$i_{Lc}(t_1)=-I_1$]，电流流入二极管 D_1 和 D_4，$v_{ab}=V_i$ 且电感电压 $v_{cb}=V_i+V_o'$。所以，电感向负载和直流母线 V_i 传输能量。

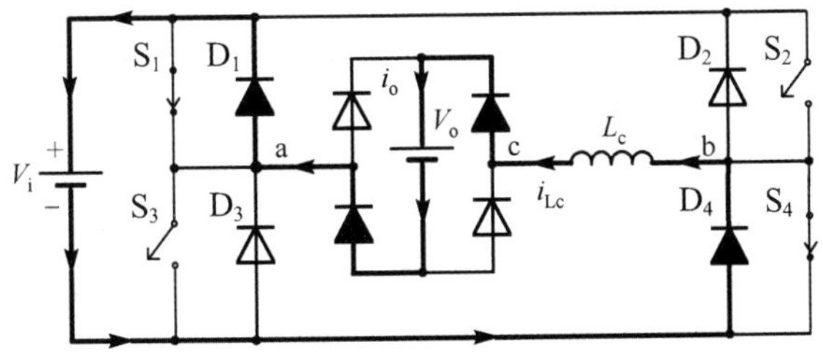

图 7.5　CCM 下，第 2 个时区内的等效电路图

3．时区 Δt_3（时区 3，$t_2 \leqslant t \leqslant t_3$）

此时区的等效电路图如图 7.6 所示。此时区开始于当电流 i_{Lc} 达到零时 [$i_{Lc}(t_2)=0$] 的时刻 $t=t_2$，此时二极管 D_1 和 D_4 关断，因为电感电流是正向变化的，所以使得开关管 S_1 / S_4 导通。电压 $v_{ab}=V_i$，且电感电压 $v_{cb}=V_i-V_o'$，这样直流母线向负载和电感 L_c 传输能量。

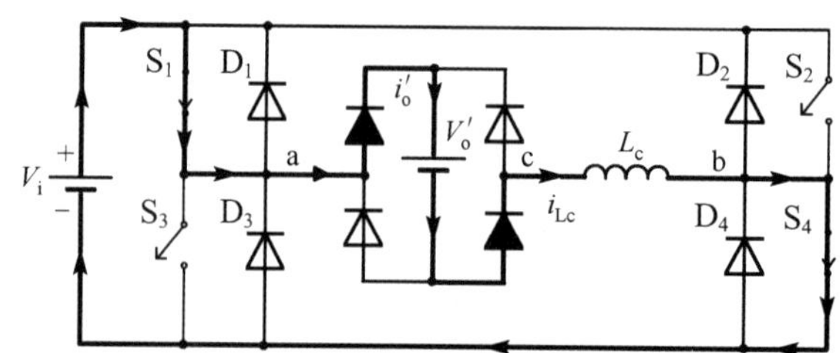

图 7.6 CCM 下，第 3 个时区的等效电路图

4．时区 Δt_4（时区 4，$t_3 \leqslant t \leqslant t_4$）

此时区开始于时刻 $t = t_3$，此时 S_1 关断，S_3 导通。因为开关管是单向导通的，S_3 上没有电流流过，电流流经 D_3 和 S_4（已经导通），如图 7.7 所示。电压 v_{ab} 为零且电感电压 $v_{cb} = -V_o'$，电感向负载传输功率。

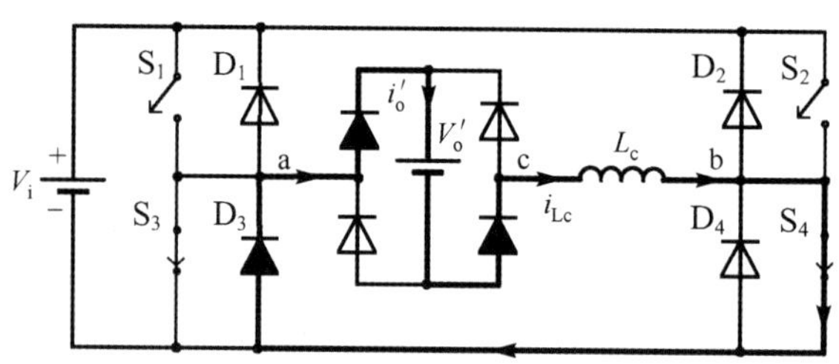

图 7.7 CCM 下，第 4 个时区的等效电路图

5．时区 Δt_5（时区 5，$t_4 \leqslant t \leqslant t_5$）

此时区的等效电路图如图 7.8 所示，开始于时刻 $t = t_4$，此时开关管 S_4 关断，S_2 导通。因为电感电流仍然为正［$i_{Lc}(t_4) = +I_1$］，电流流入二极管 D_2 和 D_3，$v_{ab} = -V_i$ 且电感电压 $v_{cb} = -V_i - V_o'$。所以电感向负载和直流母线 V_i 传输能量。

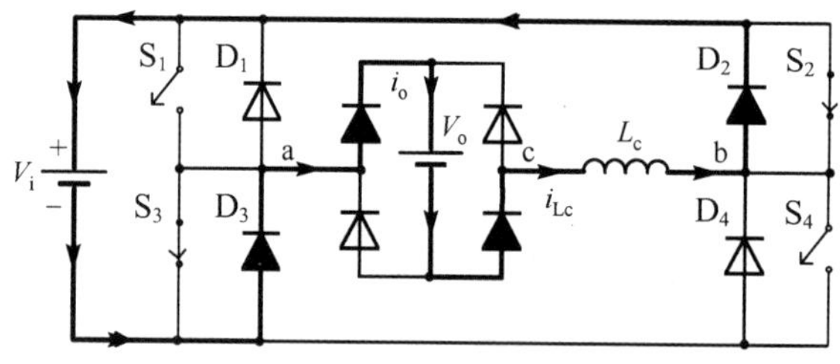

图 7.8 CCM 下，第 5 个时区的等效电路图

6．时区 Δt_6（时区 6，$t_5 \leqslant t \leqslant t_6$）

此时区的等效电路图如图 7.9 所示。它开始于时刻 $t = t_5$，此时电感电流 i_{Lc} 为零［$i_{Lc}(t_5) = 0$］，因为电感电流负向变化，二极管 D_2 和 D_3 关断，开关管 S_2 和 S_3 导通。电压 $v_{ab} = -V_i$，且电感电压 $v_{cb} = -V_i + V_o'$，直流母线向负载和电感 L_c 传输能量。CCM 下，一个完整开关周期的相关波形和时序图如图 7.10 所示。

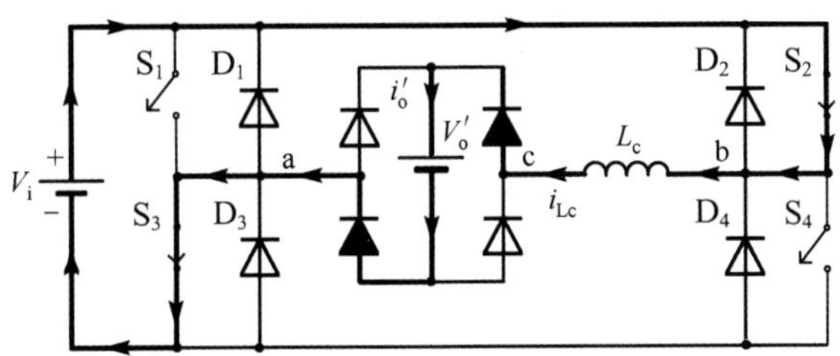

图 7.9　CCM 下，第 6 个时区的等效电路图

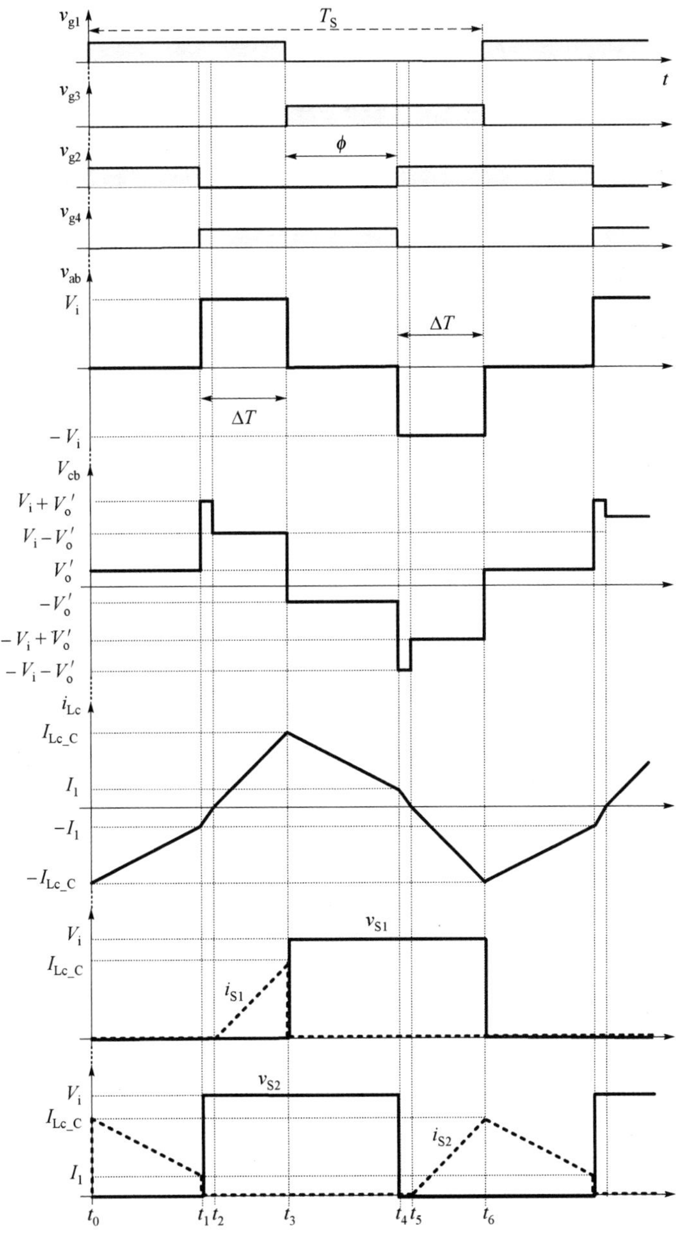

图 7.10　CCM 下，一个完整开关周期的相关波形和时序图

7.2.2　DCM 情形

一个开关周期被分成 6 个子时区，每个时区代表着不同的工作状态。在 DCM 下，整流管只在 4 个时区有电流流过，而在 Δt_2 和 Δt_5 时区内电感电流保持为零。

1．时区 Δt_1（时区 1，$t_0 \leqslant t \leqslant t_1$）

如图 7.11 所示，第 1 时区开始于时刻 $t = t_0$，此时开关管 S_1 导通，S_3 关断。虽然 S_1 导通，但因为电流 i_{Lc} 为负 $[i_{Lc}(t_0) = -I_{Lc\_D}]$，所以 S_1 上仍然没有电流流过。因此，二极管 D_1 和 S_2 一起导通（在此时区开始之前）。电压 $v_{ab} = 0$，且电感电压 $v_{cb} = V_o'$，电感向负载传输功率。

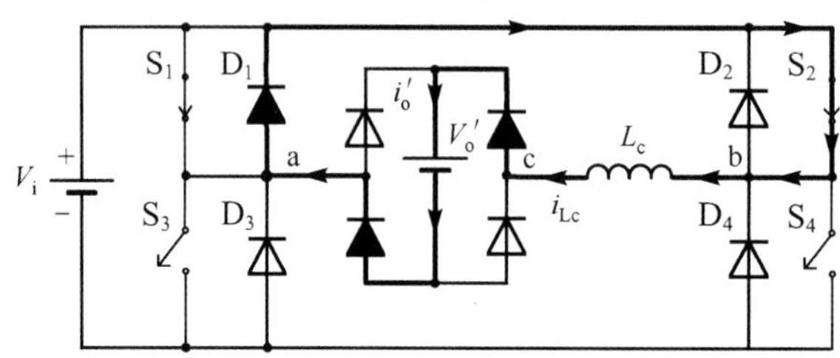

图 7.11　DCM 下，第 1 个时区的等效电路图

2．时区 Δt_2（时区 2，$t_1 \leqslant t \leqslant t_2$）

此时区的等效电路图如图 7.12 所示，开始于时刻 $t = t_1$，这时电感电流达到零 $[i_{Lc}(t_1) = 0]$，二极管 D_1 和 S_2 关断。没有电流流入电路，$v_{ab} = 0$ 且 $v_{cb} = 0$。

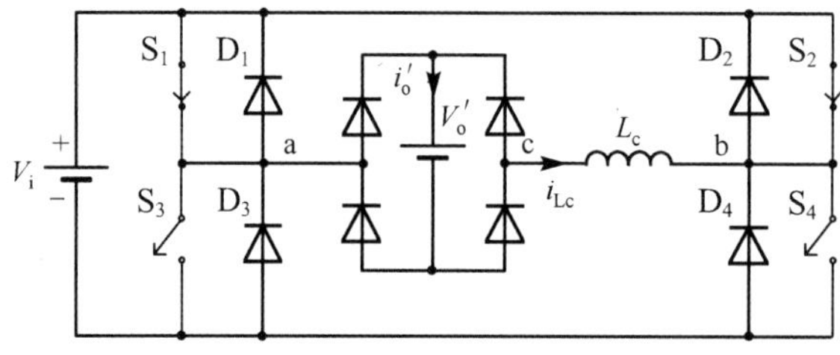

图 7.12　DCM 下，第 2 个时区的等效电路图

3．时区 Δt_3（时区 3，$t_2 \leqslant t \leqslant t_3$）

此时区的等效电路图如图 7.13 所示。当 S_4 导通，S_2 关断时，时刻 $t = t_2$。因为电流为正，它流入开关管 S_1 和 S_4。在此时区内，电压 $v_{ab} = V_i$，且电感电压 $v_{cb} = V_i - V_o'$，这样直流母线向负载和电感 L_c 传输能量。

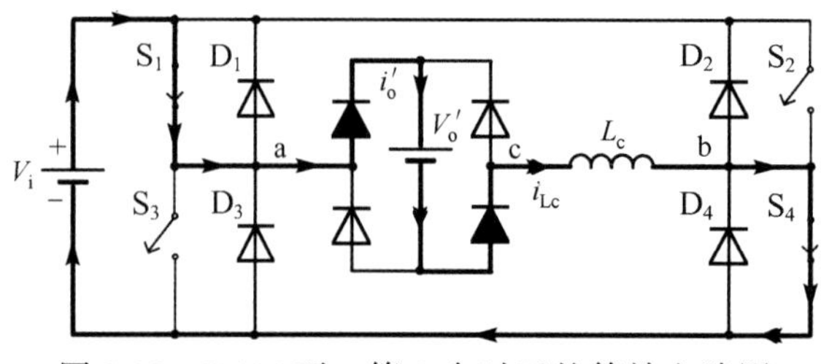

图 7.13　DCM 下，第 3 个时区的等效电路图

4．时区 Δt_4（时区 4，$t_3 \leqslant t \leqslant t_4$）

此时区开始于 $t = t_3$ 时刻，此时开关管 S_1 关断，S_3 导通。因为开关管是单向导通的，所以此时 S_3 上没有电流流过。电流流经 D_3 和 S_4（已经导通），如图 7.14 所示。电压 $v_{ab} = 0$ 且电感电压 $v_{cb} = -V_o'$，电感向负载传输功率。

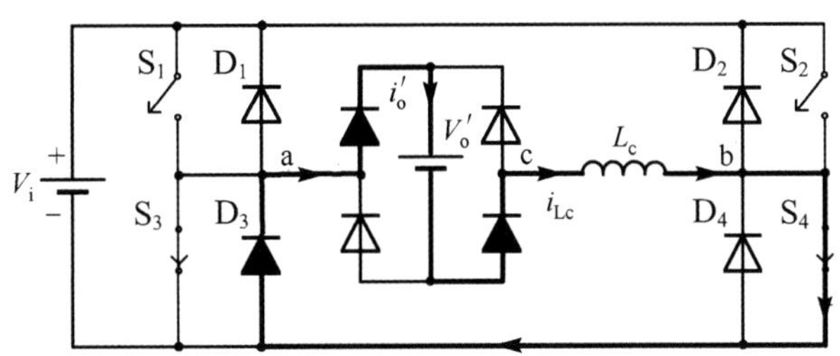

图 7.14　DCM 下，第 4 个时区的等效电路图

5．时区 Δt_5（时区 5，$t_4 \leqslant t \leqslant t_5$）

此时区的等效电路图如图 7.15 所示，开始于时刻 $t = t_4$，此时电感电流达到零［$i_{Lc}(t_1) = 0$］。此时没有电流流入电路中，在这个时区内 $v_{ab} = 0$ 且 $v_{cb} = 0$。

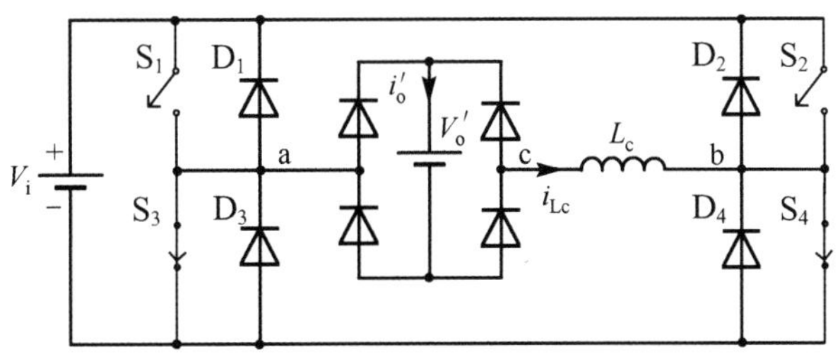

图 7.15　DCM 下，第 5 个时区的等效电路图

6．时区 Δt_6（时区 6，$t_5 \leqslant t \leqslant t_6$）

此时区的等效电路图如图 7.16 所示。它开始于时刻 $t = t_5$，此时开关管 S_4 关断，S_2 导通。电感电流流入开关管 S_2 和 S_3，并且电流负向变化。电压 $v_{ab} = -V_i$ 且电感电压 $v_{cb} = -V_i + V_o'$，直流母线向负载和电感传输能量。DCM 下的相关波形如图 7.17 所示。

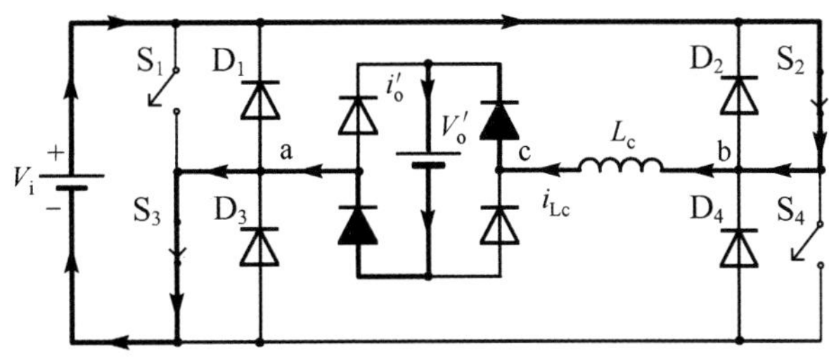

图 7.16　DCM 下，第 6 个时区的等效电路图

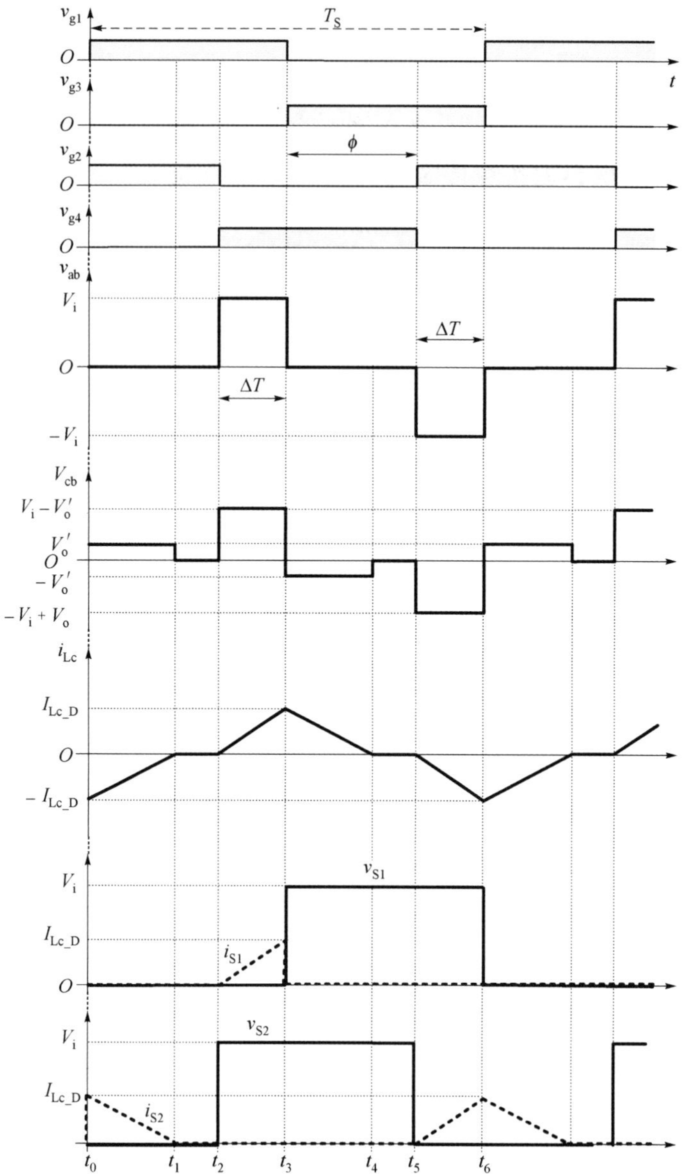

图 7.17 DCM 下，一个完整开关周期的相关波形和时序图

7.3 数学分析

在本节中，详细推导了 FB-ZVS-PWM 的换流电流（I_1 和 I_{Lc}）、输出特性和电感 RMS 电流。

7.3.1 换流电流

本节分析了在 CCM 和 DCM 下，超前桥臂和滞后桥臂的换流电流 I_{Lc} 和 I_1。换流时区没有考虑在内，这是因为相对于其他时区换流过程很迅速，可以认为在换流过程中电感电流维持恒定。

1. CCM

在 CCM 下，开关管 S_1 和 S_3 以电感峰值电流 I_{Lc_C} 换流，而开关管 S_2 和 S_4 以一个较小的电流 I_1 换流，所以此换流过程比较临界。

我们来分析 7.2.1 节中图 7.5 所示的第 2 个时区内 $(t_1 \leqslant t \leqslant t_2)$ 的过程，可以得到如下电路方程

$$(V_i + V_o') = L_c \frac{di_{Lc}(t)}{dt} \tag{7.1}$$

对式 (7.1) 从 t_1 到 t_2 进行积分，有

$$(V_i + V_o') \int_{t_1}^{t_2} dt = L_c \int_{-I_1}^{0} dt \tag{7.2}$$

求解 I_1

$$I_1 = \frac{V_i + V_o'}{L_k} \Delta t_2 \tag{7.3}$$

在 CCM 下 (7.2.1 节图 7.6) 的第 3 个时区 $(t_2 \leqslant t \leqslant t_3)$ 中，有

$$V_i - V_o' = L_c \frac{di_{Lc}(t)}{dt} \tag{7.4}$$

对式 (7.4) 从 t_2 到 t_3 进行积分，可得

$$(V_i - V_o') \int_{t_2}^{t_3} dt = L_c \int_{0}^{I_{Lc\_C}} dt \tag{7.5}$$

求解定积分，可以得到 CCM 下的峰值电感电流 (I_{Lc_C}) 如下

$$I_{Lc\_C} = \frac{V_i - V_o'}{L_c} \Delta t_3 \tag{7.6}$$

而在 CCM 下的第 4 个时区 $(t_3 \leqslant t \leqslant t_4)$ 的工作过程，可以有如下式

$$-V_o' = L_c \frac{di_{Lc}(t)}{dt} \tag{7.7}$$

同样对式 (7.7) 从 t_3 到 t_4 积分有

$$\int_{t_3}^{t_4} V_o' dt = -L_c \int_{I_{Lc\_C}}^{I_1} di \tag{7.8}$$

求解此定积分并分离出 I_1

$$I_1 = I_{Lc\_C} - \frac{V_o'}{L_c} \Delta t_4 \tag{7.9}$$

因为 FB-ZVS-PWM 在一个开关周期内是对称的，所有这些时区是等效的，因此有 $\Delta t_1 = \Delta t_4$，$\Delta t_2 = \Delta t_5$，$\Delta t_3 = \Delta t_6$。

$v_{ab} = \pm V_i$ 的时间段定义为 ΔT，如图 7.10 所示，所以有

$$\Delta T = \Delta t_3 + \Delta t_2 \tag{7.10}$$

$$\frac{T_s}{2} = \Delta T + \Delta t_4 \tag{7.11}$$

分离出 Δt_4 有

$$\Delta t_4 = \frac{T_s}{2} - \Delta T \tag{7.12}$$

静态增益和占空比计算如下：

$$q = \frac{V_o'}{V_i} \tag{7.13}$$

$$D = \frac{2\Delta T}{T_s} \tag{7.14}$$

将式(7.3)、式(7.6)和式(7.12)代入式(7.9)，可得

$$\left(\frac{V_i + V_o'}{L_c}\right)\Delta t_2 = \left(\frac{V_i - V_o'}{L_c}\right)\Delta t_3 - \frac{V_o'}{L_c}\left(\frac{T_s}{2} - \Delta T\right) \tag{7.15}$$

将式(7.10)代入式(7.15)，可得 Δt_3 为

$$\Delta t_3 = \frac{\Delta T}{2} + \frac{V_o'}{V_i}\frac{T_s}{4} \tag{7.16}$$

将式(7.13)和式(7.14)代入式(7.16)，可以得到归一化的第 3 个时区的时长为

$$\overline{\Delta t_3} = \frac{\Delta t_3}{T_s} = \frac{D + q}{4} \tag{7.17}$$

将式(7.17)和式(7.14)代入式(7.10)，可以得到归一化的第 5 个时区的时长为

$$\overline{\Delta t_5} = \frac{\Delta t_5}{T_s} = \frac{D - q}{4} \tag{7.18}$$

将式(7.17)代入式(7.6)，可以得到 CCM 下电感峰值电流 $I_{\mathrm{Lc\_C}}$

$$I_{\mathrm{Lc\_C}} = \frac{V_i - V_o'}{L_c}\frac{D + q}{4}T_s \tag{7.19}$$

对其进行归一化处理有

$$\overline{I_{\mathrm{Lc\_C}}} = \frac{I_{\mathrm{Lc\_C}}4f_sL_c}{V_i} = (1 - q)(D + q) \tag{7.20}$$

将式(7.18)代入式(7.3)，可以得到 I_1

$$I_1 = T_s\frac{V_i + V_o'}{L_c}\frac{D - q}{4} \tag{7.21}$$

进行归一化处理有

$$\overline{I_1} = \frac{I_1 4 f_s L_c}{V_i} = (1 + q)(D - q) \tag{7.22}$$

2．DCM

在 DCM 下，开关管 S_1 和 S_3 以电感峰值电流 $I_{\mathrm{Lc\_D}}$ 换流，而开关管 S_2 和 S_4 换流的电感电流为零，所以没有能量对电容 C_2 和 C_4 进行充放电，这样在此桥臂上换流是有损耗的。

分析 7.2.2 节中图 7.13 的第 3 个时区（$t_2 \leqslant t \leqslant t_3$）时的情况，可以得到如下电路方程：

$$V_{\mathrm{i}} - V_{\mathrm{o}}' = L_{\mathrm{c}} \frac{\mathrm{d}i_{\mathrm{Lc}}(t)}{\mathrm{d}t} = \frac{L_{\mathrm{c}} I_{\mathrm{Lc\_D}}}{\Delta T} \tag{7.23}$$

将式(7.14)代入式(7.23)，有

$$I_{\mathrm{Lc\_D}} = \frac{(V_{\mathrm{i}} - V_{\mathrm{o}}')DT_{\mathrm{s}}}{L_{\mathrm{c}} 2} \tag{7.24}$$

归一化处理得

$$\overline{I_{\mathrm{Lc\_D}}} = \frac{I_{\mathrm{Lc\_D}} 4 f_{\mathrm{s}} L_{\mathrm{c}}}{V_{\mathrm{i}}} = 2(1-q)D \tag{7.25}$$

图 7.18 为在 CCM 和 DCM 下，开关管 S_1 和 S_3 的归一化换流电流 $\overline{I_{\mathrm{Lc}}}$ 与静态增益 q 的关系（以占空比 D 为参变量），可以看到，随着占空比降低（输出功率降低），换流电流 I_{Lc} 同样减小，对电容 C_1 和 C_3 的充放电时间也增加，这样在所有的负载范围内可能不能实现软开关换流。如果选择一个较小的静态增益（合理的变压器匝数比），在滞后桥臂上可以在较宽负载范围内实现软开关换流，但同时，较小的静态增益意味着较大的电流，这样会导致开关管导通损耗增加。

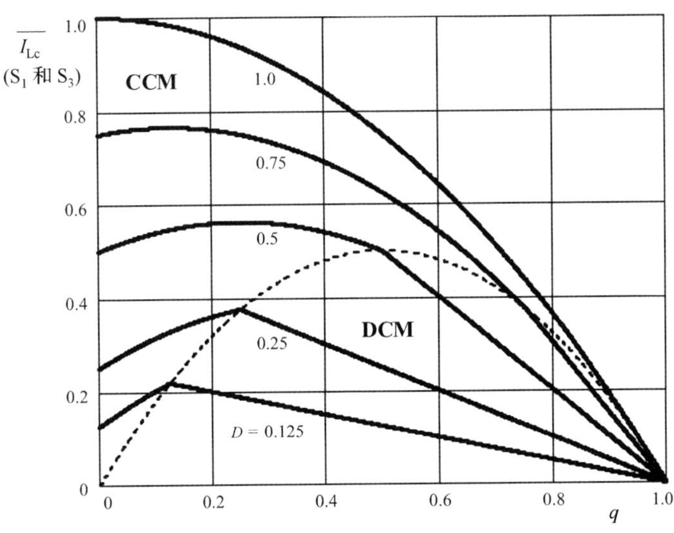

图 7.18　在 CCM 和 DCM 下，开关管 S_1 和 S_3 的归一化换流电流与静态增益 q 的关系曲线（以占空比 D 为参变量）

图 7.19 为在 CCM 下，开关管 S_2 和 S_4 的归一化换流电流 $\overline{I_1}$ 与静态增益 q 的关系（以占空比 D 为参变量），可以看到，因为 I_1 比电感峰值电流 I_{Lc} 小，开关管 S_2 和 S_4 相对于开关管 S_1 和 S_3，其换流电流要大得多。对于一个给定的静态增益，随着占空比降低（输出功率降低），换流电流 I_1 也降低，对电容 C_2 和 C_4 的充放电时间也增加，这样在所有的负载范围内可能不能实现软开关换流。如果选择一个较小的静态增益（合理的变压器匝数比），在超前桥臂上可以在较宽负载范围内实现软开关换流，在 DCM 过程中，当开关管 S_2 和 S_4 换流时，电感电流为零，此时没有能量给电容充放电，所以换流过程是有损耗的。

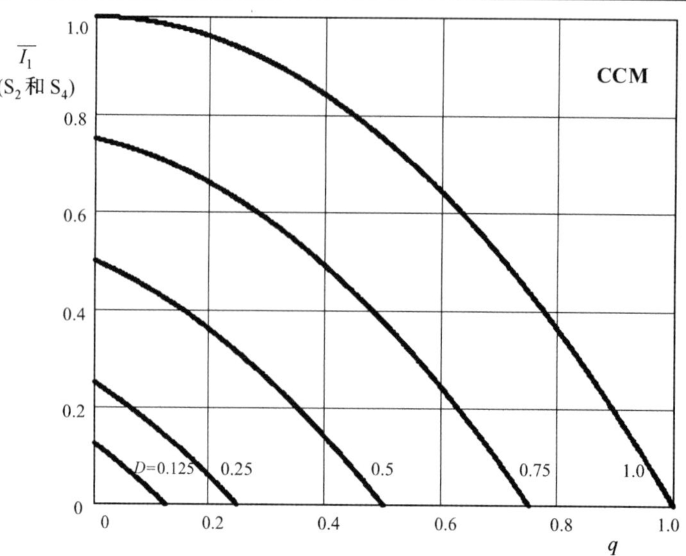

图 7.19 在 CCM 下，开关管 S_2 和 S_4 归一化换流电流 $\overline{I_1}$ 与静态增益 q 的关系曲线(以占空比 D 为参变量)

7.3.2 输出特性

本节分析 FB-ZVS-PWM 的输出特性，包括在 CCM 和 DCM 下的情况。并没有考虑换流时区。

1. CCM(电感电流连续模式)

在 CCM 下，折算到原边侧的负载输出电流的波形如图 7.20 所示。

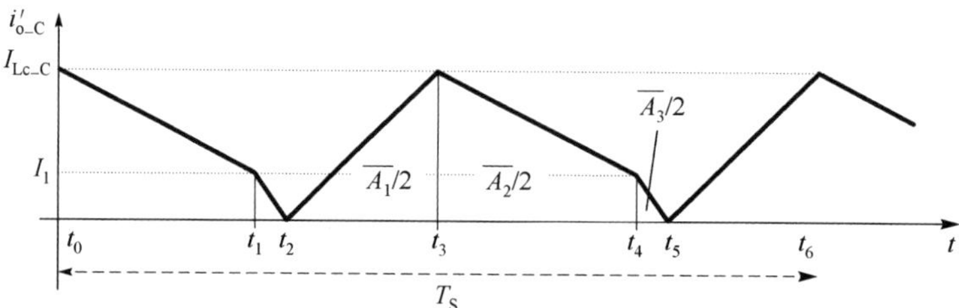

图 7.20 在 CCM 下，折算到原边侧的负载输出电流的波形

归一化面积 $\overline{A_1}$ 计算如下：

$$\overline{A_1}=\frac{2}{T_s}\frac{I_{Lc\_C}\Delta t_3}{2} \tag{7.26}$$

其中，$\Delta t_3 = t_3 - t_2$。

将式(7.17)和式(7.20)代入式(7.26)可得

$$\overline{A_1}=\frac{V_i}{16L_c f_s}(1-q)(D+q)^2 \tag{7.27}$$

对面积 $\overline{A_2}$ 进行归一化可得

$$\overline{A_2}=\frac{2}{T_s}\frac{(I_1+I_{Lc\_C})\Delta t_4}{2} \tag{7.28}$$

将式(7.14)代入式(7.12)，第 4 个时区的时长 Δt_4 为

$$\Delta t_4=\frac{T_s}{2}-\Delta T=\frac{T_s}{2}(1-D) \tag{7.29}$$

将式(7.19)、式(7.21)和式(7.29)代入式(7.28)，同样可以得到 $\overline{A_2}$ 的表达式为

$$\overline{A_2}=\frac{V_i}{8f_sL_c}(1-D)\left[(1+q)(D-q)+(1-q)(D+q)\right] \tag{7.30}$$

归一化面积 $\overline{A_3}$ 计算如下：

$$\overline{A_3}=\frac{2}{T_s}\frac{I_1\Delta t_5}{2} \tag{7.31}$$

将式(7.22)和式(7.18)代入式(7.31)，有

$$\overline{A_3}=\frac{V_i}{16f_sL_c}(1+q)(D-q)^2 \tag{7.32}$$

平均负载输出电流是归一化面积 $\overline{A_1}$、$\overline{A_2}$、$\overline{A_3}$ 之和，可得

$$I'_{oC}=\frac{V_i}{8}\frac{1}{f_sL_c}(2D-D^2-q^2) \tag{7.33}$$

归一化处理后可得

$$\overline{I'_{oC}}=\frac{I'_{oC}4f_sL_c}{V_i}=\frac{D(2-D)-q^2}{2} \tag{7.34}$$

式(7.34)为在 CCM 下，折算到原边侧的归一化负载电流，它是占空比 D 和静态增益 q 的函数。

2．DCM(电感电流断续模式)

在 DCM 下，折算到原边侧输出电流的负载的波形如图 7.21 所示。

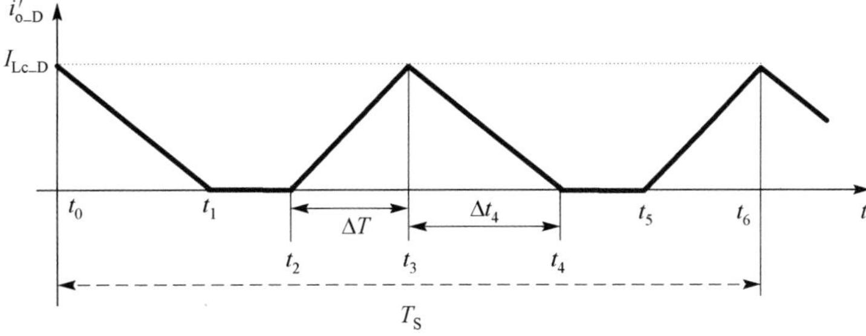

图 7.21　DCM 下，折算到原边侧的负载输出电流的波形

第 4 个时区可以写为

$$V_o' = -L_r \frac{\mathrm{d}i_{Lc}(t)}{\mathrm{d}t} = -L_c \frac{-I_{Lc\_D}}{\Delta t_4} \tag{7.35}$$

DCM 下，分离出电感峰值电流

$$I_{Lc\_D} = \frac{V_o'\Delta t_4}{L_c} \tag{7.36}$$

式(7.36)和式(7.24)等价

$$I_{Lc\_D} = \frac{V_o'\Delta t_4}{L_c} = \frac{V_i - V_o'}{L_c}\Delta T \tag{7.37}$$

将式(7.14)代入式(7.37)可得第 4 个时区长度为

$$\Delta t_4 = \frac{1-q}{q}\frac{DT_s}{2} \tag{7.38}$$

DCM 下平均负载输出电流可以计算如下：

$$I_{o\,D}' = \frac{2}{T_s}\left[\frac{I_{Lc\_D}\Delta T}{2} + \frac{I_{Lc\_D}\Delta t_4}{2}\right] \tag{7.39}$$

将式(7.37)、式(7.38)代入式(7.39)可得

$$I_{o\,D}' = \frac{1-q}{q}\frac{V_i}{L_c}\frac{D^2}{4f_s} \tag{7.40}$$

归一化处理得

$$\overline{I_{o\,D}'} = \frac{\overline{I_{o\,D}'}4L_c f_s}{V_i} = D^2\left(\frac{1-q}{q}\right) \tag{7.41}$$

式(7.41)为折算到变压器原边侧的归一化负载输出电流，在 DCM 下，它是占空比 D 和静态增值 q 的函数。

3．CRM(电感电流临界模式)

在 CRM 下，第 5 个时区 $\Delta t_5 = 0$，因此有

$$\frac{\Delta t_5}{T_s} = \frac{D-q}{4} = 0 \tag{7.42}$$

从这里可以得到 CCM 和 DCM 的临界条件

$$D = q \tag{7.43}$$

将式(7.43)代入式(7.41)或式(7.34)，可以得到在 CRM 时归一化平均输出电流的表达式

$$\overline{I_{o\,L}'} = \frac{\overline{I_{o\,L}'}4L_c f_s}{V_i} = q - q^2 \tag{7.44}$$

FB-ZVS-PWM 变换器在 CCM[式(7.36)]和 DCM[式(7.41)]下的输出特性，以及两种模式下的限值[式(7.44)]如图 7.22 的虚线所示。静态增益越小，CCM 下负载范围和软开关换流范围也越宽。但是，较低的静态增益意味着更大的电流，以及更大的导通损耗。

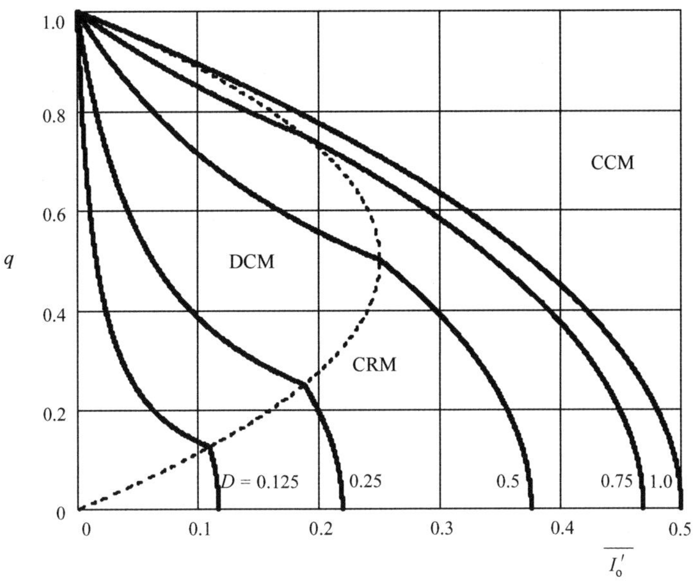

图 7.22　FB-ZVS-PWM 归一化输出特性

7.3.3　电感 RMS 电流

1. CCM

在 CCM 下，电感的 RMS 电流计算如下：

$$I_{\mathrm{LcRMS\_C}}(q)=\sqrt{\frac{2}{T_s}\left[\int_0^{\Delta t_3}\left(I_{\mathrm{Lc\_C}}\frac{t}{\Delta t_3}\right)^2\mathrm{d}t+\int_0^{\Delta t_4}\left(I_{\mathrm{Lc\_C}}+(I_1-I_{\mathrm{Lc\_C}})\frac{t}{\Delta t_4}\right)^2\mathrm{d}t\right]} \tag{7.45}$$

对式(7.45)进行归一化处理有

$$\overline{I_{\mathrm{LcRMS\_C}}(q)}=\frac{I_{\mathrm{LcRMS\_C}}4f_sL_c}{V_i}=\frac{(1-q)^2(D+q)^3+(1+q)^2(D-q)^3}{6}+\frac{4(1-D)(D-q^2)^2}{3} \tag{7.46}$$

2. DCM

在 DCM 下，电感的 RMS 电流计算如下：

$$I_{\mathrm{LcRMS\_D}}(q)=\sqrt{\frac{2}{T_s}\left[\int_0^{\Delta T}\left(I_{\mathrm{Lc\_D}}\frac{t}{\Delta T}\right)^2\mathrm{d}t+\int_0^{\Delta t_2}\left(I_{\mathrm{Lc\_D}}-I_{\mathrm{Lc\_D}}\frac{t}{\Delta t_2}\right)^2\mathrm{d}t\right]} \tag{7.47}$$

对式(7.47)进行归一化处理有

$$\overline{I_{\mathrm{LcRMS\_D}}(q)}=\frac{I_{\mathrm{LcRMS\_D}}4f_sL_c}{V_i}=2\sqrt{2}D(1-q)\sqrt{\frac{D}{6q}} \tag{7.48}$$

CCM，DCM，CRM(虚线所示，使 $D=q$)下，电感 RMS 电流如图 7.23 所示。可以看到，静态增益越小(更宽的软开关换流范围)，电感 RMS 电流越大。

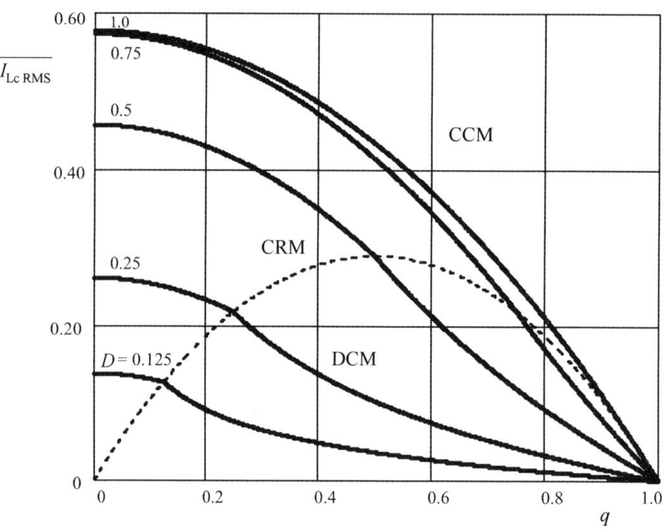

图 7.23 CCM 和 DCM 下的电感 RMS 电流与静态增益 q 的关系曲线(以占空比 D 为参变量)

7.4 换流分析

本节增加了开关管的并联电容，并考虑到死区时间，可以用于分析软开关的换流现象，但这会额外增加 4 个小的时区(无论 CCM 还是 DCM)。总之，通过合理的设计，并联电容可以在较宽负载范围内实现零电压开关(ZVS)。

7.4.1 CCM

在 CCM 下，超前桥臂 S_1 和 S_3 以最大电感电流进行换流，而滞后桥臂 S_2 和 S_4 以一个相对较小的电流 I_1 进行换流(如图 7.10 所示)。相对于 7.2.1 节所分析的情况，此时又增加了另外 4 个时区，它们是在开关管死区时间内产生的。在死区时间的这些小时区相对于其他 6 个时区来说很短，电感电流可以认为是恒定的，并联的电容必须完全充放电才能实现软开关换流。

图 7.24 为第 1 个换流时区内的等效电路图，它发生在 7.2.1 节中的时区 Δt_1 和 Δt_2 之间，此时开关管 S_2 关断但 S_4 还没有导通(死区时间)。在此时区内，电感电流为 I_1，而其一半

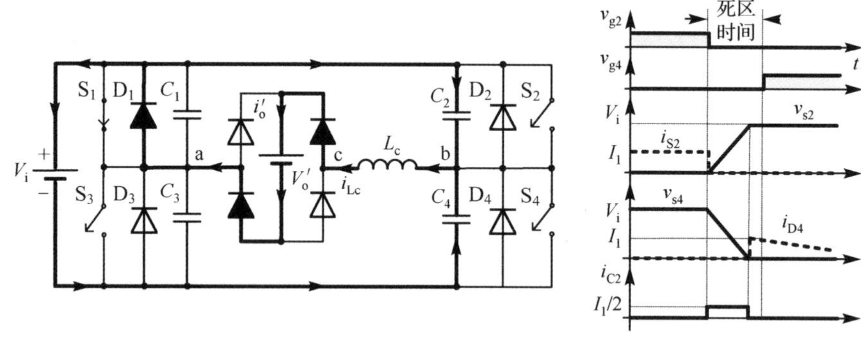

图 7.24 第 1 个换流时区内的等效电路图和相关波形

的电流 $I_1/2$ 流入其中的一个电容，将电容 C_2 从零充电到 V_i，并将电容 C_4 从 V_i 放电到零，

电压变化都是线性的。图 7.24 同样给出了开关管 S_2 和 S_4 可能存在的软开关换流过程的相关波形。只要电容 C_4 完全放电，二极管 D_4 和 D_1 即导通（7.2.1节所示时区 2）。为了确保软开关，电容必须在死区时间结束前完成充放电。

第 2 个换流时区内的等效电路图如图 7.25 所示，发生在时区 Δt_3 和 Δt_4 之间（见 7.2.1 节），此时开关管 S_1 关断，但开关管 S_3 还未导通（死区时间）。在此时区内电感电流为最大值 I_{Lc_C}，每个电容流入一半的电流 $I_{Lc\_C}/2$，将 C_1 从零充电到 V_i，并将 C_3 从 V_i 放电到零，电压也是线性变化的。因为电感峰值电流比 I_1 大，C_1 和 C_3 的充放电速度快于 C_2 和 C_4。图 7.25 同样给出了 S_1 和 S_3 可能出现的软开关换流过程的相关波形。在此时刻 C_3 被充满电，D_3 和 S_4 开始流过电感电流（见 7.2.1 节时区 Δt_4）。

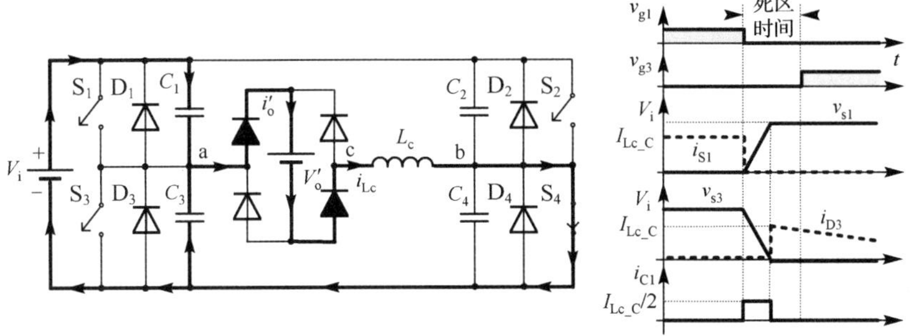

图 7.25　第 2 个换流时区内的等效电路图和相关波形

图 7.26 为第 3 个换流时区内的等效电路图和相关波形，它发生在 7.2.1 节的时区 Δt_4 和时区 Δt_5 之间，当开关管 S_4 关断，但 S_2 还未导通时（死区时间）。此时区与图 7.24 中的第 1 个时区类似。

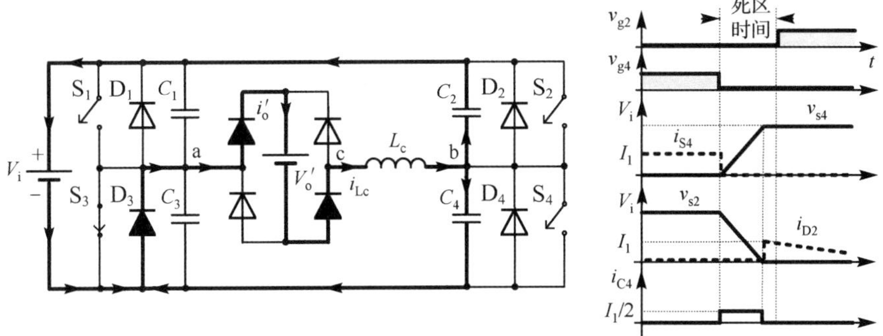

图 7.26　第 3 个换流时区内的等效电路图和相关波形

第 4 个换流时区内的等效电路图和相关波形如图 7.27 所示，发生在时区 Δt_6 和 Δt_1 之间（见 7.2.1 节），此时开关管 S_3 关断，但开关管 S_1 还未导通（死区时间）。此时区与图 7.25 中的第 2 个时区类似。

可以看到，在第 4 个换流时区内，滞后桥臂以一个较小的电流 I_1 换流，所以其换流更为临界。因为 I_1 在 CRM 下达到零，此时 S_2 和 S_4 不再是软开关换流，所以不可能保证两个桥臂在所有 CCM 负载范围内实现软开关换流。对于给定的死区时间和负载范围，桥臂电容必须以更为临界的情形进行计算：

$$C_1 = C_2 = C_3 = C_4 = \frac{I_1 t_d}{V_i} \tag{7.49}$$

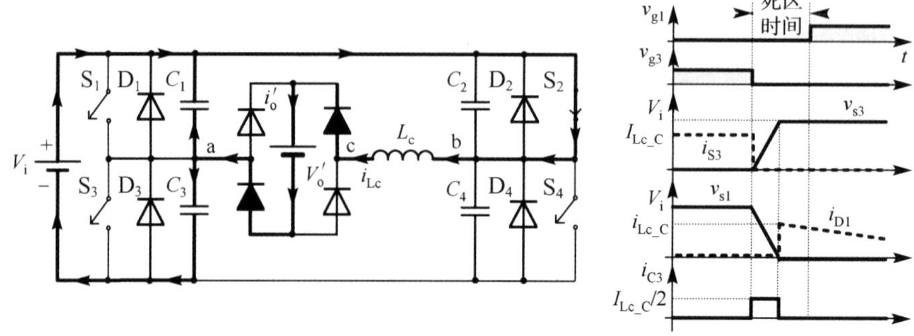

图 7.27 第 4 个换流时区内的等效电路图和相关波形

7.4.2 DCM

在 DCM 下，超前桥臂 S_1 和 S_3 以电感峰值电流 I_{Lc_D} 进行换流，滞后桥臂 S_2 和 S_4 为有损耗的换流，因为电感电流在换流时为零，所以没有能量对电容进行充放电。

7.5 简化设计方法和换流参数计算实例

表 7.1 变换器的参数规格

直流输入电压 V_i	400 V
直流输出电压 V_o	50 V
直流输出电流 I_o	10 A
输出功率 P_o	500 W
开关频率 f_s	40 kHz
死区时间 t_d	500 ns
超前桥臂 S_1 和 S_3 软开关换流范围	30% ~ 100% P_o

在本节中，根据前述章节的数学分析方法，为读者呈现一种设计方法和实例。变换器的参数规格如表 7.1 所示。

本例选取了一个较小的静态增益 $q=0.4$，所以在 CCM 中可以获得较宽的负载范围，即实现较宽负载范围内的软开关换流。折算到原边侧的输出直流电压 V_o' 为

$$V_o' = V_i q = 400 \times 0.4 = 160 \text{ V}$$

变压器匝数比 n 和折算到原边侧的输出电流 I_o' 为

$$n = \frac{V_o'}{V_o} = \frac{160}{50} = 3.2$$

$$I_o' = \frac{I_o}{n} = \frac{10}{3.2} = 3.125 \text{ A}$$

假设在额定功率下占空比 $D=0.9$，折算到原边侧的归一化输出电流为

$$\overline{I_{oC}'} = \frac{I_{oC}' 4 f_s L_c}{V_i} = \frac{D(2-D)-q^2}{2} = \frac{0.9\times(2-0.9)-0.4^2}{2} = 0.415$$

可以得到电感量为

$$L_c = \frac{0.415\times 400}{3.125\times 4\times 40\times 10^3} = 332\ \mu\text{H}$$

电感的 RMS 电流计算如下

$$\overline{I_{\text{Lc RMS\_C}}} = \frac{(1-q)^2(D+q)^3 + (1+q)^2(D-q)^3}{6} + \frac{4(1-D)(D-q^2)^2}{3} = 0.496$$

$$I_{\text{Lc RMS\_C}} = \frac{\overline{I_{\text{Lc RMS\_C}}} V_{\text{i}}}{4 f_{\text{s}} L_{\text{c}}} = \frac{400}{4\times 40\times 10^3 \times 332\times 10^{-6}} = 3.732\ \text{A}$$

开关管 S_1 和 S_3 的换流电流 $I_{\text{Lc\_C}}$，以及开关管 S_2 和 S_4 的换流电流 I_1，在额定功率时分别为

$$\overline{I_{\text{Lc\_C}}} = (1-q)\times(D+q) = 0.78$$

$$I_{\text{Lc\_C}} = \frac{\overline{I_{\text{Lc\_C}}} V_{\text{i}}}{4 f_{\text{s}} L_{\text{c}}} = \frac{0.78\times 400}{4\times 40\times 10^3 \times 332\times 10^{-6}} = 5.873\ \text{A}$$

$$\overline{I_1} = (1+q)\times(D-q) = 0.7$$

$$I_1 = \frac{\overline{I_1} V_{\text{i}}}{4 f_{\text{s}} L_{\text{c}}} = \frac{0.7\times 400}{4\times 40\times 10^3 \times 332\times 10^{-6}} = 5.271\ \text{A}$$

CCM 和 DCM 的限值（$D=q$）为

$$I'_{\text{o L}} = \frac{q(2-q)-q^2}{2} \times \frac{V_{\text{i}}}{4 f_{\text{s}} L_{\text{c}}}$$

$$I'_{\text{o L}} = \frac{0.4\times(2-0.4)-0.4^2}{2} \times \frac{400}{4\times 40\times 10^3 \times 332\times 10^{-6}} = 1.807\ \text{A}$$

得到输出功率为

$$P_{\text{o L}} = I'_{\text{o L}} \times V'_{\text{o}} = 1.807\times 160 = 289.16\ \text{W}$$

与开关管并联的电容必须使得超前桥臂在 30%以上额定功率（150 W）时实现软开关换流。因为当为临界模式时输出功率为 289.16 W，滞后桥臂 S_2 和 S_4 将在 30%额定负载时进行有损换流，因为电感电流达到零，所以没有能量向电容 C_2 和 C_4 充放电。为了保证超前桥臂在 30%额定功率时实现软开关换流，计算需要的换流电容如下：

$$C_1 = C_2 = C_3 = C_4 = C = \frac{I_{\text{Lc\_D}}}{2} \times \frac{t_{\text{d}}}{V_{\text{i}}} = \frac{2.44}{2} \times \frac{500\times 10^{-9}}{400} \cong 1.5\ \text{nF}$$

加上这些电容后，滞后桥臂可在 70%以上额定功率时实现软开关换流，计算如下：

$$L_{\text{1\_L}} = \frac{2CV_{\text{i}}}{t_{\text{d}}} = \frac{2\times 1.5\times 10^{-9}\times 400}{500\times 10^{-9}} = 2.44\ \text{A}$$

$$\overline{L_{\text{1\_L}}} = \frac{I_{\text{1\_L}} 4 L_{\text{c}} f_{\text{s}}}{V_1} = \frac{2.44\times 4\times 332\times 10^{-6}\times 40\times 10^3}{400} = 0.324$$

7.6　仿真结果

图 7.28 所示的 FB-ZVS-PWM 变换器，对应 7.5 节的设计参数，死区时间为 500 ns，进行仿真验证。图 7.29 为交流电压 v_{ab}，v_{ac}，v_{bc}，以及电感电流 i_{Lc}，表 7.2 给出了在额定功率下理论结果和仿真结果的对比。

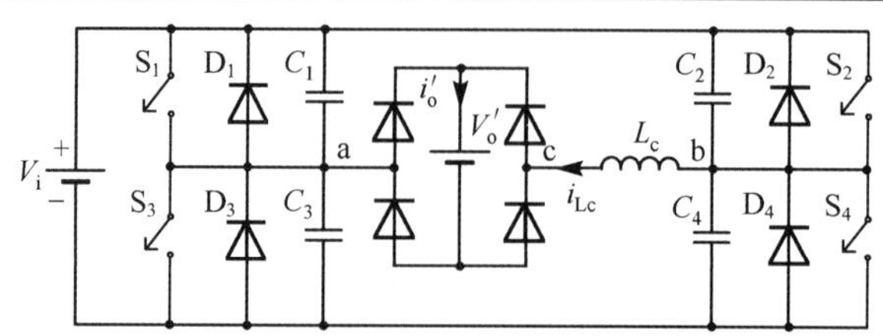

图 7.28 仿真所用的 FB-ZVS-PWM 变换器电路图

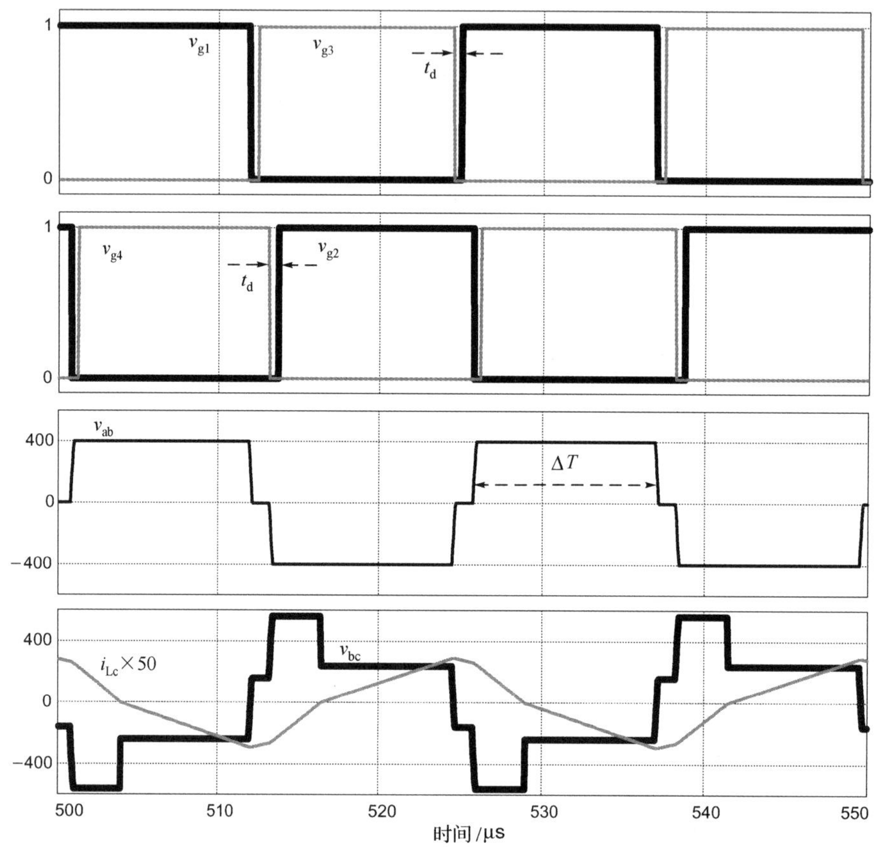

图 7.29 FB-ZVS-PWM 变换器仿真波形：开关管驱动信号，电压 v_{ab}， v_{ac}， v_{bc} 和电感电流 i_{Lc}

表 7.2 在 CCM 下，理论值和仿真结果对比

	理 论 值	仿真结果
I'_{o_C}[A]	3.125	3.123
I_1[A]	5.271	5.286
I_{Lc_C}[A]	5.873	5.849
$I_{Lc\,RMS\_C}$[A]	3.732	3.589
P_o[W]	500	499.783

图 7.30 和图 7.31 给出了在额定功率下开关管 S_1（超前桥臂）和 S_2（滞后桥臂）上的软开关换流过程。因为电容的选择能够让 30%的额定功率实现软开关，所以两个桥臂的电容充放电能够在死区结束前完成。滞后桥臂上的电流 $I_1/2$ 和超前桥臂相比，充放电电流要小，所以所需的换流时间也长。

图 7.32 为开关管 S_1 在 30%额定功率时的详细换流情况。可以看到，电容 C_1 在整个死区时间充电。在 30%额定负载以下，开关管 S_1 换流将会是有损耗的。

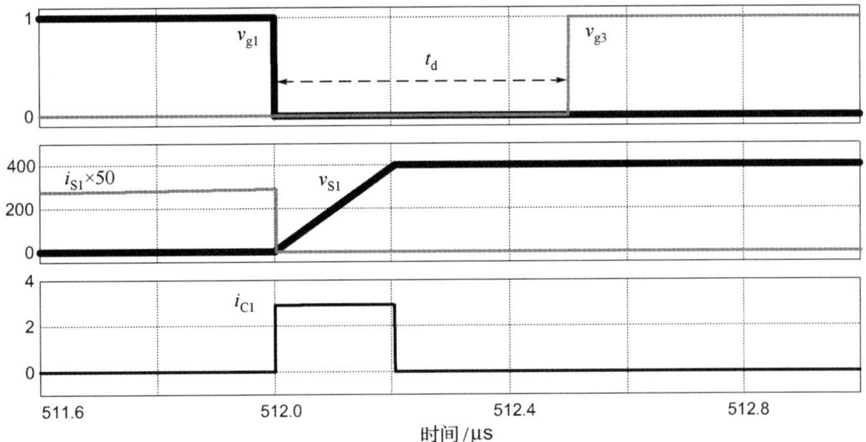

图 7.30　在额定功率时开关管 S_1 的软开关换流过程：开关管 S_1 和 S_3 的驱动信号、开关管 S_1 的电压和电流波形，以及电容 C_1 的电流波形

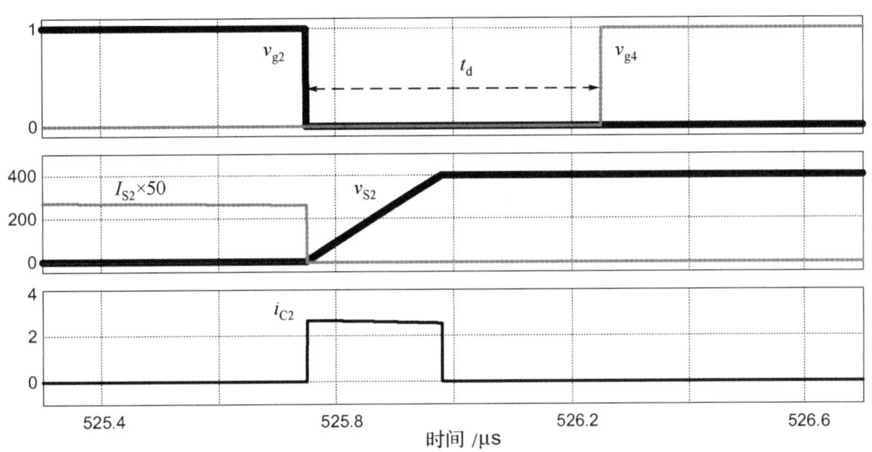

图 7.31　在额定功率时开关管 S_2 的软开关换流过程：开关管 S_2 和 S_4 的驱动信号、开关管 S_2 的电压和电流波形，以及电容 C_2 的电流波形

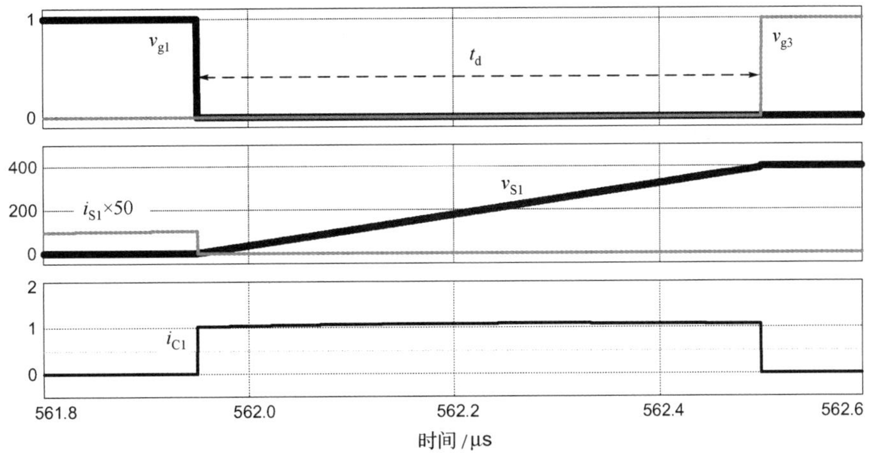

图 7.32　在 30%额定功率时开关管 S_1 的软开关换流过程：S_1 和 S_3 的驱动信号、开关管 S_1 的电压和电流波形，以及电容 C_1 的电流波形

图 7.33 可以看到在 70%额定功率时，为开关管 S_2 软开关的限值。电容 C_2 在整个死区时间内充电。所以在 70%额定功率以下时滞后桥臂换流是有损耗的。

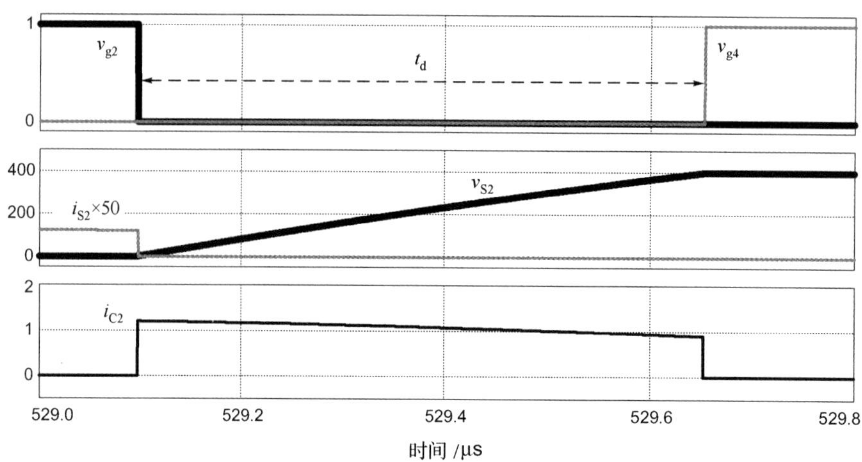

图 7.33 在 70%额定功率时开关管 S_2 的软开关换流过程：S_2 和 S_4 的驱动信号、开关管 S_2 的电压和电流波形，以及电容 C_2 的电流波形

7.7 习题

1．移相 FB-ZVS-PWM 变换器带输出滤波电容，其参数如下：

$$V_i = 400\ \text{V},\quad V_o = 50\ \text{V},\quad \overline{I_o'} = 0.6,$$
$$f_s = 50\times10^3\ \text{Hz},\quad I_o = 20\ \text{A}$$

计算：

(a)变压器匝数比；

(b)电感值 L_c；

(c)占空比。

答案：

(a) $n=4$；

(b) $L_c = 120\ \mu\text{H}$；

(c) $D=0.613$。

2．带输出滤波电容的 FB-ZVS-PWM 变换器的参数如下：

$$V_i = 400\ \text{V},\quad V_o = 120\ \text{V},\quad N_s = N_p(n=1)$$

(a)求临界模式时的占空比，负载平均电流，以及输出功率；

(b)画出如下曲线：$I_o=f(D)$，$P_o=f(D)$，其中 $0\leqslant D\leqslant 1$。

答案：

(a) $D=0.3$，$I_o=2.1\ \text{A}$，$P_o=252\ \text{W}$，$f_s=100\ \text{kHz}$，$L_c=100\ \mu\text{H}$。

3．带输出滤波电容的 FB-ZVS-PWM 变换器的参数如下：

$$V_i = 400\ \text{V},\quad V_o = 120\ \text{V},\quad N_s = N_p(a=1),$$
$$f_s = 100\times10^3\ \text{Hz},\quad L_c = 100\ \mu\text{H},\quad D=0.5$$

(a)计算开关管换流电流的大小；

(b)考虑死区时间为 500 ns，计算每个逆变桥臂上的换流电容的大小。

答案：

(a) $I_{Lc\_C} = 5.6\,\text{A}$ ， $I_1 = 2.6\,\text{A}$ ；(b) $C_{13} = 3.5\,\text{nF}$ ； $C_{24} = 1.625\,\text{nF}$ 。

4. 描述带输出滤波电容的 FB-PWM 变换器的工作过程，以及每个阶段的等效电路图和主要波形，所有器件均是理想化的，考虑 CCM 和 DCM 的情况。

5. 在 CCM 和 DCM 下，求归一化静态增益和输出电流 S_2 的表达式。

6. 描述超前桥臂和滞后桥臂的 ZVS 换流步骤和过程。

7. PWM 半桥变换器如图 7.34 所示，开关管 S_1 和 S_2 以 50%的占空比驱动。

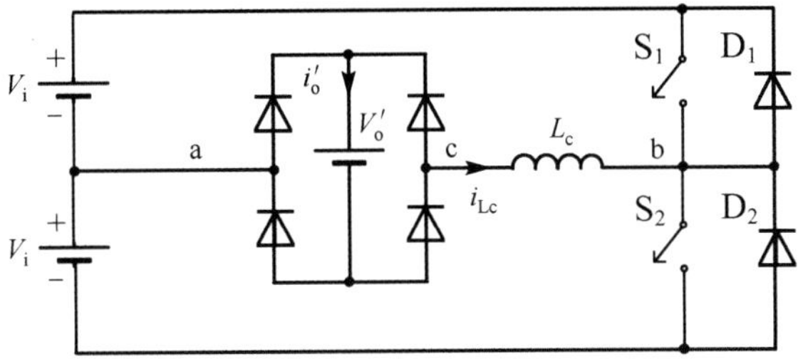

图 7.34　PWM 半桥变换器

(a)所有器件均是理想的，描述各个工作时区的等效电路图以及主要波形；

(b)求平均负载电流 I_o' 的表达式；

(c)求逆变器输出阻抗关系式 $q = f(\overline{I_o'})$ ，考虑 $q = V_o'/V_i$ ，且 $I_o' = 4L_kI_o/V_i$ ；

(d)系统参数为 $V_i = 100\,\text{V}$ ， $V_o = 50\,\text{V}$ ， $f_s = 20\,\text{kHz}$ ， $L_c = 100\,\mu\text{H}$ ，计算平均负载电流 I_o 以及输出功率 P_o 。

参考文献

1. Barbi, I., Filho, W.A.: A non-resonant zero-voltage switching pulse-width modulated full bridge DC-to-DC converter. In: IECON, pp. 1051–1056(1990)

第 8 章　带输出滤波电感的 ZVS-PWM 全桥变换器

符 号 表

V_i	直流输入电压
V_o	直流输出电压
P_o	额定输出功率
C_o	输出滤波电容
L_o	输出滤波电感
R_o	输出负载电阻
ZVS	零电压开关
ϕ	超前桥臂和滞后桥臂的移相角
q	静态增益
D	占空比
D_{ef}	有效占空比
f_s	开关频率
T_s	开关周期
t_d	死区时间
n	变压器匝数比
I'_o	折算到变压器原边侧的平均输出电流
v'_o（V'_o）	折算到变压器原边侧的输出直流电压，以及其归一化值
i_o	输出电流
I'_o（$\overline{I'_o}$）	折算到变压器原边侧的平均输出电流，以及其归一化值
$I'_{o\,crit}$	折算到变压器原边侧的临界平均输出电流
S_1 和 S_3	超前桥臂开关管
S_2 和 S_4	滞后桥臂开关管
v_{g1}，v_{g2}，v_{g3} 和 v_{g4}	开关管 S_1， S_2， S_3， S_4 的驱动信号
D_1， D_2，D_3 和 D_4	外接的反并联二极管（MOSFET 体二极管）
C_1， C_2，C_3 和 C_4	外接的电容（或是 MOSFET 寄生电容）$C = C_1 = C_2 = C_3 = C_4$
v_{C1}，v_{C2}，v_{C3} 和 v_{C4}	电容电压
v_C	等效电容电压
L_c	谐振电感（变压器漏感或是外接的电感）
i_{Lc}	电感电流

续表

ω_o	谐振角频率
z	特征阻抗
Δ和β	状态平面角
v_{ab}	a 和 b 两点之间的交流电压
v_{cb}	c 和 b 两点之间的电感电压
v_{ac}	a 和 c 两点之间整流桥交流侧的电压
v_{S1}，v_{S2}，v_{S3}，v_{S4}	开关管电压
i_{S1}，i_{S2}，i_{S3}，i_{S4}	开关管电流
i_{D1}，i_{D2}，i_{D3}，i_{D4}	二极管中的电流
i_{C1}，i_{C2}，i_{C3}，i_{C4}	电容电流
ΔT	$V_{ab}=\pm v_i$ 的时区
Δt_1	CCM 下的时区 1（t_1-t_0）
Δt_2	CCM 下的时区 2（t_2-t_1）
Δt_3	CCM 下的时区 3（t_3-t_2）
Δt_4	CCM 下的时区 4（t_4-t_3）
Δt_5	CCM 下的时区 5（t_5-t_4）
Δt_6	CCM 下的时区 6（t_6-t_5）
Δt_7	CCM 下的时区 7（t_7-t_6）
Δt_8	CCM 下的时区 8（t_8-t_7）
$I_{S13\,RMS}$（$\overline{I_{S13\,RMS}}$）	开关管 S_1 和 S_3 的 RMS 有效值电流，以及其归一化值
$I_{S24\,RMS}$（$\overline{I_{S24\,RMS}}$）	CCM 下，开关管 S_2 和 S_4 的 RMS 有效值电流，以及其归一化值
I_{D13}（$\overline{I_{D13}}$）	二极管 D_1 和 D_3 的平均电流，以及其归一化值
I_{D24}（$\overline{I_{D24}}$）	二极管 D_2 和 D_4 的平均电流，以及其归一化值

8.1　引言

本章分析了带输出滤波电感的 FB-ZVS-PWM 变换器。与第 7 章的变换器相比，其输出端不再是电容，而是电感，这样可以减少整流二极管后的电流纹波，所以可以看成一个电流源。因此和第 7 章的变换器相比，导通损耗会更小，这样显著地提升了性能，从而适用于更高功率等级的应用场合。本章首先分析了变换器的基本拓扑结构，以及工作过程(并没有涉及软开关)，然后分析了其 ZVS 过程，并给出了一个设计实例。

图 8.1 为带输出滤波电感的 FB-ZVS-PWM 变换器，它包括一个单相全桥逆变器，一个电感滤波器，4 个二极管 D_1，D_2，D_3，D_4 与开关管 S_1，S_2，S_3，S_4 反并联，而与开关管并联的电容 C_1，C_2，C_3，C_4 可以是 MOSFET 的寄生电容，也可以是外加的(如当

开关管为 IGBT 时）。电感 L_c 可以是变压器的漏感，或是单独存在的外置电感。这个电感的主要作用是在换流时刻给换流电容器进行充放电，实现软开关换流。

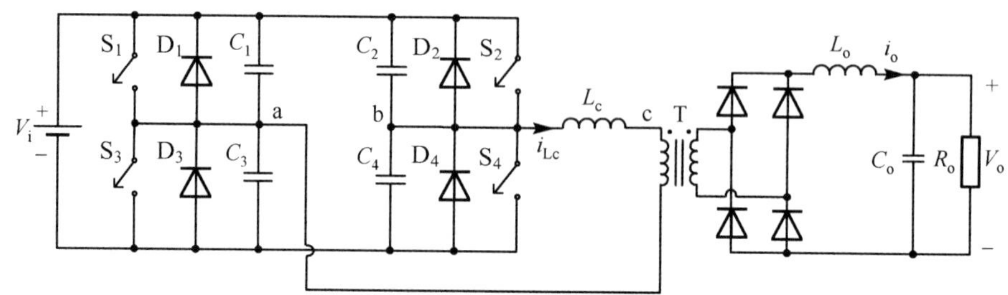

图 8.1　带输出滤波电感的 FB-ZVS-PWM 变换器

变换器工作于固定频率，开关管两端的电压被限制为直流母线电压 V_i。为了实现 ZVS，两个桥臂工作于移相模式，这样在开关管导通前，并联的电容会被放电且反并联二极管导通。在轻载时，电感 L_c 中没有足够的能量，开关管可能不容易实现 ZVS。

8.2　变换器工作过程

本节所分析的等效电路图如图 8.2 所示，我们先分析其不带换流电容的情况（软开关的详细分析将在 8.3 节进行）。为简化起见，假设如下：

- 所有器件均是理想器件；
- 变压器工作于稳态；
- 输出滤波器用直流电压源 I_o' 代替，其值为折算到变压器原边侧的输出电流值；
- 电流单向流入开关管，即开关管仅允许电流在箭头方向上流动；
- 反并联的二极管与开关管是独立的，所以此分析不限于 MOSFET，也适用于 IGBT 等。

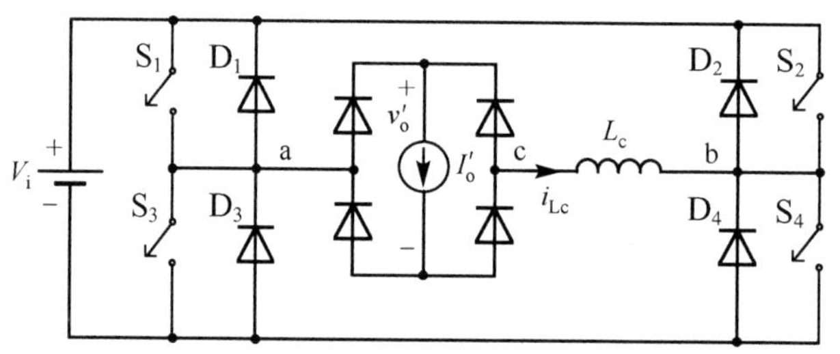

图 8.2　ZVS-PWM 全桥变换器的等效电路图

移相 PWM 用来控制变换器的基本原理如图 8.3 所示，包括两个桥臂（超前桥臂 S_1 和 S_3，滞后桥臂 S_2 和 S_4）的驱动信号，以及电压 v_{ab}。此时没考虑死区时间。

在移相调制中，开关频率是固定的，且每个桥臂是以50%的占空比互补驱动的。滞后桥臂驱动信号相对于超前桥臂驱动信号移相了一个角度 ϕ，这样可以实现功率传输的控制。如果 ϕ=0°，v_{ab} 有最大的 RMS 值，因为开关管 S_1 和 S_4 总是同时导通（$v_{ab}=V_i$），开关管 S_2 和 S_3 也同时导通（$v_{ab}=-V_i$）。当 ϕ 增大时，v_{ab} 的有效值（RMS 值）

减小，因为开关管 S_1 和 S_2。S_3 和 S_4 在同一时刻导通，导致 $v_{ab}=0$。ϕ 的角度可以从 0°（最大功率传输）变化到 180°（零功率传输）。

变换器的一个开关管周期内的工作过程被分为 8 个时区，每个时区对应不同的电路状态。

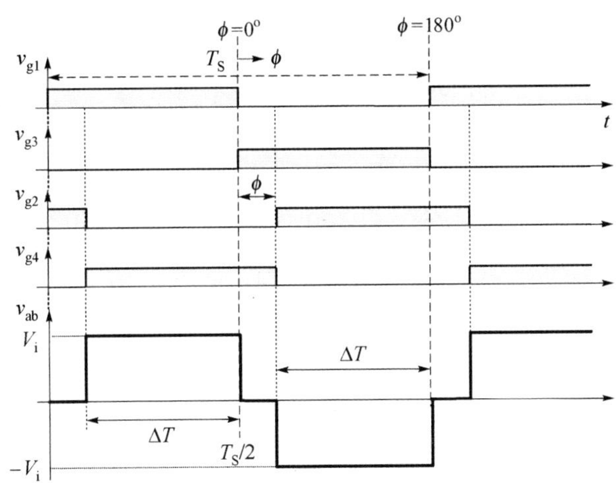

图 8.3　移相 PWM 用来控制 FB-ZVS-PWM 变换器的基本原理

1. 时区 Δt_1（时区 1，$t_0 \leqslant t \leqslant t_1$）

时区 1 的等效电路图如图 8.4 所示，开始于时刻 $t=t_0$，输出电流源被整流二极管所短路。电感 L_c 的电流流入二极管 D_1 和开关管 S_2，电压 $v_{ab}=0$。

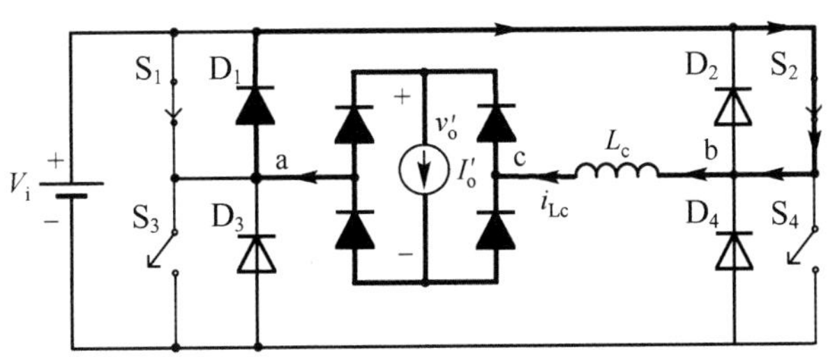

图 8.4　时区 1 的等效电路图

2. 时区 Δt_2（时区 2，$t_1 \leqslant t \leqslant t_2$）

此时区的等效电路图如图 8.5 所示。它开始于时刻 $t=t_1$，此时开关管 S_4 导通，S_2 关断。因为电感电流仍然为负 [$i_{Lc}(t_1)=-I_o'$]，它流经二极管 D_1 和 D_4 线性增大到零。在此时区内，$v_{ab}=V_i$ 且 $v_{cb}=V_i$。

3. 时区 Δt_3（时区 3，$t_2 \leqslant t \leqslant t_3$）

图 8.6 为此时区的等效电路图，它开始于时刻 $t=t_2$，此时 i_{Lc} 达到零 [$i_{Lc}(t_2)=0$]，随着电感电流线性增大，二极管 D_1 和 D_4 关断且开关管 S_1 和 S_4 导通。交流电压 $v_{ab}=V_i$，且电感电压为 $v_{cb}=V_i$。

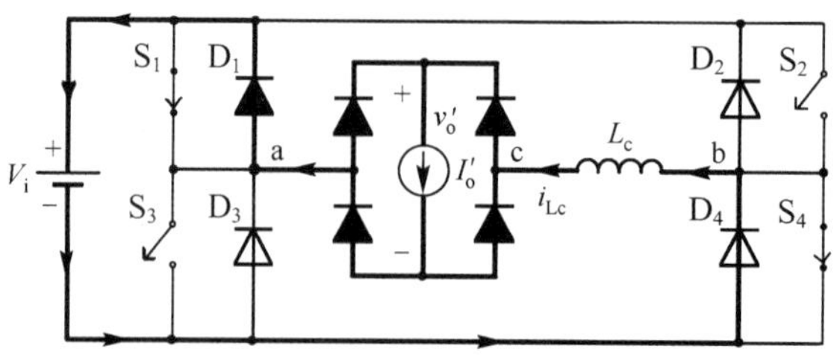

图 8.5 时区 2 的等效电路图

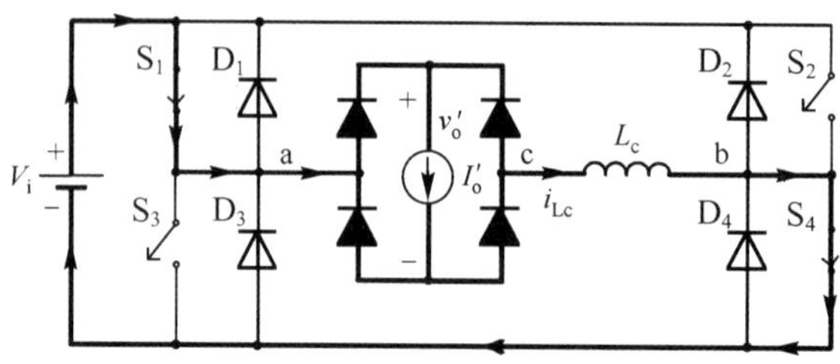

图 8.6 时区 3 的等效电路图

4．时区 Δt_4（时区 4，$t_3 \leqslant t \leqslant t_4$）

图 8.7 为时区 4 的等效电路图，它开始于时刻 $t = t_3$，此时电流达到 I_o' [$i_{Lc}(t_3) = I_o'$]，所以输出整流二极管不再短路输出电流，因此能量向负载传输，电压 $v_{ab} = V_i$。

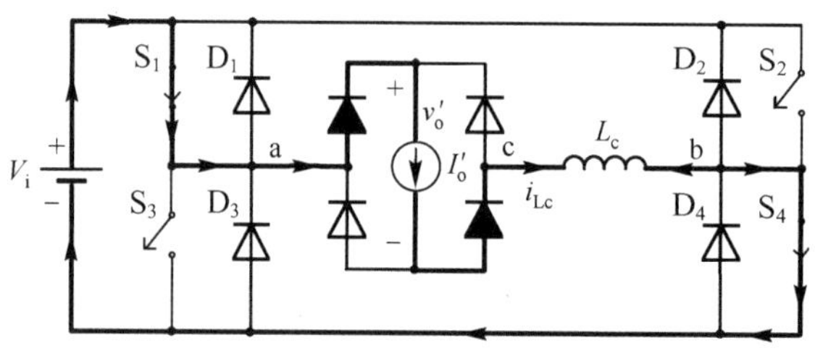

图 8.7 时区 4 的等效电路图

5．时区 Δt_5（时区 5，$t_4 \leqslant t \leqslant t_5$）

时区 5 的等效电路图如图 8.8 所示，它开始于时刻 $t = t_4$，此时开关管 S_3 导通，S_1 关断。输出电流源被整流二极管短路。电感 L_c 中的电流流入二极管 D_3 和开关管 S_4。交流电压 $v_{ab} = 0$。

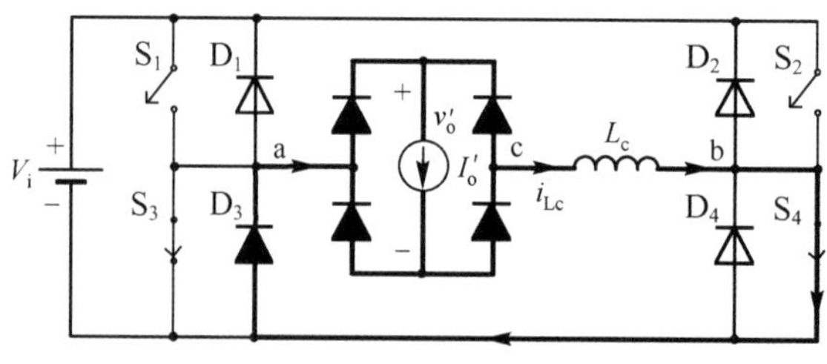

图 8.8 时区 5 的等效电路图

6．时区 Δt_6（时区 6，$t_5 \leqslant t \leqslant t_6$）

在此时区内，其等效电路图如图 8.9 所示，它开始于时刻 $t = t_5$，此时开关管 S_2 导通，S_4 关断。因为电感电流仍然为正［$i_{Lc}(t) = I'_o$］，它流入二极管 D_2 和 D_3，且线性减小直到零。交流电压 $v_{ab} = -V_i$，且电感电压为 $v_{cb} = -V_i$。

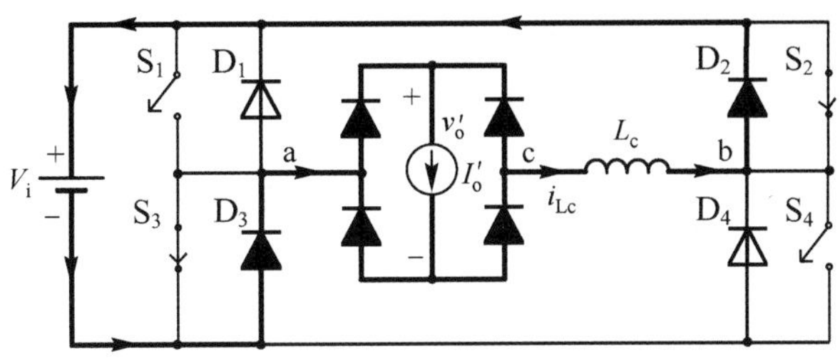

图 8.9　时区 6 的等效电路图

7．时区 Δt_7（时区 7，$t_6 \leqslant t \leqslant t_7$）

图 8.10 为时区 7 的等效电路图，它开始于时刻 $t = t_6$，此时 i_{Lc} 达到零［$i_{Lc}(t) = 0$］，二极管 D_2 和 D_3 截止，开关管 S_2 和 S_3 导通，电感电流线性降低。交流电压 $v_{ab} = -V_i$，且电感电压为 $v_{cb} = -V_i$。

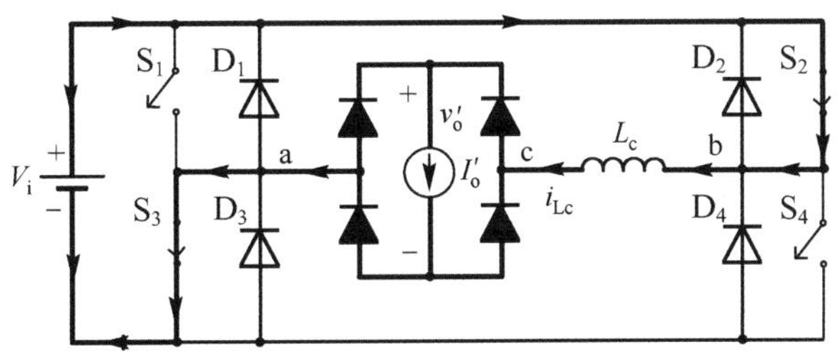

图 8.10　时区 7 的等效电路图

8．时区 Δt_8（时区 8，$t_7 \leqslant t \leqslant t_8$）

图 8.11 为时区 8 的等效电路图，它开始于时刻 $t = t_7$，此时电感电流 $i_{Lc} = -I'_o$。因此，输出二极管不再短路掉输出电流，可以向负载传输能量。交流电压 $v_{ab} = -V_i$。

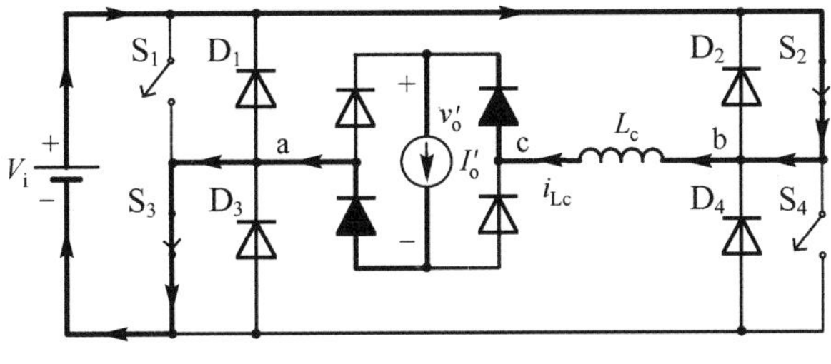

图 8.11　时区 8 的等效电路图

相关波形和时序图如图 8.12 所示。

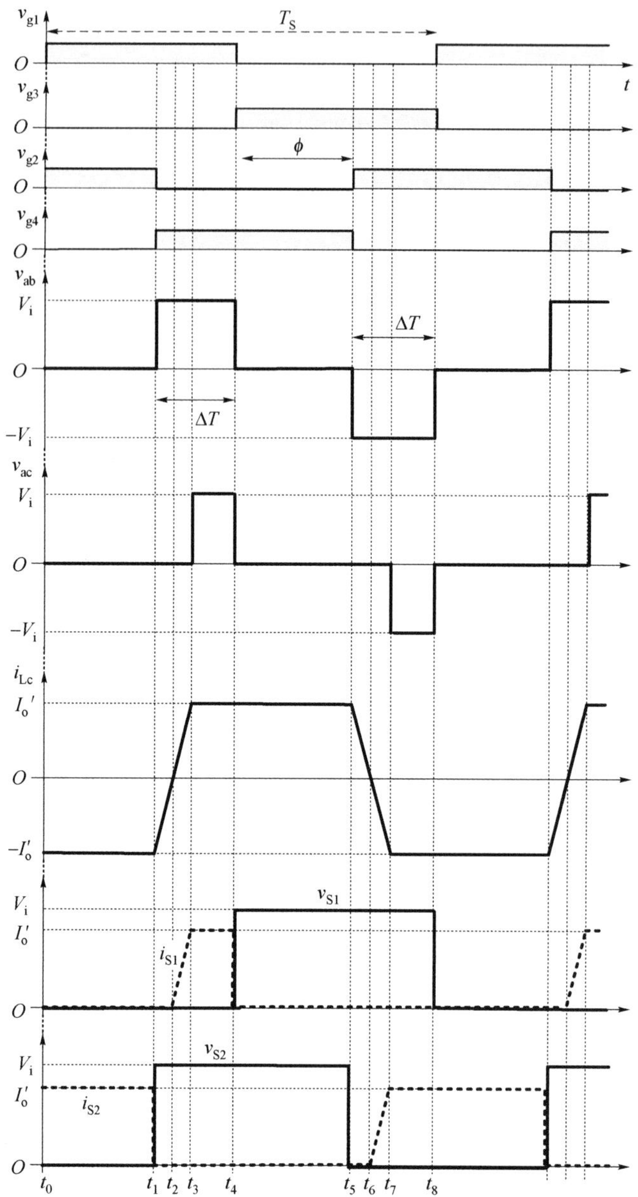

图 8.12 FB-ZVS-PWM 变换器在一个工作周期内的相关波形和时序图

8.3 换流分析

在本节中，对开关管的并联电容以及死区时间进行了讨论，分析了其软开关换流过程，在每个开关周期内额外增加了 4 个时区。若设计合理，并联电容能够在较宽负载范围内实现 ZVS。

超前桥臂 S_1 和 S_3 在输出二极管没有短路时进行换流，所以输出电流 I_o' 以线性形式充放电。滞后桥臂 S_2 和 S_4 当输出二极管短路时进行换流，谐振电容的充放电以谐振方式进行，这变得更为关键，因为只有电感 L_c 的能量向电容充放电。

在开关管死区时间，存在 4 个换流时区，它们相对于其他 8 个时区更短。并联在开关管上的电容必须完全充放电，这样才能实现软开关换流。

8.3.1　超前桥臂换流过程

在滞后桥臂换流过程中，输出二极管没有被短路，输出电流 I_o' 向电容以线性方式充放电。

图 8.13 展示了在 8.2 节中当开关管 S_1 关断，S_3 仍未导通时（死区时间），时区 4 和时区 5 之间的换流时区的等效电路图。电感电流在此时区为输出电流 I_o'，每个电容流入一半的电流，将电容 C_1 从零充电到 V_i，并将 C_3 从 V_i 放电到零，它们均是线性变化的。图 8.13 还展示了开关管 S_1 和 S_3 中可能观察到的相关波形。一旦电容 C_3 放电完成，二极管 D_3 和开关管 S_4 导通（8.2 节中的时区 5）。为了确保实现软开关换流，电容充放电必须在死区时间结束时完成。

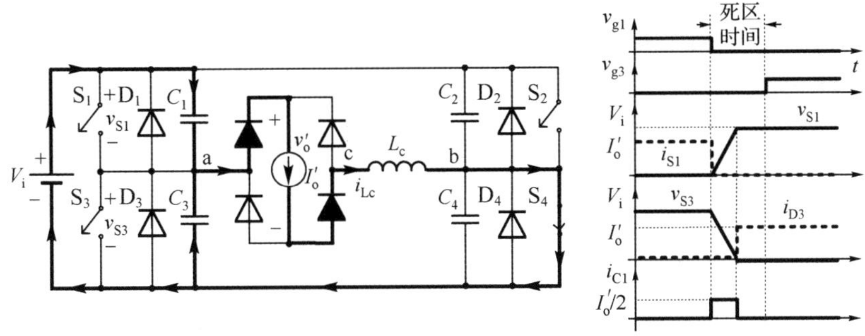

图 8.13　在 S_1 和 S_3 的驱动信号之间的死区时间的等效电路图和相关波形

图 8.14 展示了在 8.2 节中当开关管 S_3 关断，S_1 仍未导通时（死区时间），即时区 8 和时区 1 之间的换流时区的等效电路图。电感电流在此时区为输出电流 $-I_o'$，且一半的电流流入每个电容，将 C_3 从零充电到 V_i 并将 C_1 从 V_i 放电到零，都以线性方式。图 8.14 还展示了开关管 S_1 和 S_3 中可能观察到的相关波形。一旦电容 C_1 放电完成，二极管 D_1 和开关管 S_2 导通（8.2 节中的时区 1）。为了确保实现软开关换流，电容充放电必须在死区时间结束时完成。

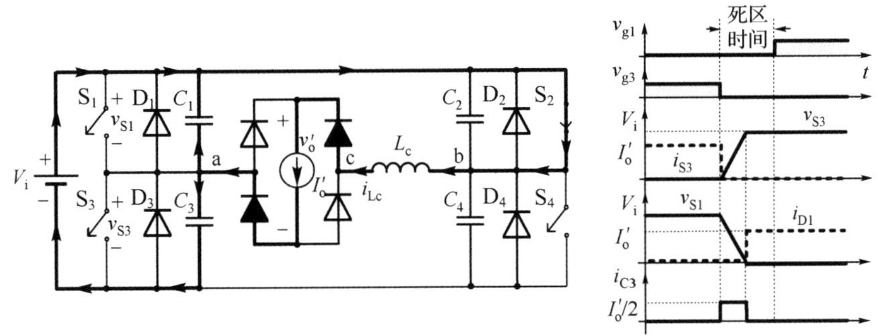

图 8.14　在 S_1 和 S_3 的驱动信号之间的死区时间的等效电路图和相关波形

为了确保在超前桥臂（非临界换流）实现软开关，对于一个给定的负载电流，死区时间必须满足

$$t_{\mathrm{d}} \geqslant \frac{CV_{\mathrm{i}}}{I_{\mathrm{o}}'} \tag{8.1}$$

其中，$C = C_1 = C_2 = C_3 = C_4$ 为谐振电容。

8.3.2 滞后桥臂换流过程

在滞后桥臂换流过程中，输出整流二极管被短路，只有储存在电感 L_{c} 中的能量向换流电容充放电，但这是一种谐振变化。因此，此桥臂开关管的 ZVS 范围比超前桥臂的 ZVS 范围要窄。

图 8.15 为开关管 S_2 和 S_4（S_2 断开 S_4 仍未导通）死区时间的等效电路图和相关波形。因为输出整流二极管没有短路，只有电感 L_{c} 中的能量在此换流过程中存在。为确保软开关，电容充放电必须在死区时间结束前完成。可以看到电容电压和电感电流发生振荡。

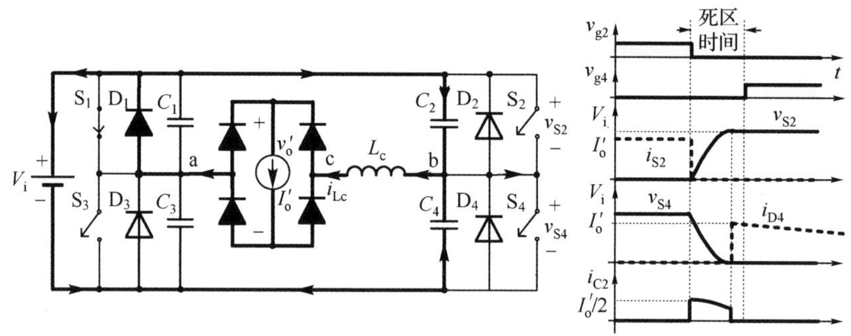

图 8.15 在 S_2 和 S_4 的驱动信号之间的死区时间的等效电路图和相关波形

在此换流过程中，电感电流流入每个电容中，向一个电容充电，一个电容放电，如果电容是在死区时间结束前放电完成的，可以实现软开关换流。电感 L_{c} 在临界换流时很重要，因为只有储存在它中的能量才能用于向电容充放电。但是，如果选择大的电感量，又会导致一个低效的占空比。

在此换流时区，电容电压和电感电流遵循如下方程（考虑初始状态有 $v_{\mathrm{C2}}(0)=0$，$v_{\mathrm{C4}}(0)=V_{\mathrm{i}}$，$i_{\mathrm{Lc}}(0)=-I_{\mathrm{o}}'$）：

$$v_{\mathrm{C}}(t) = zI_{\mathrm{o}}'\sin(\omega_{\mathrm{o}}t) \tag{8.2}$$

$$i_{\mathrm{Lc}}(t) = \frac{I_{\mathrm{o}}'}{\omega_{\mathrm{o}}^2}\cos(\omega_{\mathrm{o}}t) \tag{8.3}$$

其中，$z = \sqrt{\dfrac{L_{\mathrm{c}}}{2C}}$，$\omega_{\mathrm{o}} = \sqrt{\dfrac{1}{L_{\mathrm{c}}2C}}$。

相平面轨迹图如图 8.16 所示。

为了实现软开关，必须满足如下约束条件：

$$zI_{\mathrm{o}}' \geqslant V_{\mathrm{i}} \tag{8.4}$$

因此有

$$I_{\mathrm{o}}' \geqslant \sqrt{\frac{2C}{L_{\mathrm{c}}}}V_{\mathrm{i}} \tag{8.5}$$

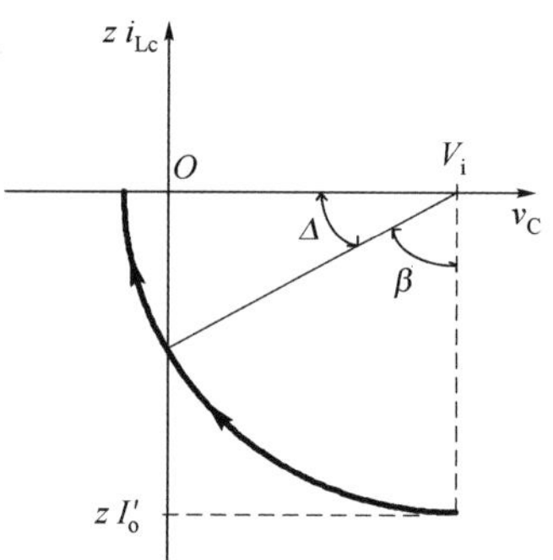

图 8.16 图 8.15 所对应电路的相平面轨迹图

根据图 8.16 有

$$\beta + \Delta = \frac{\pi}{2} \tag{8.6}$$

因此

$$\beta = \frac{\pi}{2} - \Delta = \omega \Delta t \tag{8.7}$$

经适当运算，可得

$$\Delta t = \frac{\pi / 2 - \Delta}{\omega} = \left(\frac{\pi}{2} - \Delta\right)\sqrt{2CL_c} \tag{8.8}$$

Δt 为换流时间。

角度 Δ 由下式给出：

$$\Delta = \arccos\left(\frac{V_i}{zI'_o}\right) = \arccos\left(\frac{V_i}{I'_o}\sqrt{\frac{2C}{L_c}}\right) \tag{8.9}$$

将式(8.9)代入式(8.8)得到

$$\Delta t = \left[\frac{\pi}{2} - \arccos\left(\frac{V_i}{I'_o}\sqrt{\frac{2C}{L_c}}\right)\right]\sqrt{2CL_c} \tag{8.10}$$

滞后桥臂开关管的驱动信号之间的死区时间必须大于时间 Δt 。否则，功率开关管不会实现 ZVS 换流。

图 8.17 为其他谐振换流时的等效电路图和相关波形，它们发生在 8.2 节中的时区 Δt_5 和 Δt_6 之间，即开关管 S_2 和 S_4 的驱动信号之间的死区时间。在这个换流过程中，电容电压和电感电流以谐振形式变化，并只有储存在电感 L_c 中的能量才参与换流过程(因为此时输出整流管被再次短路)。为了确保软开关，电容的充放电必须在死区时间结束前完成。

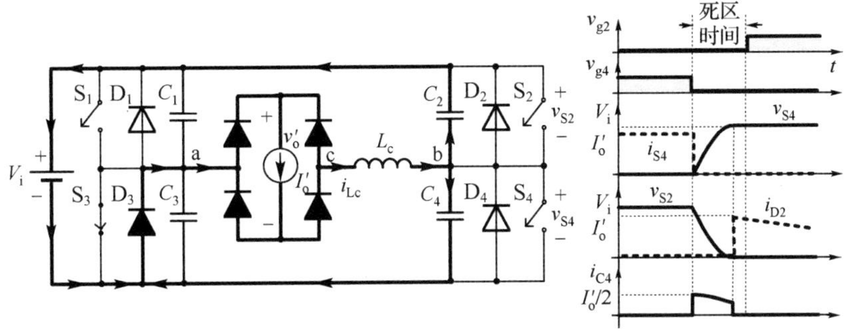

图 8.17　在 S_2 和 S_4 驱动信号之间的死区时间的等效电路图和相关波形

8.4　数学分析

8.4.1　输出特性

本节分析了带输出滤波电感的 FB-ZVS-PWM 变换器的输出特性。因为相对于其他时区而言，换流时区很短，所以不考虑换流时区，且认为电感电流在换流时维持恒定。

因为变换器在一个开关周期是对称的，所以这些时区长度是相等的：$\Delta t_1 = \Delta t_5$，$\Delta t_2 = \Delta t_6$，$\Delta t_3 = \Delta t_7$。

此时区中有 $v_{ab} = \pm V_i$，被定义为 Δt，如图 8.12 所示。因此，式(8.11)和式(8.12)可以得到

$$\Delta T = \Delta t_2 + \Delta t_3 + \Delta t_4 = \Delta t_6 + \Delta t_7 + \Delta t_8 \tag{8.11}$$

$$\frac{T_s}{2} = \Delta T + \Delta t_5 \tag{8.12}$$

占空比定义为

$$D = \frac{2\Delta T}{T_s} \tag{8.13}$$

电感 L_c 的电流在 Δt_2、Δt_3、Δt_6、Δt_7 这几个时区内是线性变化的，输出整流二极管被短路，从而输出电压为零，这可以从图 8.12 中观察得到。所以，只有在第 4 个和第 8 个时区内向负载传输功率。有效占空比定义如下：

$$\Delta t_4 = D_{ef} \frac{T_s}{2} \tag{8.14}$$

注意到，在第 2 个和第 3 个时区内，其等效电路是一样的，且横跨在电感 L_c 的电压为 V_i，所以这两个时区是等效的，即

$$\Delta t_2 = \Delta t_3 = (D - D_{ef})\frac{T_s}{4} \tag{8.15}$$

时区 Δt_1 可以定义为

$$\Delta t_1 = (1 - D)\frac{T_s}{2} \tag{8.16}$$

在第 3 个时区内，电流 $i_{Lc}(t)$ 可以由下式得到：

$$V_i = L_c \frac{\mathrm{d}i_{Lc}(t)}{\mathrm{d}t} \tag{8.17}$$

对上式进行拉普拉斯变换可得

$$I_{Lc}(s) = \frac{V_i}{s^2 L_c} \tag{8.18}$$

再进行拉普拉斯逆变换，可以得到电感电流时域表达式为

$$i_{Lc}(t) = \frac{V_i}{L_c} t \tag{8.19}$$

当电感电流达到 I'_o 时此时区结束。所以

$$\Delta t_3 = \frac{I'_o L_c}{V_i} \tag{8.20}$$

将式(8.14)、式(8.15)和式(8.20)代入式(8.11)，可以得到

$$\Delta T = D\frac{T_s}{2} = \Delta t_2 + \Delta t_3 + \Delta t_4 = \frac{2I'_o L_c}{V_i} + D_{ef}\frac{T_s}{2} \tag{8.21}$$

因此，有效占空比为

$$D_{\mathrm{ef}}=D-\frac{4I_{\mathrm{o}}'L_{\mathrm{c}}f_{\mathrm{s}}}{V_{\mathrm{i}}} \tag{8.22}$$

定义

$$\overline{I_{\mathrm{o}}'}=\frac{4I_{\mathrm{o}}'L_{\mathrm{c}}f_{\mathrm{s}}}{V_{\mathrm{i}}} \tag{8.23}$$

注意式(8.22)和式(8.23)，$\overline{I_{\mathrm{o}}'}$ 代表在时区 Δt_2、Δt_3、Δt_6、Δt_7 内由于电感 L_{c} 压降导致的占空比丢失，它正比于输出电流 $\overline{I_{\mathrm{o}}'}$ 和谐振电感量 L_{c}。

定义平均输出电压为

$$V_{\mathrm{o}}'=D_{\mathrm{ef}}V_{\mathrm{i}} \tag{8.24}$$

因而有

$$V_{\mathrm{o}}'=\left(D-\frac{4I_{\mathrm{o}}'L_{\mathrm{c}}f_{\mathrm{s}}}{V_{\mathrm{i}}}\right)V_{\mathrm{i}} \tag{8.25}$$

$$q=\frac{V_{\mathrm{o}}'}{V_{\mathrm{i}}}=D-\overline{I_{\mathrm{o}}'} \tag{8.26}$$

其中 q 是变换器的静态增益。

FB-ZVS-PWM 的输出特性由式(8.26)给出，其曲线图如图 8.18 所示。

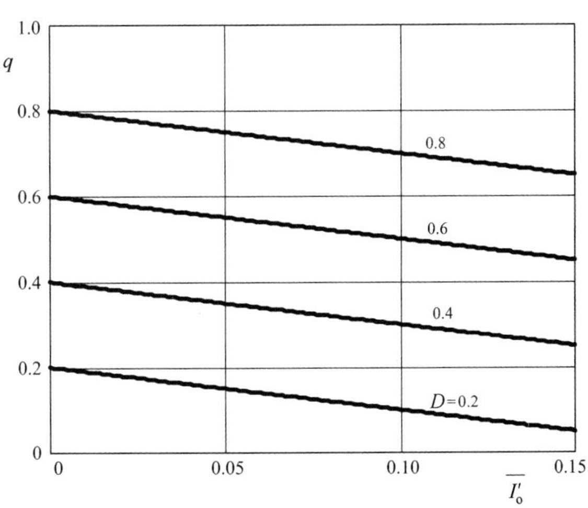

图 8.18　带输出滤波电感的 FB-ZVS-PWM 的输出特性曲线图

8.4.2　开关管 RMS 电流

开关管 S_1 和 S_3 的 RMS 可以通过对电感电流在第 3 个和第 4 个时区进行积分计算得到（见 8.2 节）。因此有

$$I_{\mathrm{S13\,RMS}}=\sqrt{\frac{1}{T_{\mathrm{s}}}\left[\int_0^{\Delta t_3}\left(I_{\mathrm{o}}'\frac{t}{\Delta t_{32}}\right)^2\mathrm{d}t+\int_0^{\Delta t_4}I_{\mathrm{o}}'^2\mathrm{d}t\right]}=\frac{I_{\mathrm{o}}'}{2}\sqrt{\frac{D+5D_{\mathrm{ef}}}{3}} \tag{8.27}$$

将式(8.22)代入式(8.27)并归一化，可得

$$\overline{I_{\mathrm{S13\,RMS}}} = \frac{I_{\mathrm{S13\,RMS}}}{I'_{\mathrm{o}}} = \frac{1}{2}\sqrt{2D - \frac{5}{3}\overline{I'_{\mathrm{o}}}} \tag{8.28}$$

开关管 S_2 和 S_4 的 RMS 电流可以通过对电感电流在第 8 个和第 1 个时区内进行积分计算得到(见 8.2 节)。因此有

$$\begin{aligned} I_{\mathrm{S24RMS}} &= \sqrt{\frac{1}{T_{\mathrm{s}}}\left[\int_0^{\Delta t_7}\left(I'_{\mathrm{o}}\frac{t}{\Delta t_{76}}\right)^2 \mathrm{d}t + \int_0^{\Delta t_8} I'^2_{\mathrm{o}}\mathrm{d}t + \int_0^{\Delta t_1} I'^2_{\mathrm{o}}\mathrm{d}t\right]} \\ &= I'_{\mathrm{o}}\sqrt{\frac{-5(D-D_{\mathrm{ef}})+6}{12}} \end{aligned} \tag{8.29}$$

将式(8.22)代入式(8.29)并归一化，可得

$$\overline{I_{\mathrm{S24\,RMS}}} = \frac{I_{\mathrm{S24\,RMS}}}{I'_{\mathrm{o}}} = \frac{1}{2}\sqrt{2 - \frac{5}{3}\overline{I'_{\mathrm{o}}}} \tag{8.30}$$

8.4.3 二极管平均电流

二极管 D_1 和 D_3 的平均电流可以通过对电感电流在第 1 个和第 3 个时区内进行积分计算得到。因此有

$$I_{\mathrm{D13}} = \frac{1}{T_{\mathrm{s}}}\left[\int_0^{\Delta t_1} I'_{\mathrm{o}}\mathrm{d}t + \int_0^{\Delta t_3}\left(I'_{\mathrm{o}} - I'_{\mathrm{o}}\frac{t}{\Delta t_3}\right)\mathrm{d}t\right] = \frac{I'_{\mathrm{o}}}{2}\left[1 - \frac{(D+D_{\mathrm{ef}})}{2}\right] \tag{8.31}$$

进行积分运算，并化简有

$$\overline{I_{\mathrm{D13}}} = \frac{I_{\mathrm{D13}}}{I'_{\mathrm{o}}} = \frac{1}{2}\left[1 - D + \frac{\overline{I'_{\mathrm{o}}}}{2}\right] \tag{8.32}$$

类似地，二极管 D_2 和 D_4 的平均电流可以通过对电感电流在第 1 个和第 3 个时区内进行积分计算得到。根据式(8.32)，有

$$I_{\mathrm{D24}} = \frac{1}{T_{\mathrm{s}}}\int_0^{\Delta t_2}\left(I'_{\mathrm{o}} - \frac{\overline{I'_{\mathrm{o}}}}{\Delta t_2}t\right)\mathrm{d}t = I'_{\mathrm{o}}\frac{(D-D_{\mathrm{ef}})}{8} \tag{8.33}$$

积分并化简得到

$$\overline{I_{\mathrm{D24}}} = \frac{I_{\mathrm{D24}}}{I'_{\mathrm{o}}} = \frac{\overline{I'_{\mathrm{o}}}}{8} \tag{8.34}$$

8.5 简化的设计实例及方法

本节我们会利用上述章节的分析结果，研究一个简化的实例。变换器的参数规格如表 8.1 所示。

静态增益 $q=0.4$，折算到原边侧的输出直流电压 V'_{o} 计算如下：

$$V'_{\mathrm{o}} = V_{\mathrm{i}}q = 400\times 0.4 = 160\ \mathrm{V}$$

变压器匝数比（n），以及折算到原边侧的输出电流 I'_o 为

$$n=\frac{V'_o}{V_o}=\frac{160}{50}=3.2$$

和

$$I'_o=\frac{I_o}{n}=\frac{10}{3.2}=3.125\text{ A}$$

表 8.1　变换器的参数规格

直流输入电压 V_i	400 V
直流输出电压 V_o	50 V
直流输出电流 I_o	10 A
输出功率 P_o	500 W
开关频率 f_s	40 kHz

假设在额定负载下占空比降低为 15%，电感量 L_c 为

$$L_c=\frac{\overline{I'_o}V_i}{4f_sI'_o}=\frac{0.15\times400}{4\times40\times10^3\times3.125}=120\ \mu\text{H}$$

额定功率下的占空比和有效占空比分别计算如下：

$$D_{nom}=\frac{V'_o}{V_i}+\overline{I'_o}=\frac{160}{400}+0.15=0.55$$

$$D_{ef}=D_{nom}-\overline{I'_o}=0.55-0.15=0.4$$

开关管有效值 RMS 电流，以及反并联二极管平均电流，在额定功率下为

$$\overline{I_{S13\,RMS}}=\frac{I_{S13\,RMS}}{I'_o}=\frac{1}{2}\sqrt{2D-\frac{5}{3}\overline{I'_o}}=\frac{1}{2}\sqrt{2\times0.55-\frac{5}{3}0.15}=0.46$$

$$I_{S13\,RMS}=0.46\times3.125=1.44\text{ A}$$

$$\overline{I_{S24\,RMS}}=\frac{I_{S24\,RMS}}{I'_o}=\frac{1}{2}\sqrt{2-\frac{5}{3}\overline{I'_o}}=\frac{1}{2}\sqrt{2-\frac{5}{3}0.15}=0.66$$

$$I_{S24\,RMS}=0.66\times3.125=2.06\text{ A}$$

$$\overline{I_{D13}}=\frac{I_{D13}}{I'_o}=\frac{1}{2}\left(1-D+\frac{\overline{I'_o}}{2}\right)=\frac{1}{2}\left(1-0.55+\frac{0.15}{2}\right)=0.26$$

$$I_{D13}=0.26\times3.125=0.82\text{ A}$$

$$\overline{I_{D24}}=\frac{I_{D24}}{I'_o}=\frac{\overline{I'_o}}{8}=\frac{0.15}{8}=0.02$$

$$I_{D24}=0.02\times3.125=0.06\text{ A}$$

假设谐振电容 $C=C_1=C_2=C_3=C_4=0.5\text{ nF}$。

滞后桥臂软开关限值意味着移相角 $\Delta=0$，所以，此换流时间

$$\Delta t=\frac{\pi}{2}\sqrt{2CL_c}=\frac{\pi}{2}\times\sqrt{2\times0.5\times10^{-9}\times120\times10^{-6}}=544\text{ ns}$$

在之前章节已经得到，ZVS 的实现要求死区时间大于 544 ns。

在图 8.16 中可以看到，软开关的限值同样意味着 $zI_o=V_i$。所以保证软开关的最小输出电流为

$$I'_{o\,crit}=V_i\sqrt{\frac{2C}{L_c}}=400\sqrt{\frac{2\times500\times10^{-12}}{120\times10^{-6}}}=1.15\text{ A}$$

此值是额定输出电流的 37%，即意味着变换器在 37% ~ 100%负载范围内能够实现 ZVS。

8.6 仿真结果

仿真所采用的等效电路图如图 8.19 所示，死区时间为 550 ns。图 8.20 给出了开关管驱动信号，电压 v_{ab}，v_o'，v_{cb} 及谐振电感电流 i_{Lc} 的仿真波形。表 8.2 给出了理论值和仿真结果的器件参数对比，用来验证数学分析。

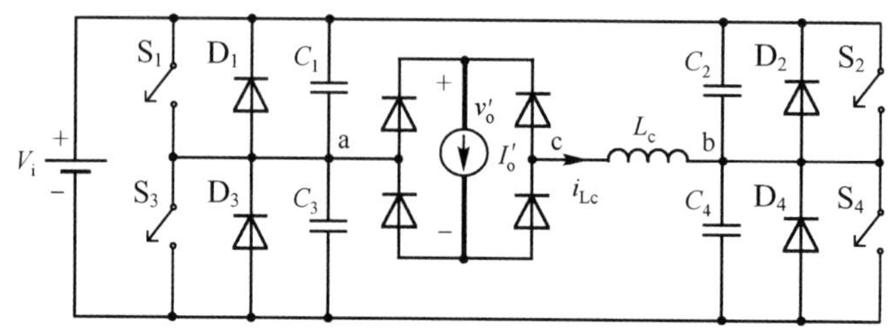

图 8.19 仿真所采用的变换器的等效电路图

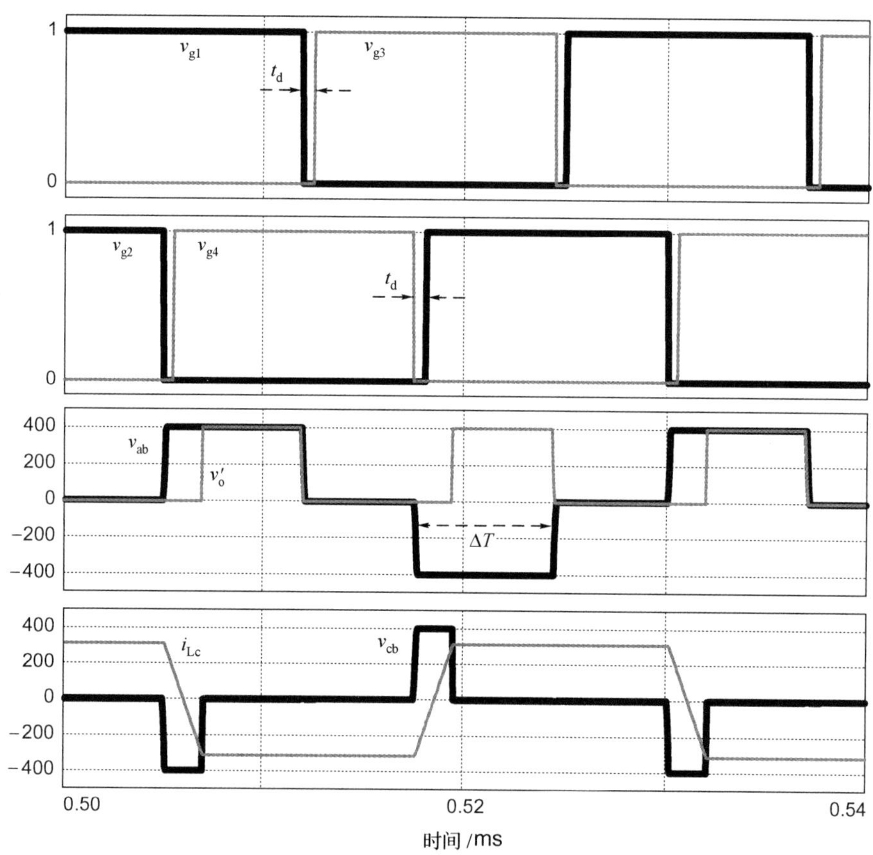

图 8.20 额定功率下 FB-ZVS-PWM 变换器的仿真波形：开关管驱动信号，电压 v_{ab}，v_o'，v_{cb} 及谐振电感电流 i_{Lc}

图 8.21 和图 8.22 为在额定功率下的超前桥臂和滞后桥臂的换流过程。可以看到它实现了软开关换流。

表 8.2　理论值和仿真结果对比

	理 论 值	仿真结果
V_o'[V]	160	160.08
$I_{S13\ RMS}$[A]	1.44	1.44
$I_{S24\ RMS}$[A]	2.06	2.07
I_{D13}[A]	0.82	0.76
I_{D24}[A]	0.06	0.058
P_o[W]	500	500.25

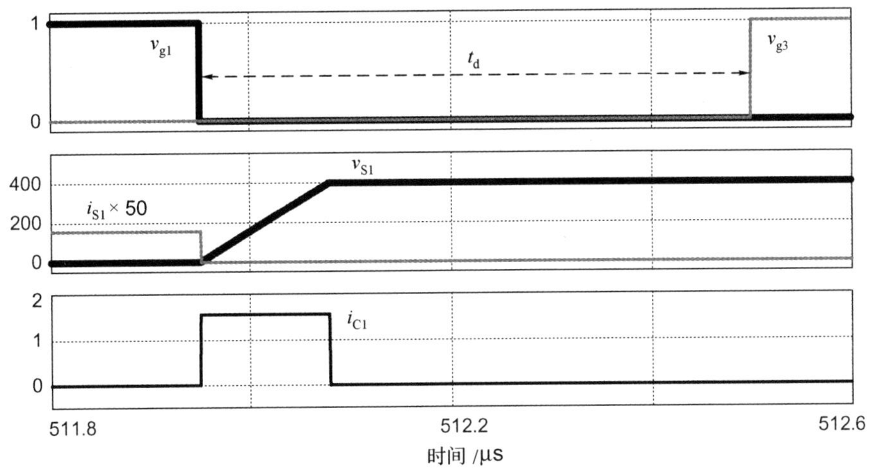

图 8.21　在额定功率下开关管 S_1 的软换流过程：S_1 和 S_3 驱动信号，开关管 S_1 上的电压和电流及电容 C_1 中的电流

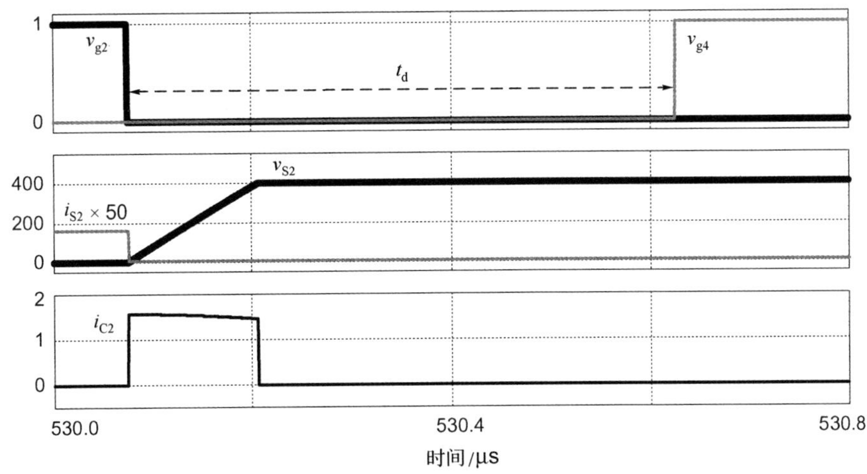

图 8.22　在额定功率下开关管 S_2 的软换流过程：S_2 和 S_4 驱动信号，开关管 S_2 上的电压和电流及电容 C_2 中的电流

图 8.23 和图 8.24 为在最小功率时的超前桥臂和滞后桥臂的换流过程。可以看到在滞后桥臂可以观察到换流的极限情况。

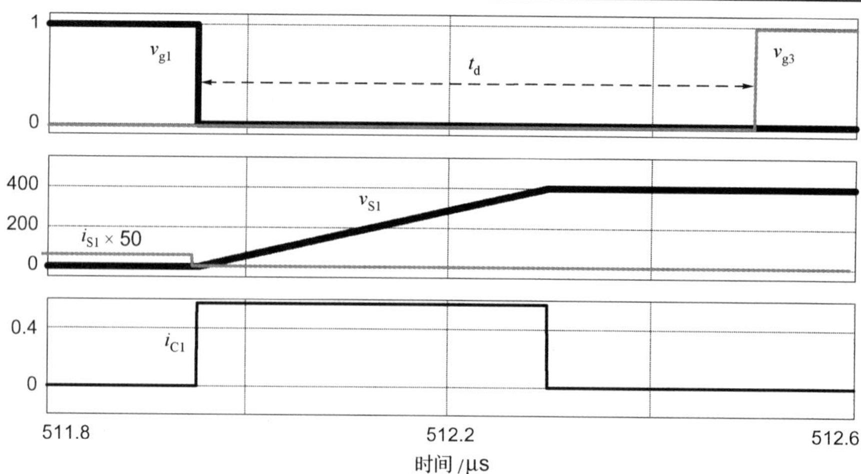

图 8.23 在最小功率下开关管 S_1 的软换流过程：S_1 和 S_3 驱动信号，开关管 S_1 的电压和电流及电容 C_1 中的电流

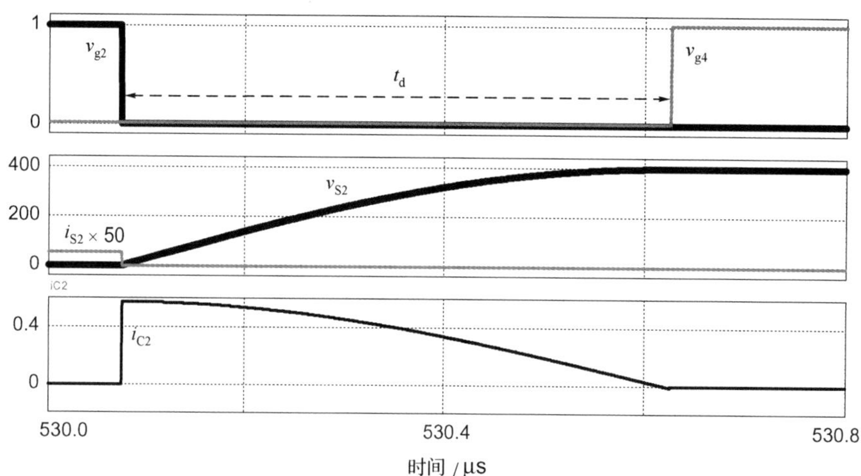

图 8.24 在最小功率下开关管 S_2 的软换流过程：S_2 和 S_4 驱动信号，开关管 S_2 上的电压和电流及电容 C_2 中的电流

8.7 习题

1. FB-ZVS-PWM 变换器如图 8.25 所示，电容 C 用于隔离 v_{ab} 平均值(非理想器件产生的电压)。变换器参数如下：

$$V_i = 400\ \text{V},\quad I_o' = 10\ \text{A},\quad f_s = 20\ \text{kHz},\quad L_c = 40\ \mu\text{H},\quad C = 10\ \mu\text{F}$$

画出电容 C 上的电压 v_C 并计算其峰值电流，所有器件均为理想器件。

答案：$v_{C\,peak} = 12\ \text{V}$。

2. 对于理想的 FB-PWM 变换器，如图 8.26 所示，(a)求其输出电压 V_o 的表达式；(b)计算平均输出电压，其中变换器参数如下：

$V_i = 400\text{ V}$，　$L_o = 2\text{ mH}$，　$C_o = 100\text{ μF}$，　$N_s = N_p(n=1)$，

$R_o = 20\ \Omega$，　$f_s = 40\text{ kHz}$，　$L_c = 40\text{ μH}$，　$D = 0.75(f = 45°)$

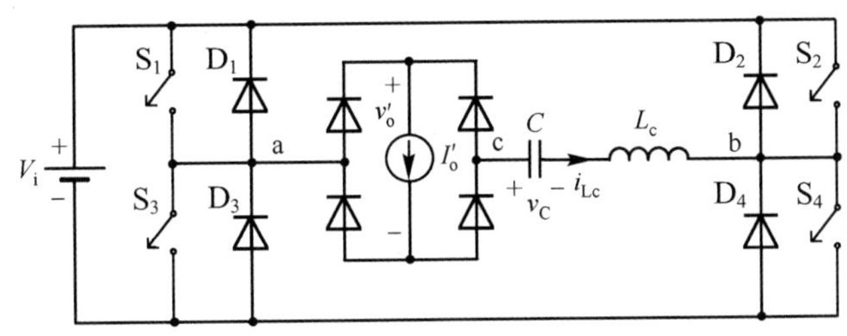

图 8.25　FB-ZVS-PWM 变换器

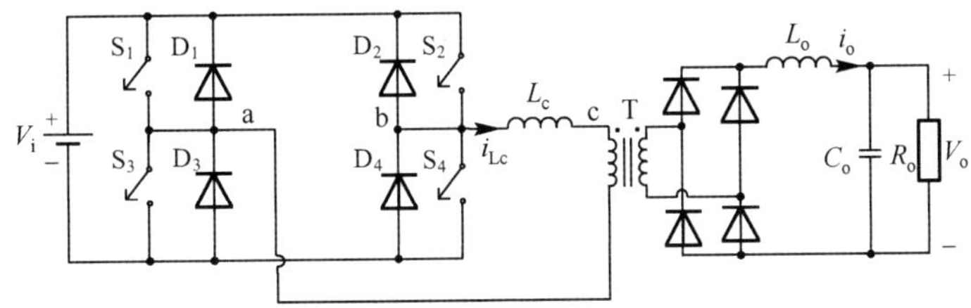

图 8.26　理想的 FB-PWM 变换器

答案：(a) $V_o = (DR_o)/(R_o + 4L_c f_s)$；　(b) $V_o = 227.27\text{ V}$。

3．一个 FB-ZVS-PWM 变换器及其驱动信号如图 8.27 所示。由于驱动信号不对称，电压 v_{ab} 含有被电容 C 阻断的直流分量，计算直流电压分量，变换器参数如下：

$I_o = 10\text{ A}$，　$C = 10\text{ μF}$，　$\Delta t = 1\text{ μs}$，　$N_s = N_p(a=1)$，

$f_s = 40\text{ kHz}$，　$L_c = 25\text{ μH}$，　$L_m = 1\text{ mH}$

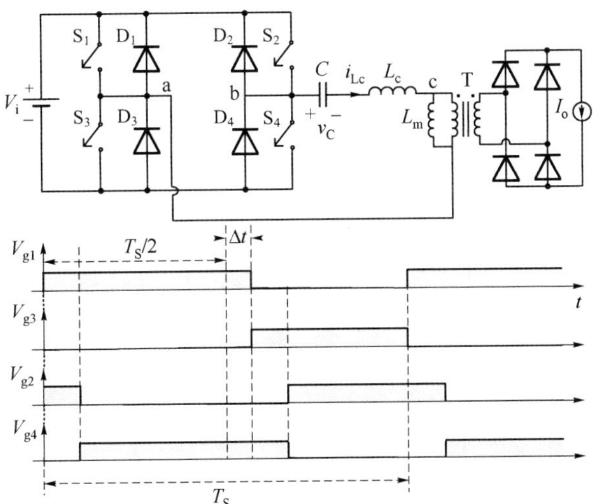

图 8.27　FB-ZVS-PWM 变换器及其驱动信号

答案：$V_c = 8\text{ V}$。

4．FB-ZVS-PWM 变换器如图 8.28 所示，其参数如下：

$$V_i = 400\text{ V},\quad C = C_1 = C_2 = C_3 = C_4 = 0.5\text{ nF},\quad f_s = 40\text{ kHz},$$
$$L_c = 40\text{ μH},\quad \Delta_t = 300\text{ ns}$$

计算：(a) I'_o 的最小值和(b)所有开关管实现 ZVS 换流所需的死区时间。

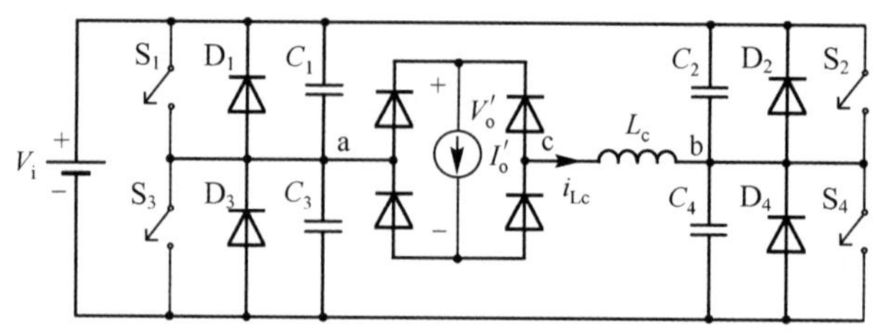

图 8.28 FB-ZVS-PWM 变换器

答案：(a) $I'_o = 2\text{ A}$；(b) $t_d = 314.2\text{ ns}$。

5．FB-ZVS-PWM 变换器如图 8.29 所示，并考虑变压器励磁电感。

(a)描述变换器一个开关周期内的工作过程及主要波形；

(b)求静态增益表达；

(c)求励磁电感峰值电流表达式；

(d)求换流时刻开关管电流表达式。

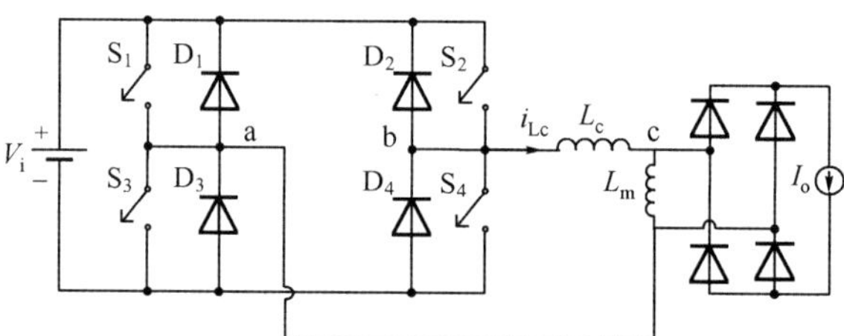

图 8.29 带励磁电感的 FB-ZVS-PWM 变换器

答案：(b) $q = \dfrac{V_o}{V_i} = \left(\dfrac{L_m}{L_c + L_m}\right) \times \left(D - \dfrac{4 f_s L_c I_o}{V_i}\right)$；

(c) $I_{\text{m peak}} = \dfrac{V_i}{4 f_s (L_c + L_m)} \times \left(D - \dfrac{4 f_s L_c I_o}{V_i}\right)$；(d) $I_{\text{s peak}} = I_o + I_{\text{m peak}}$。

6．图 8.29 所示的 FB-ZVS-PWM 变换器参数如下：

$$V_i = 400\text{ V},\quad I_o = 10\text{ A},\quad f_s = 20\text{ kHz},$$
$$L_c = 50\text{ μH},\quad L_m = 500\text{ μH},\quad D = 0.8$$

求：

(a)输出电压 V_o 的平均值；

(b)励磁电流峰值；

(c)在换流时刻开关管的峰值电流。

答案：(a) $V_o = 254.54\text{ V}$；(b) $I_{\text{m peak}} = 6.36\text{ A}$；(c) $I_{\text{s peak}} = 16.36\text{ A}$。

第 9 章　中点钳位型三电平 ZVS-PWM 变换器

符 号 表

V_i	直流输入电压
V_o	直流输出电压
P_o	额定输出功率
C_o	输出滤波电容
L_o	输出滤波电感
R_o	输出负载电阻
PWM	脉冲宽度调制
ZVS	零电压开关
q	静态增益
D	占空比
D_{nom}	额定占空比
D_{ef}	有效占空比
ΔD	丢失的占空比
f_s	开关频率
T_s	开关周期
t_d	死区时间
T	变压器
n	变压器匝数比
v'_o（V'_o）	折算到变压器原边侧的输出直流电压，以及其归一化值
i_o	输出电流
I'_o（$\overline{I'_o}$）	折算到变压器原边侧的平均输出电流，以及其归一化值
$I'_{o\,crit}$	折算到变压器原边侧的临界平均输出电流
S_1， S_2， S_3和 S_4	开关管
v_{g1}， v_{g2}， v_{g3}和v_{g4}	开关管 S_1， S_2， S_3和S_4的驱动信号
D_1， D_2， D_3和 D_4	外接的反并联二极管（MOSFET 体二极管）
D_{c1}，D_{c2}	钳位二极管
$C = C_1 = C_2 = C_3 = C_4$	外接的电容（或是 MOSFET 寄生电容）
L_r	谐振电感
C_r	谐振电容
$i_{Lr\,peak}$	谐振电感峰值电流
$v_{Cr\,peak}$	谐振电感峰值电压
L_c	谐振电感（可能是变压器漏感，或是额外增加的电感）
ω_o	谐振角频率
v_{C1}， v_{C2}， v_{C3}和v_{C4}	电容电压

续表

v_{ab}	a 和 b 两点之间的交流电压
v_{S1}，v_{S2}，v_{S3} 和 v_{S4}	开关管电压
i_{S1}，i_{S2}，i_{S3} 和 i_{S4}	开关管电流
i_{C1}，i_{C2}，i_{C3} 和 i_{C4}	电容电流
ΔT	$v_{ab}=\pm V_i$ 的时区
Δt_2	DCM 下第一步和第四步过程的时区
Δt_{10}	CCM 下的时区 1（t_1-t_0）
Δt_{21}	CCM 下的时区 2（t_2-t_1）
Δt_{32}	CCM 下的时区 3（t_3-t_2）
Δt_{43}	CCM 下的时区 4（t_4-t_3）
Δt_{54}	CCM 下的时区 5（t_5-t_4）
Δt_{65}	CCM 下的时区 6（t_6-t_5）
Δt_{76}	CCM 下的时区 7（t_7-t_6）
Δt_{87}	CCM 下的时区 8（t_8-t_7）
$I_{S14\,RMS}$（$\overline{I_{S14\,RMS}}$）	开关管 S_1 和 S_4 的 RMS 有效电流值，以及其归一化值
$I_{S23\,RMS}$（$\overline{I_{S23\,RMS}}$）	开关管 S_2 和 S_3 的 RMS 有效电流值，以及其归一化值
I_{D1234}（$\overline{I_{D1234}}$）	二极管 D_1，D_2，D_3，D_4 的平均电流，以及其归一化值
I_{DC12}（$\overline{I_{DC12}}$）	钳位二极管平均电流，以及其归一化值

9.1 引言

前述章节所研究的变换器都不适合用于直流母线电压超过开关管能承受的最大电压的场合。

为了克服以上缺点，1993 年有文献提出了一种中点钳位型三电平(Three-Level，TL) ZVS-PWM 变换器[1]，如图 9.1 所示，它和 FB-ZVS-PWM 变换器(带输出滤波电感)的工作方式类似，我们在第 8 章分析了 FB-ZVS-PWM 变换器的工作过程。

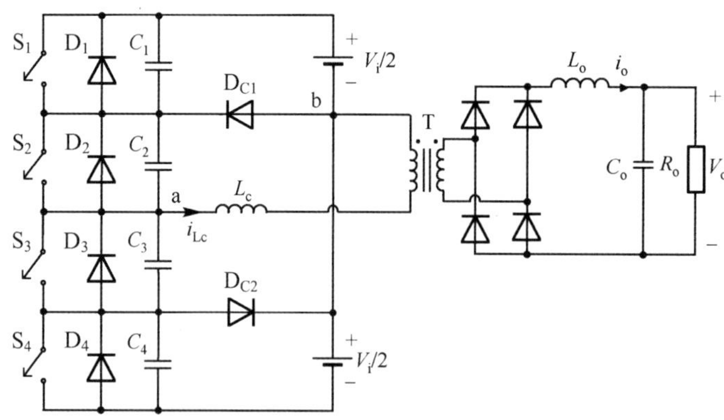

图 9.1 中点钳位型三电平 ZVS-PWM 变换器(带输出滤波电感)

TL-ZVS-PWM 的开关管换流过程及输出特性与 FB-ZVS-PWM 变换器完全一致，只是功率开关管电压被钳位在母线电压的一半（$V_i/2$）。

9.2　电路工作过程

在本节中，分析了如图 9.2 所示的变换器，所有的参数均是折算到变压器原边侧的。为简化起见，做如下假设：

- 所有器件均为理想器件；
- 变换器工作于稳态；
- 输出滤波器用一个直流电压源 I_o' 代替，其值为折算到变压器原边侧的输出电流值；
- 变换器通过 PWM 调制，开关管 S_2 和 S_3 以 50%的占空比互补驱动，开关管 S_1 和 S_4 工作于可变占空比 D，用于控制功率向负载传输。

变换器的一个开关周期的工作过程被分成了 8 个时区，每个时区有着不同的开关状态。

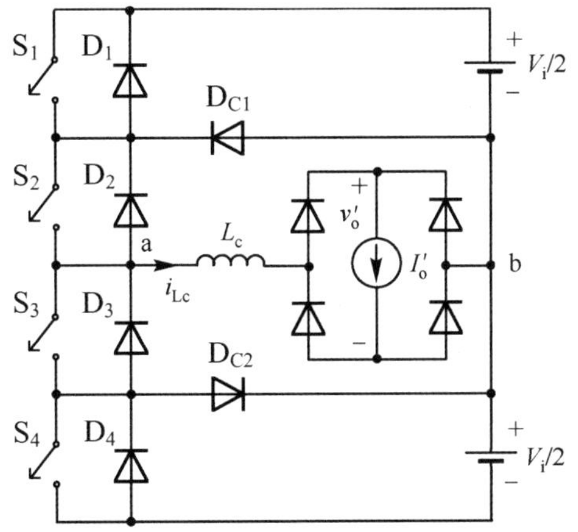

图 9.2　中点钳位型三电平 ZVS-PWM 变换器的等效电路图

1．时区 Δt_1（时区 1，$t_0 \leqslant t \leqslant t_1$）

时区 1 的等效电路图如图 9.3 所示，它开始于时刻 $t = t_0$，电感电流等于 I_o'。开关管 S_1 和 S_2 开始导通并流过输出电流，电压 $v_{ab} = V_i / 2$，能量传输到负载侧。

2．时区 Δt_2（时区 2，$t_1 \leqslant t \leqslant t_2$）

在时刻 $t = t_1$，S_1 关断时，钳位二极管 D_{C1} 和 S_2 开始流过输出电流，其等效电路图如图 9.4 所示。在此时区内，$v_{ab} = 0$ 且输出电流源被整流二极管所短路。

3．时区 Δt_3（时区 3，$t_2 \leqslant t \leqslant t_3$）

时区 Δt_3 开始于时刻 $t = t_2$，此时开关管 S_2 关断，S_3 和 S_4 导通。因为电感电流为负，电流流入二极管 D_3 和 D_4，如图 9.5 所示。输出电流源仍然被整流二极管短路掉。输出电压 $v_{ab} = -V_i / 2$ 且电感 L_c 中的电流线性减小。

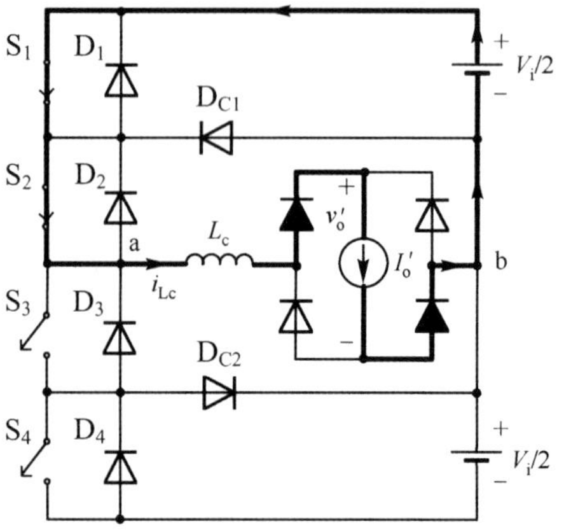

图 9.3　时区 1 的等效电路图

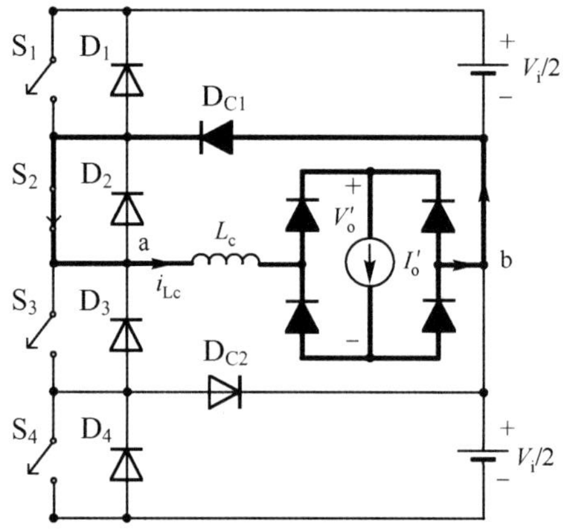

图 9.4　时区 2 的等效电路图

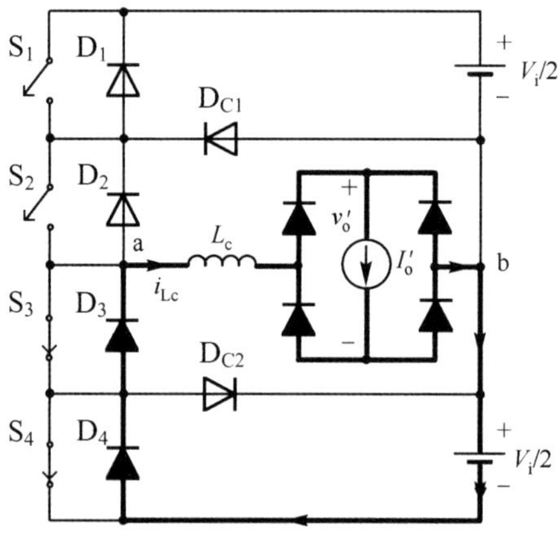

图 9.5　时区 3 的等效电路图

4．时区 Δt_4（时区 4，$t_3 \leqslant t \leqslant t_4$）

此时区开始于时刻 $t = t_3$，电感电流降到零。开关管 S_3 和 S_4 开始流过电感电流 i_{Lc}，并且线性减小。输出电流源仍然被整流二极管所短路，其等效电路图如图 9.6 所示。

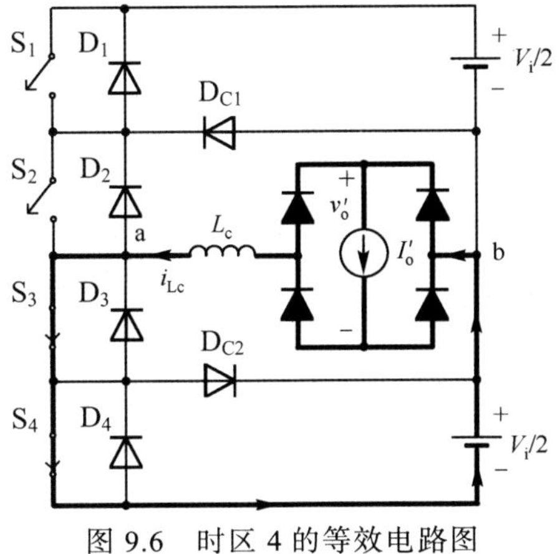

图 9.6　时区 4 的等效电路图

5．时区 Δt_5（时区 5，$t_4 \leqslant t \leqslant t_5$）

时区 5 的等效电路图如图 9.7 所示，时区 5 开始于时刻 $t = t_4$，当电感电流 $i_{Lc} = -I'_o$ 时，开关管 S_1 和 S_2 流过电流 $-I'_o$，电压 $v_{ab} = -V_i / 2$，能量向负载传输。

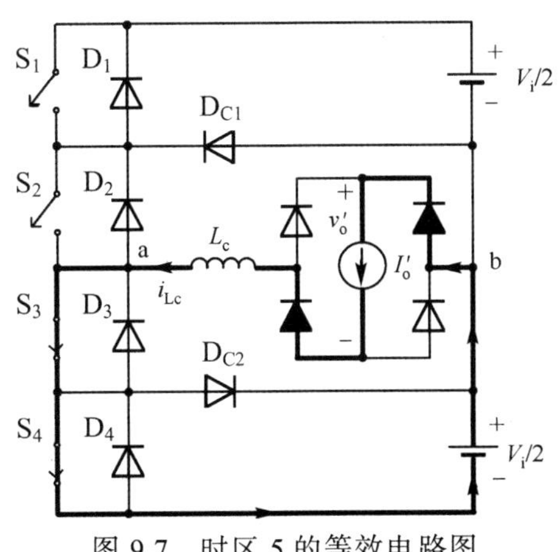

图 9.7　时区 5 的等效电路图

6．时区 Δt_6（时区 6，$t_5 \leqslant t \leqslant t_6$）

在时刻 $t = t_5$，开关管 S_4 关断，钳位二极管 D_{C2} 和开关管 S_3 流过输出电流，如图 9.8 所示。因为 $v_{ab} = 0$，输出电流源再次被整流二极管所短路。

7．时区 Δt_7（时区 7，$t_6 \leqslant t \leqslant t_7$）

时区 7 开始于时刻 $t = t_6$，此时开关管 S_3 关断，S_1 和 S_2 导通。因为电感电流 i_{Lc} 为负，它流过二极管 D_1 和 D_2，如图 9.9 所示。输出电流源仍然被二极管所短路。电压 $v_{ab} = V_i / 2$，电感电流 i_{Lc} 线性增大。

8．时区 Δt_8（时区 8，$t_7 \leqslant t \leqslant t_8$）

时区 8 的等效电路图如图 9.10 所示，它开始于时刻 t_7，此时开关管 S_1 和 S_2 开始导通，流过的电感电流 i_{Lc} 线性增大。输出恒流源仍然被二极管所短路。

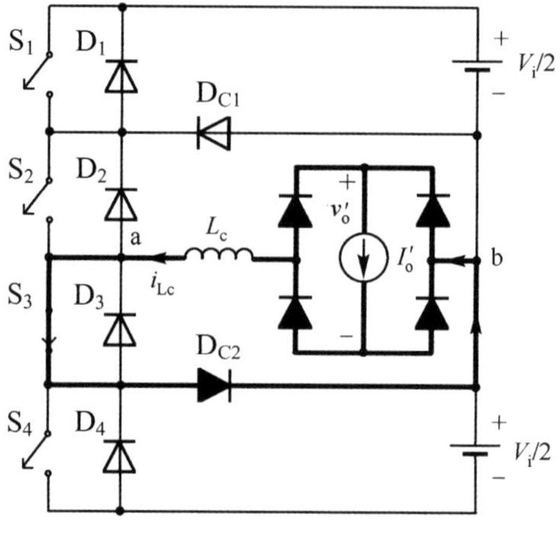

图 9.8　时区 6 的等效电路图

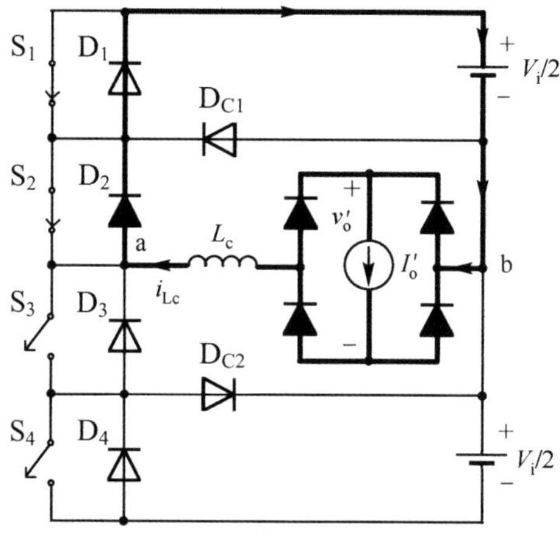

图 9.9　时区 7 的等效电路图

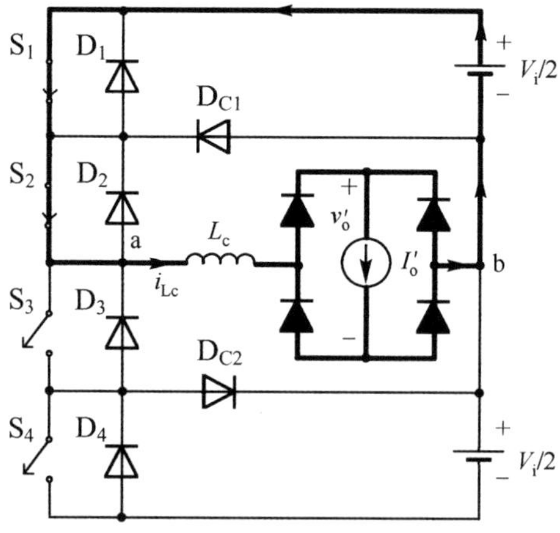

图 9.10　时区 8 的等效电路图

相关波形和时序图如图 9.11 所示。

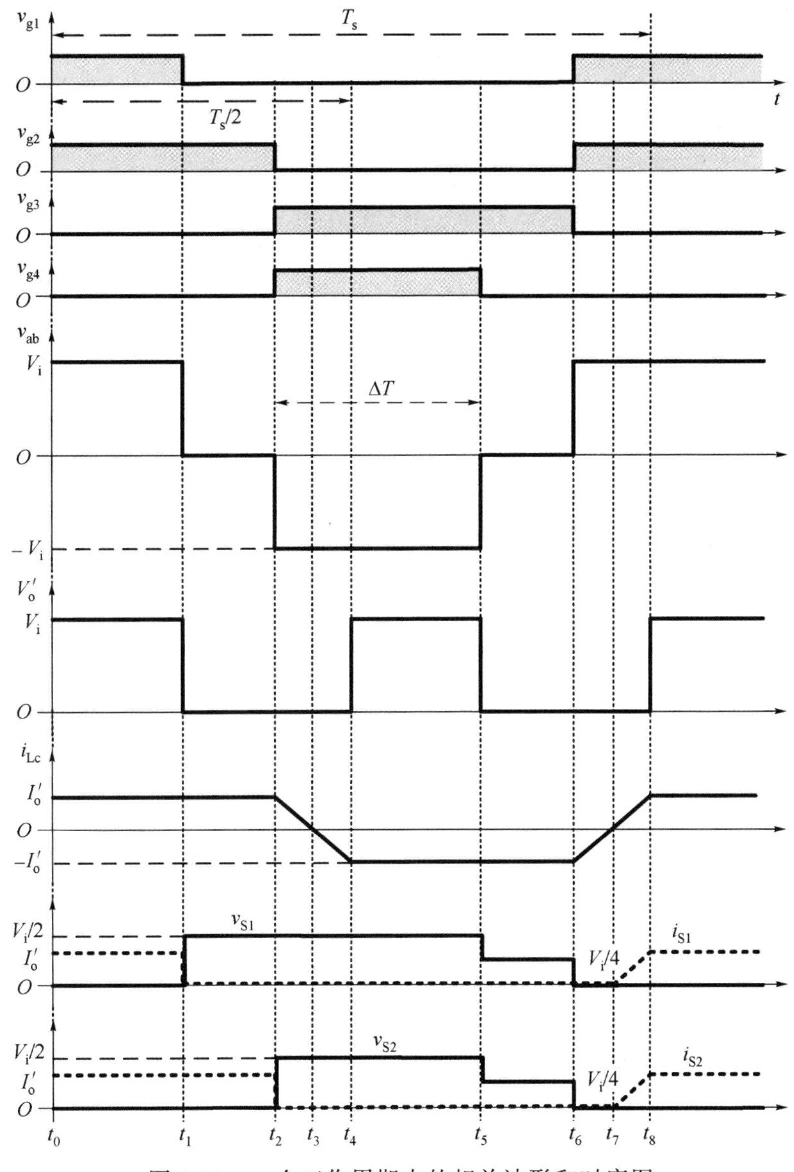

图 9.11　一个工作周期内的相关波形和时序图

9.3　数学分析

1. 输出特性

因为变换器在一个开关周期内是对称的，所以有 $\Delta t_{10} = \Delta t_{54}$，$\Delta t_{21} = \Delta t_{65}$，$\Delta t_{32} = \Delta t_{76}$，$\Delta t_{43} = \Delta t_{87}$。

根据图 9.11 所示的时序图，$v_{ab} = \pm V_i$ 时的所有开关时区为

$$\Delta T = \Delta t_{32} + \Delta t_{43} + \Delta t_{54} = \Delta t_{10} + \Delta t_{76} + \Delta t_{87} \tag{9.1}$$

半个开关周期为

$$\frac{T_s}{2} = \Delta T + \Delta t_{21} \tag{9.2}$$

根据占空比的定义，有

$$D = \frac{\Delta T}{T_s / 2} \tag{9.3}$$

此时区内电感电流 i_{Lc} 线性增加，输出电压 v_o' 为零。所以此时区内没有能量向负载传输。有效占空比 D_{ef} 定义如下：

$$D_{ef} = \frac{\Delta t_{10}}{T_s / 2} = \frac{\Delta t_{54}}{T_s / 2} \tag{9.4}$$

时区 Δt_{32} 和时区 Δt_{21} 的时间长度可以计算如下：

$$\Delta t_{32} = (D - D_{ef})\frac{T_s}{4} \tag{9.5}$$

$$\Delta t_{21} = (1 - D)\frac{T_s}{2} \tag{9.6}$$

根据时区 Δt_4 和时区 Δt_8 时区的等效电路，有

$$\frac{V_i}{2} = L_c \frac{di_{Lc}(t)}{dt} \tag{9.7}$$

对上式进行拉普拉斯变换得到

$$I_{Lc}(s) = \frac{V_i / 2}{s^2 L_c} \tag{9.8}$$

再进行拉普拉斯逆变换有

$$i_{Lc}(t) = \frac{V_i / 2}{L_c} t \tag{9.9}$$

时区 Δt_{43} 和时区 Δt_{87} 在电感电流达到 I_o' 时结束，即

$$\Delta t_{43} = \Delta t_{87} = \frac{I_o' L_c}{V_i / 2} \tag{9.10}$$

将式(9.4)和式(9.10)代入式(9.1)得到

$$\Delta T = D\frac{T_s}{2} = \Delta t_{32} + \Delta t_{43} + \Delta t_{54} = \frac{2I_o' L_c}{V_i / 2} + D_{ef}\frac{T_s}{2} \tag{9.11}$$

因此

$$D_{ef} = D - \frac{4I_o' L_c f_s}{V_i / 2} \tag{9.12}$$

化简可得

$$D_{ef} = D - \overline{I_o'} \tag{9.13}$$

式中，$\overline{I_o'} = \dfrac{4I_o' L_c f_s}{V_i / 2}$ 是由于串联电感 L_c 导致的占空比丢失量。

从上述公式可以得到折算到原边侧的输出电压

$$V_o' = D_{ef}\frac{V_i}{2} = (D - \overline{I_o'})\times\frac{V_i}{2} \tag{9.14}$$

因此，静态增益 q 的表达式为

$$q = \frac{V_o'}{V_i/2} = D - \overline{I_o'} \tag{9.15}$$

TL-ZVS-PWM 变换器理论输出特性由式(9.15)给出，其曲线图如图 9.12 所示(以占空比为参变量，静态增益和归一化输出电流的函数关系)。可以看到，由于漏感 L_c 上存在压降，平均输出电压 V_o' 与负载电流 I_o' 相关。

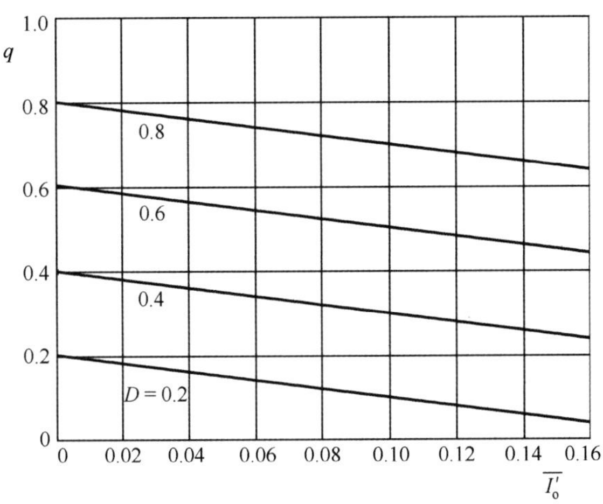

图 9.12　TL-ZVS-PWM 变换器理论输出特性曲线图

2. 开关管 RMS 电流

开关管 S_1 和 S_4 的有效值或 RMS 电流由下式给出

$$I_{S14\,RMS} = \sqrt{\frac{1}{T_s}\left[\int_0^{\Delta t_{87}}\left(I_o'\frac{t}{\Delta t_{87}}\right)^2 dt + \int_0^{\Delta t_{10}} I_o'^2 dt\right]} \tag{9.16}$$

对时间 t 积分，得

$$I_{S14\,RMS} = \frac{I_o'}{2}\sqrt{\frac{D+5D_{ef}}{3}} \tag{9.17}$$

将式(9.12)代入式(9.17)，再经过适当运算可以求得开关管 S_1 和 S_4 中的归一化 RMS 电流

$$\overline{I_{S14\,RMS}} = \frac{I_{S14\,RMS}}{I_o'} = \frac{1}{2}\sqrt{2D - \frac{5I_o'}{3}} \tag{9.18}$$

类似地，开关管 S_2 和 S_3 中的 RMS 电流为

$$I_{S23\,RMS} = \sqrt{\frac{1}{T_s}\left[\int_0^{\Delta t_{87}}\left(I_o'\frac{t}{\Delta t_{87}}\right)^2 dt + \int_0^{\Delta t_{10}} I_o'^2 dt + \int_0^{\Delta t_{21}} I_o'^2 dt\right]} \tag{9.19}$$

同样积分处理，可以得到

$$I_{S23\,RMS}=I'_o\sqrt{\frac{6-5(D-D_{ef})}{12}} \tag{9.20}$$

将式(9.12)代入式(9.20)，可以得到开关管S_2和S_3中的归一化 RMS 电流

$$\overline{I_{S23\,RMS}}=\frac{I_{S23\,RMS}}{I'_o}=\sqrt{\frac{6-5I'_o}{12}} \tag{9.21}$$

$\overline{I_{S14\,RMS}}$与归一化输出电流的关系曲线如图 9.13 所示。

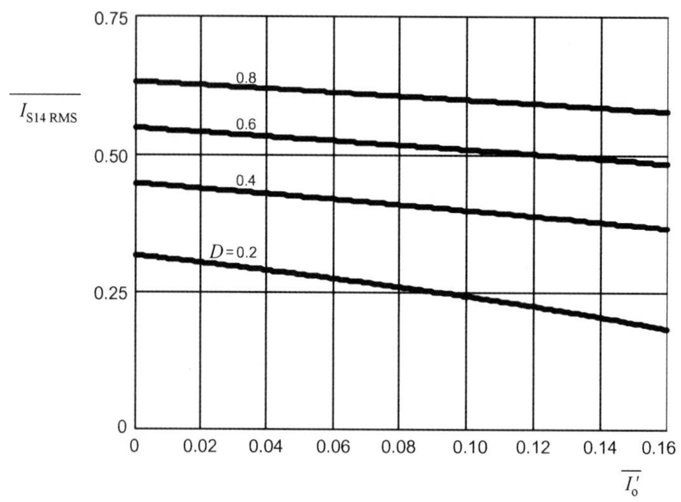

图 9.13　开关管S_1和S_4的归一化 RMS 电流与归一化输出电流的关系曲线(以占空比 D 为参变量)

3. 输出二极管平均电流

输出二极管平均电流为

$$I_{D1234}=\frac{1}{T_s}\int_0^{\Delta t_{32}}\left(I'_o-\frac{I'_o}{\Delta t_{32}}t\right)dt \tag{9.22}$$

积分处理

$$I_{D1234}=I'_o\frac{(D-D_{ef})}{8} \tag{9.23}$$

将式(9.12)代入式(9.23)可以得到

$$\overline{I_{D1234}}=\frac{I_{D1234}}{I'_o}=\frac{I'_o}{8} \tag{9.24}$$

4. 钳位二极管 D_5 和 D_6 的平均电流

钳位二极管的平均电流为

$$I_{Dc12}=\frac{1}{T_s}\int_0^{\Delta t_{21}}I'_o dt \tag{9.25}$$

对上式积分并化简得

$$\overline{I_{Dc12}} = \frac{I_{Dc12}}{I_o'} = \frac{(1-D)}{2} \tag{9.26}$$

与参数化输出电流的关系曲线如图 9.14 所示。

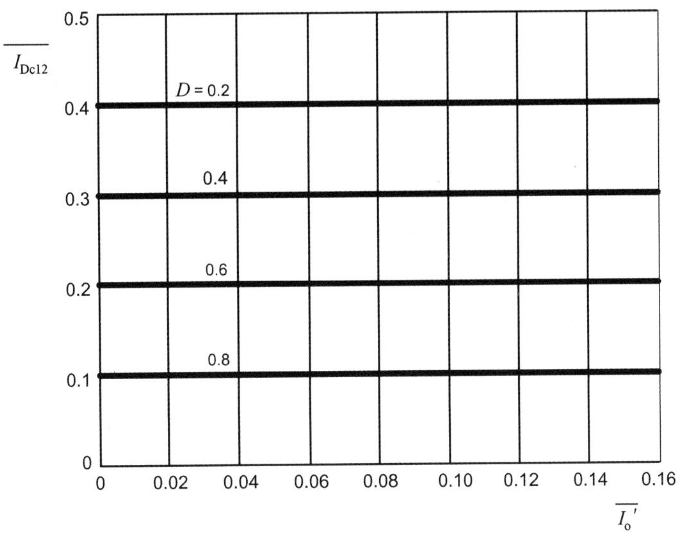

图 9.14　钳位二极管平均电流与参数化输出电流的关系曲线(以占空比 D 为参变量)

9.4　换流过程分析

在本节中，并联开关管上外接了谐振电容，并考虑到死区时间。所以可以用于分析其软开关换流过程。这样共增加了额外 4 个换流时区，选择一个合适的谐振电容可以实现宽范围负载下的 ZVS 软开关。

1. 开关管 S₁ 和 S₄ 的换流过程

第一个换流时刻发生于时区 Δt_1 和 Δt_2 之间(如 9.2 节所示)。在时区 Δt_1 内，电容 C_1 和 C_2 被放电，而电容 C_3 和 C_4 均被充电到 $+V_i/2$。此时开关管 S_1 关断，电容 C_1 开始以恒流方式充电，因此其电压线性上升到 $+V_i/2$。同样地，电容 C_3 和 C_4 以恒流方式放电，电容上电压线性降低到 $V_i/4$。变换器的等效电路图和相关波形如图 9.15 所示。

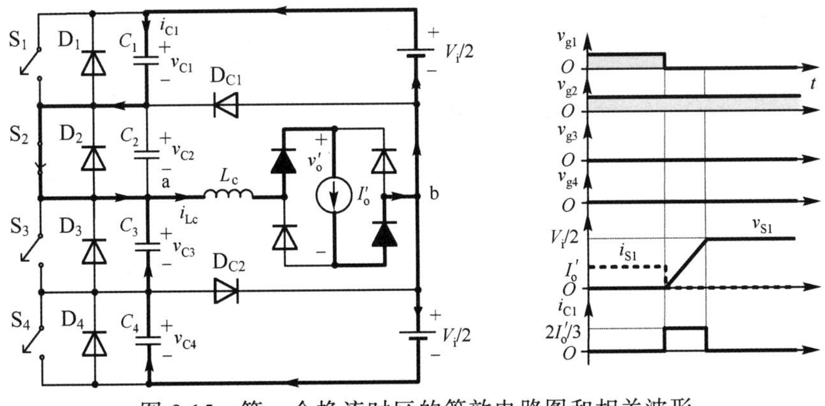

图 9.15　第一个换流时区的等效电路图和相关波形

在此换流时区内，电容 C_1、C_3、C_4 上的电压可由下式求得：

$$v_{C1}(t)=\frac{I'_o t}{1.5C} \tag{9.27}$$

$$v_{C3}(t)+v_{C4}(t)=V_i-\frac{I'_o t}{1.5C} \tag{9.28}$$

且有 $C=C_1=C_2=C_3=C_4$。

另外半个开关周期也发生了类似的换流过程，它发生于时区 5 和时区 6 之间的某个时刻，见 9.2 节。其换流时区的等效电路图和相关波形如图 9.16 所示。

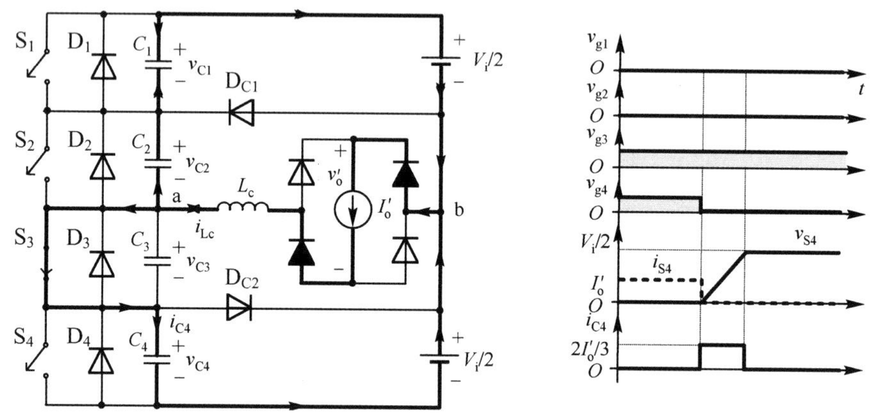

图 9.16　第三个换流时区的等效电路图和相关波形

2．开关管 S_2 和 S_3 的换流过程

更为关键的换流过程发生在内侧开关管 S_2 或 S_3 关断的时刻。

首先分析 S_2 的换流过程，它开始于其关断的瞬间。变换器在此时区的等效电路图和相关波形如图 9.17 所示。在换流开始之前，电容 C_2 放电而电容 C_3 和 C_4 均充电到 $V_i/4$。

在开关管 S_2 关断的时间内，电容 C_2 开始充电且其电压以振荡的方式上升到 $V_i/2$。类似地，电容 C_3 和 C_4 同样以振荡方式放电。如果在死区时间结束之前，电容 C_2 上的电压没有达到 $V_i/2$，则无法实现 ZVS。

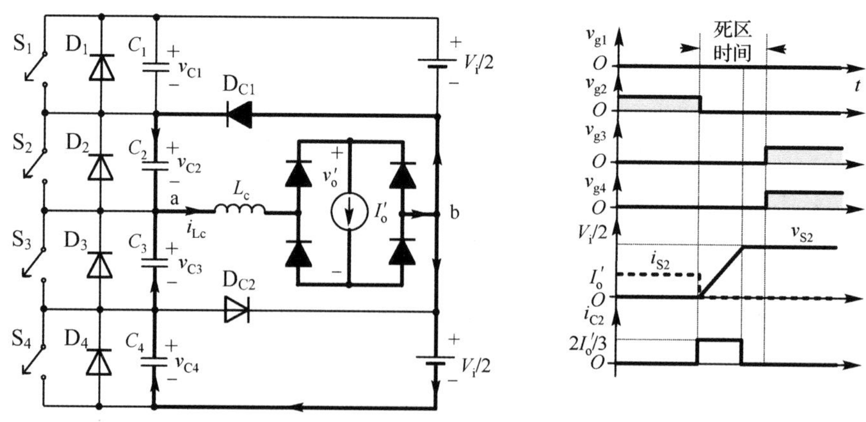

图 9.17　第二个换流时区的等效电路图和相关波形

在此时区内，电容 C_2 上的电压依下式变化：

$$v_{C2}(t)=\sqrt{\frac{L_c}{1.5C}}I'_o\sin(\omega_o t) \tag{9.29}$$

其中，$\omega_o=\dfrac{1}{\sqrt{1.5L_cC}}$。

为了完成 C_2 的充电，并实现理想的 ZVS，必须满足如下约束条件：

$$I'_o\sqrt{\frac{L_c}{1.5C}}\geqslant\frac{V_i}{2} \tag{9.30}$$

因此，折算到原边侧所需的最小负载电流为

$$I'_{o\,crit}=\frac{V_i}{2}\sqrt{\frac{1.5C}{L_c}} \tag{9.31}$$

同样的换流过程发生在另外半个开关周期，它处于时区 6 和时区 7 之间，见 9.2 节。该换流时区的等效电路图和相关波形如图 9.18 所示。

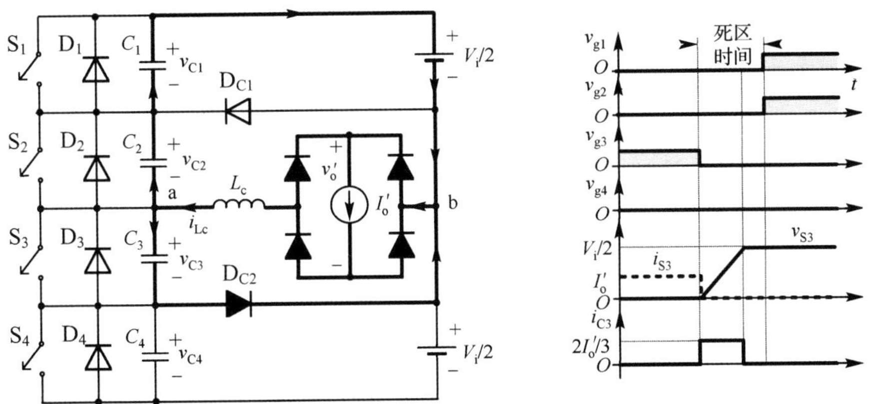

图 9.18　第四个换流时区的等效电路图和相关波形

对于此 FB-ZVS-PWM DC-DC 变换器，前述章节已经推导出了其换流或开关管两端的电压变化过程。只需将等效电容从 $C_{eq}=2C$ 换成 $C_{eq}=3C/2$，这些方程对于 TL-ZVS-PWM 也同样适用，

$$\Delta t=\left[\frac{\pi}{2}-\arccos\left(\frac{V_i}{2I'_{o\,crit}}\sqrt{\frac{3C}{2L_c}}\right)\right]\sqrt{\frac{3CL_c}{2}} \tag{9.32}$$

开关管驱动信号之间的死区时间 t_d 必须长于 Δt，以防止直通短路。因此有

$$t_d\geqslant\Delta t \tag{9.33}$$

9.5　简化设计方法及一个换流参数设计实例

在本节中，利用之前章节得到的分析结果，给出了一种简化设计方法，并给出了一个变换器换流参数设计实例。用于设计举例的变换器的参数规格如表 9.1 所示。

表 9.1 变换器的参数规格

直流输入电压 V_i	400 V
直流输出电压 V_o	50 V
直流输出电流 I_o	10 A
输出功率 P_o	500 W
开关频率 f_s	40 kHz

我们选择一个静态参数 $q=0.8$。因此，折算到原边侧输出直流电压 V_o' 为

$$V_o' = \frac{V_i}{2} q = 200 \times 0.8 = 160 \text{ V}$$

变压器匝数比

$$n = \frac{V_o'}{V_o} = \frac{160}{50} = 3.2$$

折算到原边侧的额定负载电流为

$$I_o' = \frac{L_o}{n} = \frac{10}{3.2} = 3.125 \text{ A}$$

假设占空比丢失 $\overline{I_o'}$ 为 10%，串联电感 L_c 可以由下式决定：

$$L_c = \frac{I_o'(V_i/2)}{4 f_s I_o'} = \frac{0.1 \times 200}{4 \times 40 \times 10^3 \times 3.125} = 40 \times 10^{-6} \text{ H}$$

令 $C=222$ pF（与开关管并联的电容值）。因此，为了确保内侧开关管 S_2 和 S_3 实现软开关，折算到原边侧的最小负载电流为

$$I'_{\text{o crit}} = \frac{V_i}{2}\sqrt{\frac{1.5C}{L_c}} = 200 \times \sqrt{\frac{1.5 \times 222 \times 10^{-12}}{40 \times 10^{-6}}} = 0.577 \text{ A}$$

此电流值对应着 18.6%的额定负载电流，传递到负载的功率为 93W。这也是为了实现真正 ZVS 换流的最小负载功率。

额定占空比为

$$D_{\text{nom}} = \frac{V_o'}{V_i/2} + \overline{I_o'} = \frac{160}{200} + 0.1$$

因此有

$$D_{\text{nom}} = 0.9$$

有效占空比为

$$D_{\text{ef}} = D_{\text{nom}} - \overline{I_o'} = 0.9 - 0.1 = 0.8$$

死区时间为

$$t_d \geqslant \left[\frac{\pi}{2} - \arccos\left(\frac{V_i}{2I'_{\text{o crit}}}\sqrt{\frac{3C}{2L_c}}\right)\right]\sqrt{\frac{3CL_c}{2}}$$

代入数值，有

$$t_d \geqslant \left[\frac{\pi}{2} - \cos^{-1}\left(\frac{400}{2 \times 0.577}\sqrt{\frac{3 \times 222p}{2 \times 40\mu}}\right)\right]\sqrt{\frac{3 \times 222p \times 40\mu}{2}}$$

$$t_d \geqslant 181.3 \text{ ns}$$

9.6　仿真结果

三电平 ZVS-PWM 变换器的仿真电路图如图 9.19 所示，对 9.5 节中的电路参数进行仿真分析，死区时间为 200 ns。图 9.20 给出了交流电压 v_{ab}、输出电压 v_o'，以及电感电流的波形。我们可以观察到，电感电流线性变化时，使得整流二极管短路（$v_o'=0$），这样减小了有效占空比。

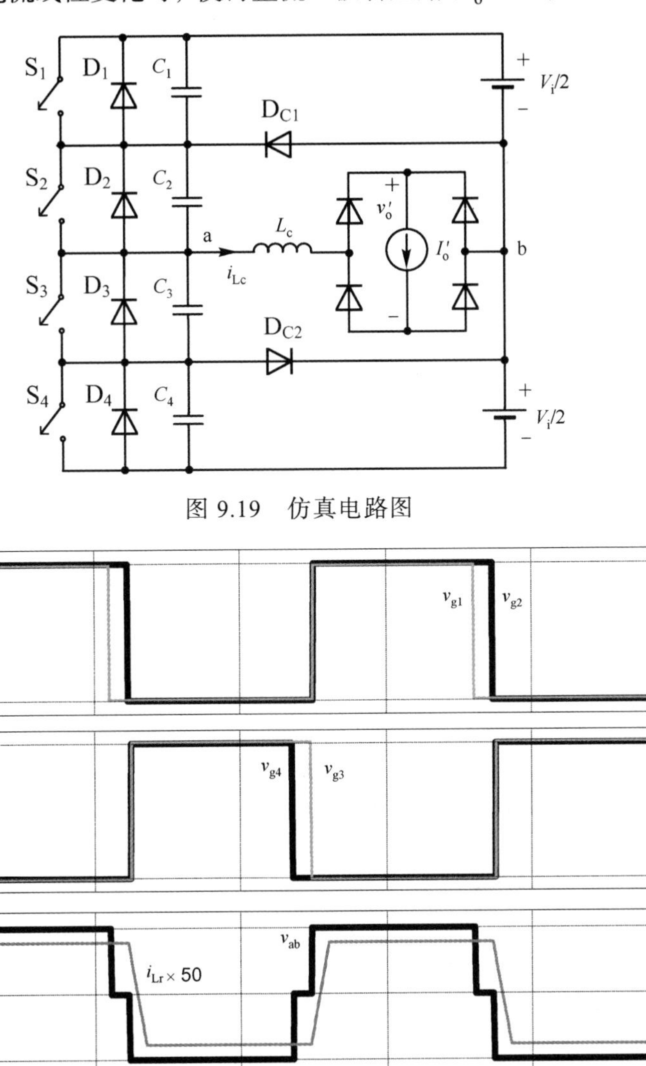

图 9.19　仿真电路图

图 9.20　三电平 ZVS-PWM 变换器的仿真波形：在额定功率下，开关管驱动信号，电压 v_{ab}，v_o' 及电感电流 i_{Lc} 的波形

表 9.2 为器件应力的理论值和仿真结果对比。

表 9.2 理论值和仿真结果对比

	理论值	仿真结果
V_o'[V]	160	159.9
$i_{S14\ RMS}$[A]	1.99	1.99
$i_{S23\ RMS}$[A]	2.12	2.12
I_{D1234}[A]	0.04	0.036
P_o[W]	500	499.9

在额定功率下，开关管 S_1 和 S_2 的换流过程分别呈现在图 9.21 和图 9.23 中。开关管 S_1 和 S_2 关断时的详细情况如图 9.22 和 9.24 所示。可以看到两个开关管都实现了软换流，由于死区时间的存在，内侧开关管 S_2 和 S_3 换流更为困难。

图 9.25 为在临界功率时的开关管 S_2 关断时的详细情况，可以观察到 ZVS 换流已经达到了极限。

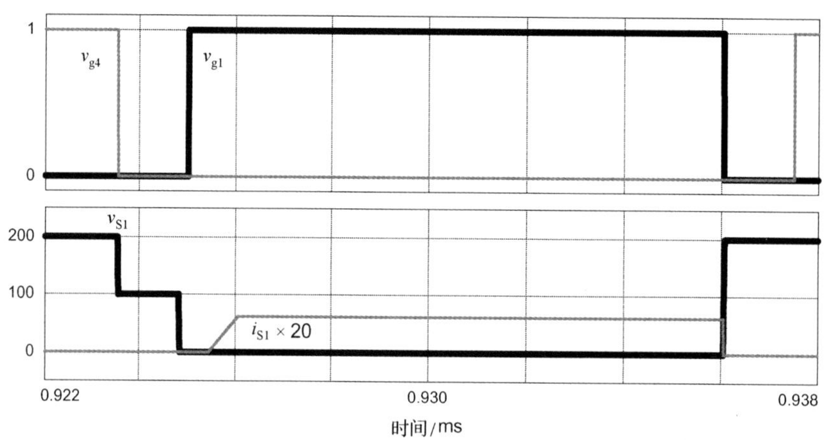

图 9.21 在额定功率下开关管 S_1 的软换流过程：S_1 和 S_4 的驱动信号，以及开关管 S_1 上的电压和电流波形

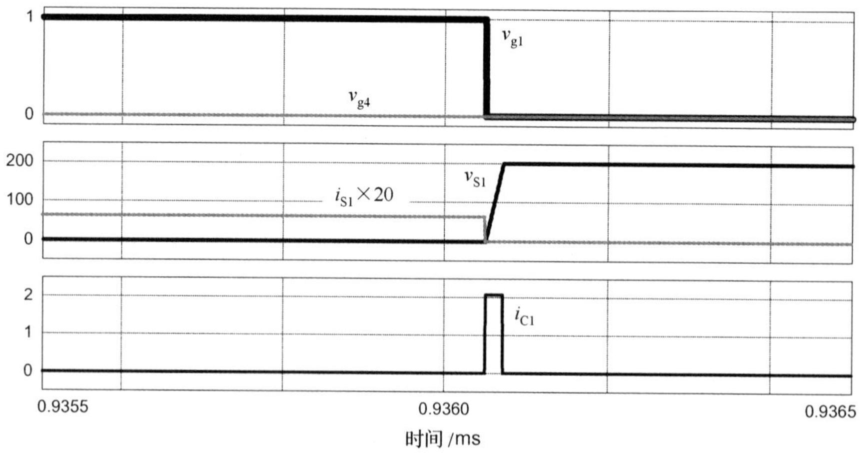

图 9.22 在额定功率下开关管 S_1 关断时的详细情况：S_1 和 S_4 的驱动信号，开关管 S_1 上的电压和电流波形，以及电容 C_1 中的电流波形

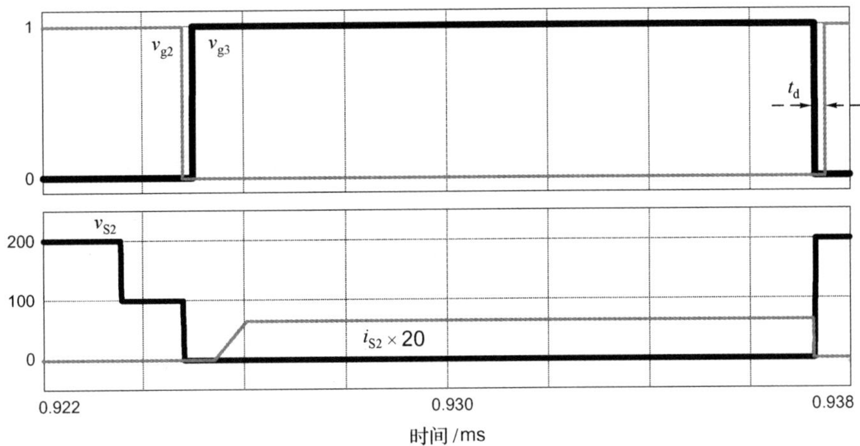

图 9.23　在额定功率下开关管 S_2 的软换流过程：S_2 和 S_3 的驱动信号，以及开关管 S_2 上的电压和电流波形

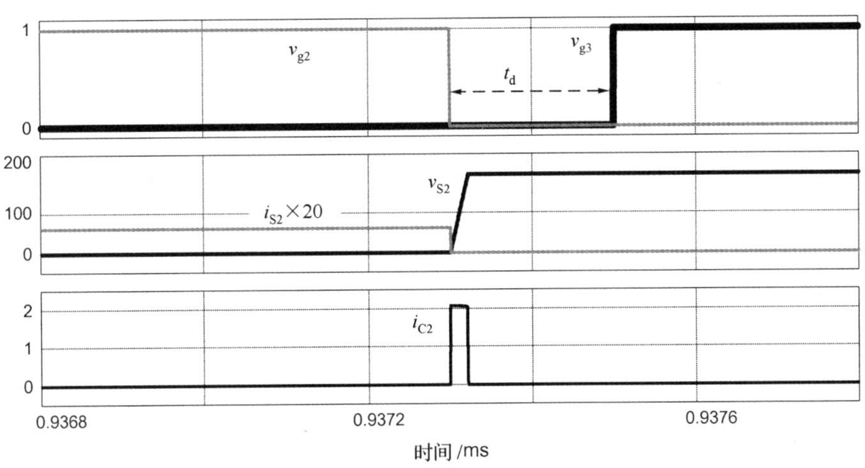

图 9.24　在额定功率下开关管 S_2 关断时的详细情况：S_2 和 S_3 的驱动信号，开关管 S_2 上的电压和电流波形，以及电容 C_2 中的电流波形

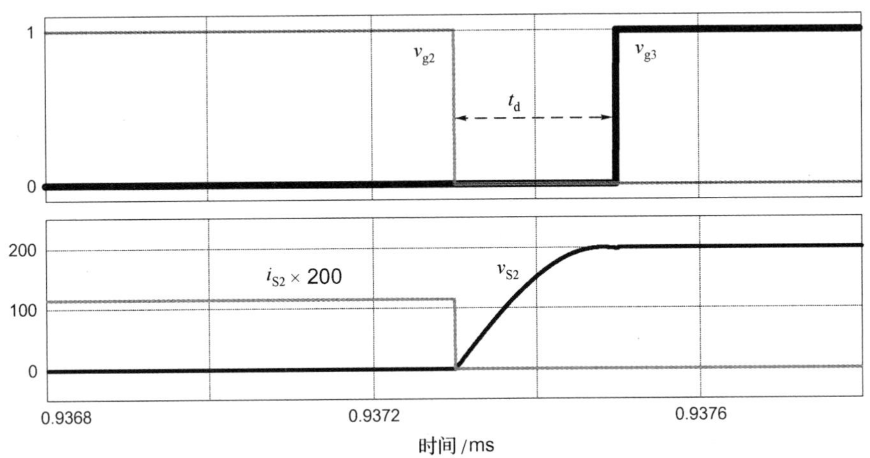

图 9.25　在 ZVS 换流极限下开关管 S_2 关断时的详细情况：S_2 和 S_3 的驱动信号，开关管 S_2 的电压和电流波形

9.7 习题

1．中点钳位型三电平 ZVS-PWM 变换器(带输出滤波电感)，以及其驱动信号，如图 9.26 所示。变换器参数如下：

$$V_i = 800\ \text{V},\quad N_p = 3N_s,\quad f_s = 20\times10^3\ \text{Hz},\quad L_o = 200\ \mu\text{H},\quad C_o = 20\ \mu\text{F},$$
$$R_o = 2\ \Omega,\quad L_c = 120\ \mu\text{H},\quad \Delta T = 15\ \mu\text{s}$$

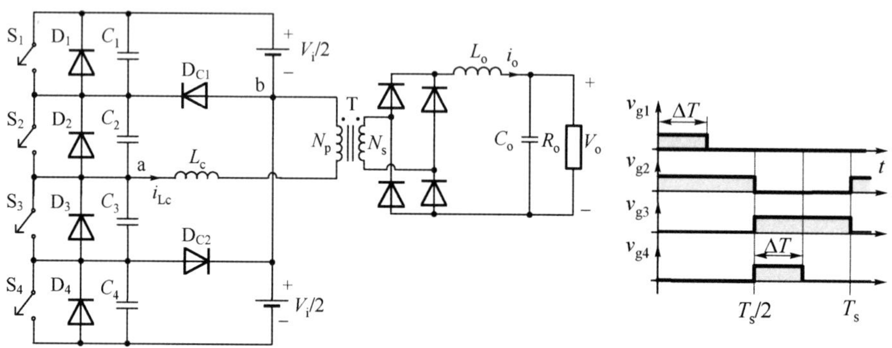

图 9.26 中点钳位型三电平 ZVS-PWM 变换器及其驱动信号

假设所有器件均为理想器件，求：

(a)输出电压 V_o、输出电流 I_o，以及输出功率 P_o；

(b)输出电感电流纹波；

(c)占空比丢失值。

答案：(a) $V_o = 52\ \text{V}$，$I_o = 26\ \text{A}$，$P_o = 1361\ \text{W}$；(b) $\Delta I_{L0} = 4\ \text{A}$；(c) $\Delta D = 0.21$。

2．图 9.26 所示的变换器其谐振电容 $C = 4\ \text{nF}$，且输出有一个很大的滤波电感 L_o，所以其输出纹波电流可以忽略。求：

(a)开关管 S_1 和 S_4 的换流时区大小；

(b)开关管 S_2 和 S_3 的换流时区大小；

(c)确保实现软开关换流的死区时间。

答案：(a) $\Delta t_1 = 276\ \text{ns}$；(b) $\Delta t_2 = 281\ \text{ns}$；(c) $t_d \geqslant 281\ \mu\text{s}$。

3．考虑习题 2 的变换器及其参数，

(a)实现 ZVS 换流条件的最大阻抗 R_o，以及输出电压和输出功率；

(b)对变换器进行仿真验证。

答案：(a) $R_{o\max} = 8.36\ \Omega$；$V_o = 71\ \text{V}$；$P_o = 602\ \text{W}$。

4．带输出滤波电容的中点钳位型三电平 ZVS-PWM 变换器，以及其驱动信号如图 9.27 所示，考虑所有器件均为理想器件。

(a)描述变换器的工作状态，推导其等效电路图和主要波形；

(b)求静态增益表达式，并与第 7 章的带输出滤波电容的 FB-ZVS-PWM 的静态增益进行比较；

(c)对变换器进行仿真验证。

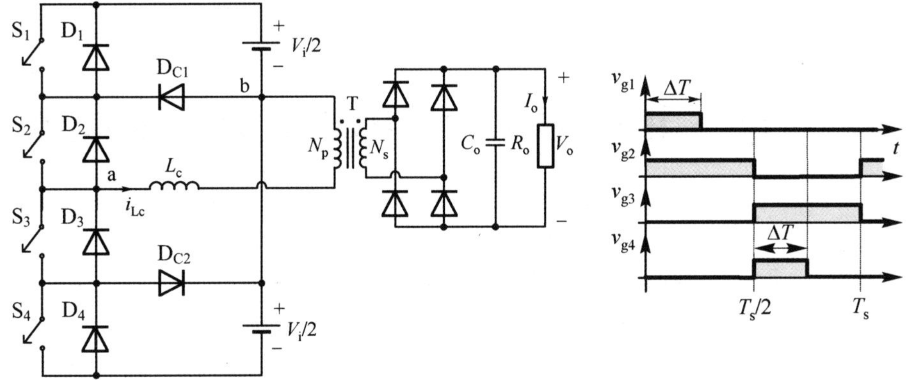

图 9.27　中点钳位型三电平 ZVS-PWM 变换器(带输出滤波电容)及其驱动信号

5. 图 9.27 所示的变换器参数如下：

$$V_i = 800\ \text{V},\quad V_o = 200\ \text{V},\quad N_p = N_s,$$

$$f_s = 50\times10^3\ \text{Hz},\quad L_c = 30\ \mu\text{H},\quad \Delta T = 8\ \mu\text{s}$$

求负载电流 I_o。

答案：$I_o = 27.7\ \text{A}$。

6. 图 9.28 为一个中点钳位型三电平串联谐振变换器，以及其驱动信号，考虑所有器件均为理想器件。变换器工作于固定工作频率，其参数如下：

$$V_i = 800\ \text{V},\quad N_p = N_s,\quad C_r = 52.8\ \text{nF},\quad L_r = 12\ \mu\text{H},\quad R_o = 20\ \Omega,\quad C_o = 10\ \mu\text{F}$$

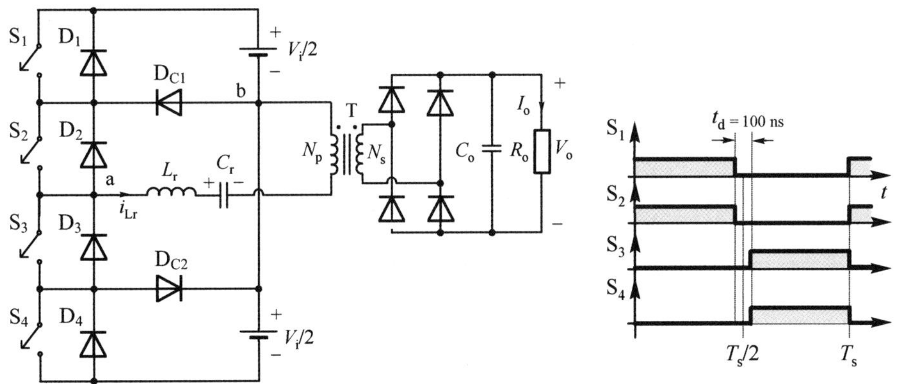

图 9.28　中点钳位型三电平串联谐振变换器及其驱动信号

(a) 计算负载电压 V_o、输出功率 P_o、谐振电容峰值电压 $V_{Cr\,peak}$，以及电感 L_r 中的峰值电流；

(b) 描述变换器的工作过程，推导其等效电路图，同时画出一个开关周期内的主要波形。

答案：$V_o = 400\ \text{V}$，$P_o = 8000\ \text{W}$，$V_{Cr\,peak} = 473.61\ \text{V}$，$I_{Lr\,peak} = 31.416\ \text{A}$。

参考文献

1. Pinheiro, J.R., Barbi, I.: The Three-Level ZVS-PWM DC-to-DC converter. IEEE Trans. Power Electron. 8(4), 486–492(1993)

第 10 章　非对称 ZVS-PWM 半桥变换器

符 号 表

V_i	直流输入电压
V_o	直流输出电压
P_o	额定输出功率
C_o	输出滤波电容
L_o	输出滤波电感
R_o	输出负载电阻
ZVS	零电压开关
q	静态增益
D	占空比
D_{nom}	额定占空比
f_s	开关频率
T_s	开关周期
t_d	死区时间
T	变压器
n	变压器匝数比
v_o'（V_o'）	折算到变压器原边侧的输出直流电压，以及其归一化值
C_{e1}，C_{e2}	直流母线电容
C_{eq}	等效的直流母线电容（$C_{eq}=C_{e1}+C_{e2}$）
v_{Ce1}，v_{Ce2}（V_{Ce1}，V_{Ce2}）	直流母线电容电压和其平均值
Δv_{Ceq}	等效的直流母线电容电压纹波
i_o	输出电流
I_o'	折算到变压器原边侧的平均输出电流
$I'_{o\,crit}$	折算到变压器原边侧的临界平均输出电流
I_1	在时区 1 结束时的励磁电感电流
I_2	在时区 4 结束时的励磁电感电流
S_1 和 S_2	开关管
I_{S1} 和 I_{S2}	开关管换流电流
v_{g1} 和 v_{g2}	开关管 S_1,S_2 的驱动信号
D_1，D_2	反并联二极管(或 MOSFET 体二极管)
C_1，C_2	并联电容(或 MOSFET 寄生电容)
C	$C=C_1=C_2$ 开关管并联电容
L_c	谐振电感(变压器漏感或是外接的电感)
i_{Lc}	谐振电感电流
v_{Lc}	谐振电感电压

续表

L_m	励磁电感
i_{Lm}	励磁电感电流
I_{Lm}	励磁电感平均电流
Δi_{Lm}	励磁电感纹波电流
v_{ab}	a 和 b 两点之间的交流电压
v_{S1}，v_{S2}	开关管上的电压
i_{S1}，i_{S2}	开关管中的电流
i_{C1}，i_{C2}	电容电流
Δt_a	第一步和第二步工作过程的时区
Δt_b	第四步和第五步工作过程的时区
Δt_c	第三步和第二步工作过程的时区
Δt_d	第六步工作过程的时区
$I_{S1\,RMS}$（$\overline{I_{S1\,RMS}}$）	开关管 S_1 的 RMS 有效值电流，以及其归一化值
$I_{S2\,RMS}$（$\overline{I_{S2\,RMS}}$）	开关管 S_2 的 RMS 有效值电流，以及其归一化值

10.1　引言

由于电路简单，传统的半桥变换器现在广泛应用于中功率场合。它和双端正激变换器类似，其开关管只承受直流母线电压而不是二倍电压。相对于双端正激变换器，其主要优点是其对称控制，这意味着基本上平均励磁电流为零。

但是，尽管有这些已知的优点，功率开关管的换流是有损耗的，从而降低了变换器的效率。

为了在半桥变换器中实现 ZVS 软开关换流，提出了一种非对称控制(互补)方式[1]。对两个开关管进行互补驱动，由于变压器漏感可以对谐振电容进行充放电，两个开关管可能会实现 ZVS 开通。

非对称 ZVS-PWM 半桥变换器如图 10.1 所示。

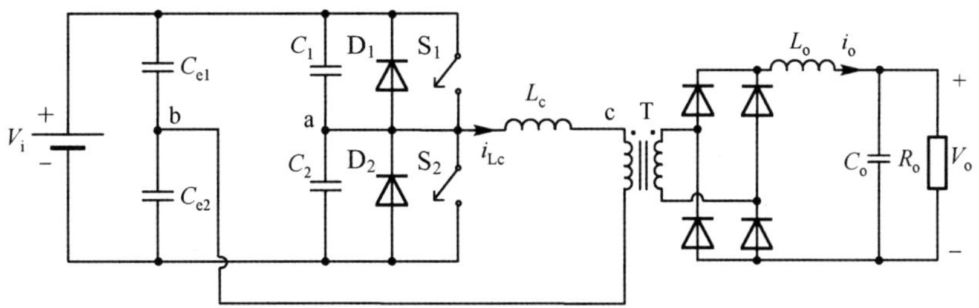

图 10.1　非对称 ZVS-PWM 半桥变换器

直流母线电容 C_{e1} 和 C_{e2}，由于驱动信号不对称所以承受不同的母线电压。稍后可以看到，电容上的电压是占空比 D 的函数，分别如式(10.1)、式(10.2)所示：

$$V_{Ce2} = DV_i \tag{10.1}$$

$$V_{Ce1} = (1-D)V_i \tag{10.2}$$

我们仅需要分析 $0 \leqslant D \leqslant 0.5$ 的情况，因为在 $0.5 \leqslant D \leqslant 1$ 的工作状态是一样的。

10.2 电路工作过程

本节详细分析图 10.2 所示的半桥变换器的工作过程。为简化起见，我们做如下假设：

- 所有器件均为理想器件；
- 变换器工作于稳态；
- 输出滤波器用一个直流电压源 I'_o 代替，其值为折算到变压器原边侧的输出电流值；
- 变换器受非对称 PWM 控制；
- 励磁电感足够大，这样可以忽略纹波电流。

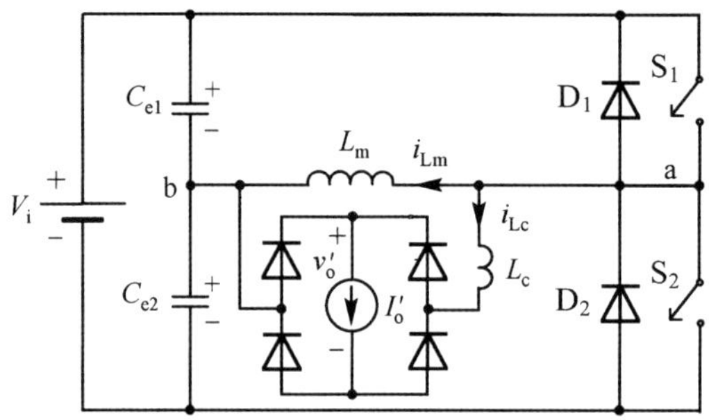

图 10.2 非对称 ZVS-PWM 半桥变换器

变换器在一个开关周期内的工作过程被分成 6 个时区，每个时区有不同的等效电路结构。

1．时区 Δt_1（时区 1， $t_0 \leqslant t \leqslant t_1$）

在时刻 $t = t_0$，开关管 S_2 关断，二极管 D_1 开始导通，如图 10.3 所示。在此时区，能量返回到母线中。电压 $v_{ab} = +V_{Ce1}$，电感电流线性增大直到达到零。

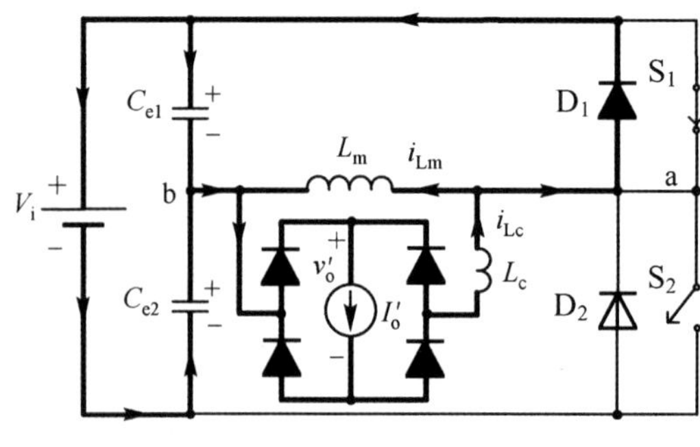

图 10.3 时区 1 的等效电路图

2．时区 Δt_2（时区 2，$t_1 \leqslant t \leqslant t_2$）

此时区开始于换流电感电流达到零时，如图 10.4 所示。在此时刻，开关管 S_1 开始导通，并且电感电流 i_{Lc} 线性增大到 $+I_o' + i_{Lm}$。

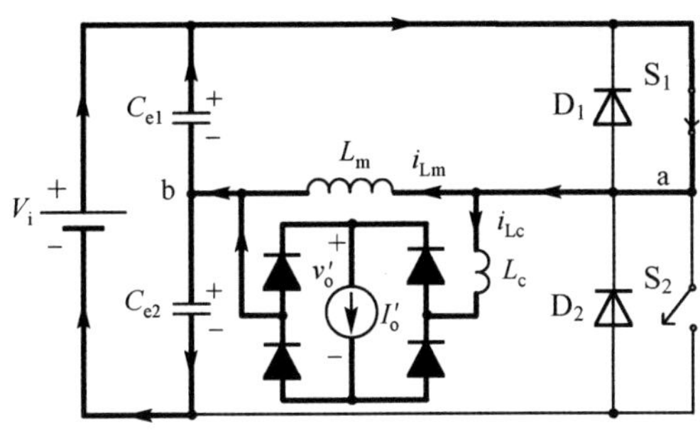

图 10.4　时区 2 的等效电路图

3．时区 Δt_3（时区 3，$t_2 \leqslant t \leqslant t_3$）

时区 3 的等效电路图如图 10.5 所示。它开始于时刻 $t = t_2$，此时电感电流达到 $+I_o' + i_{Lm}$。开关管 S_1 流过电流，电压 $v_{ab} = +V_{Ce1}$，能量从直流母线传输到负载中。时区在开关管 S_1 关断且 S_2 导通时结束。

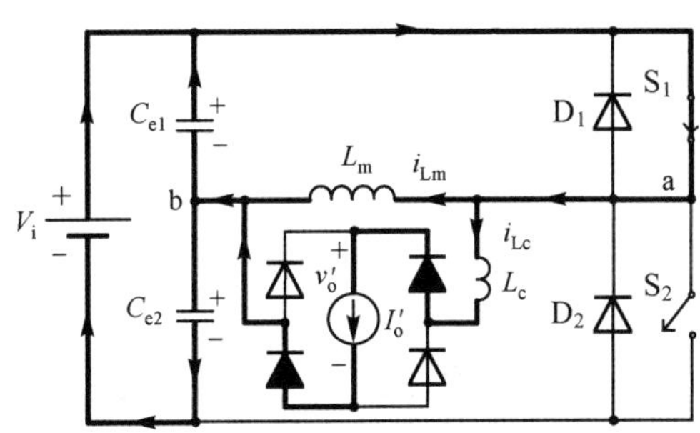

图 10.5　时区 3 的等效电路图

4．时区 Δt_4（时区 4，$t_3 \leqslant t \leqslant t_4$）

在时刻 $t = t_3$，开关管 S_1 关断，二极管 D_2 开始导通并流过电流，如图 10.6 所示，可以再次看到，换流电感将能量传输到直流母线。$v_{ab} = -V_{Ce2}$，电感电流 i_{Lc} 线性减小，并在时刻 $t = t_4$ 达到零。

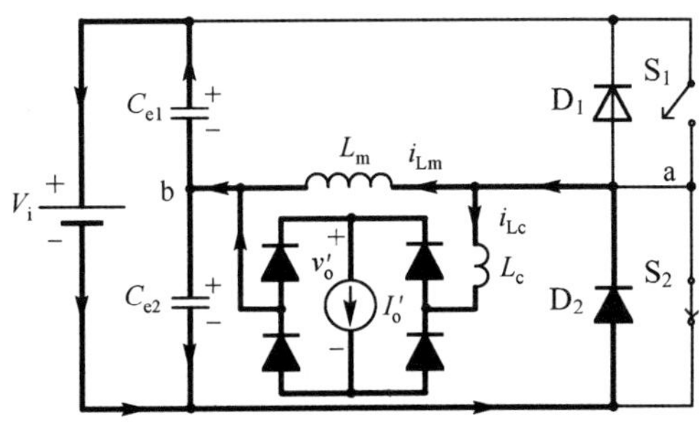

图 10.6　时区 4 的等效电路图

5．时区 Δt_5（时区 5，$t_4 \leqslant t \leqslant t_5$）

此时区的等效电路图如图 10.7 所示，它开始于时刻 t_4，此时谐振电感电流达到零，开关管 S_2 开始导通且电感电流线性减小。

6．时区 Δt_6（时区 6，$t_5 \leqslant t \leqslant t_6$）

时区 6 的等效电路图如图 10.8 所示，它开始于时刻 t_5，此时电感电流达到 $-I_o' + i_{Lm^-}$。开关管 S_2 流过电流，电压 $v_{ab} = -V_{Ce2}$，能量从直流母线传输到负载中。当开关管 S_2 关断，S_1 导通时，此时区结束于时刻 t_6。

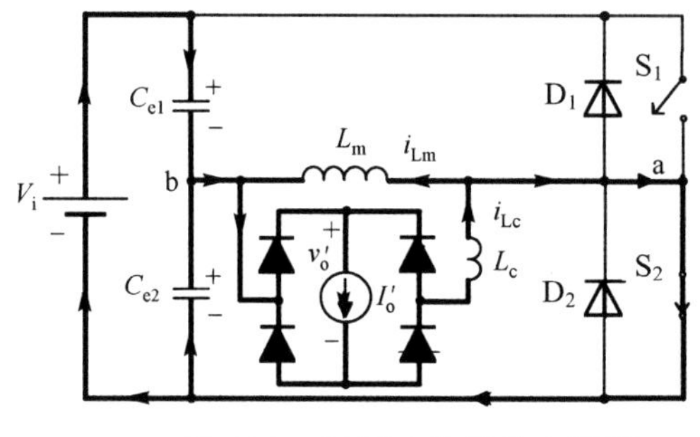

图 10.7　时区 5 的等效电路图

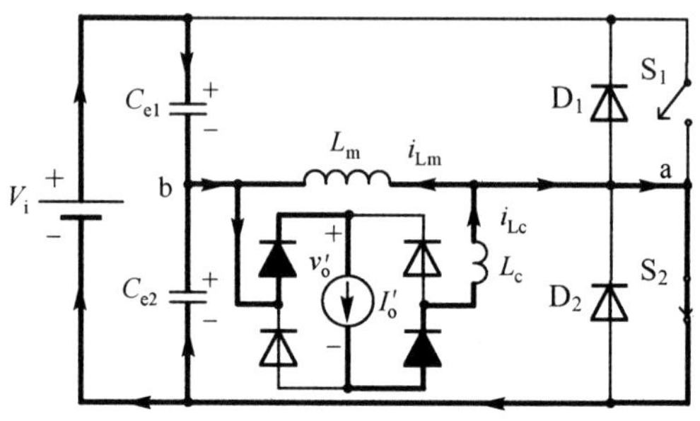

图 10.8　时区 6 的等效电路图

图 10.9 展示了一个开关周期内的相关波形和时序图。

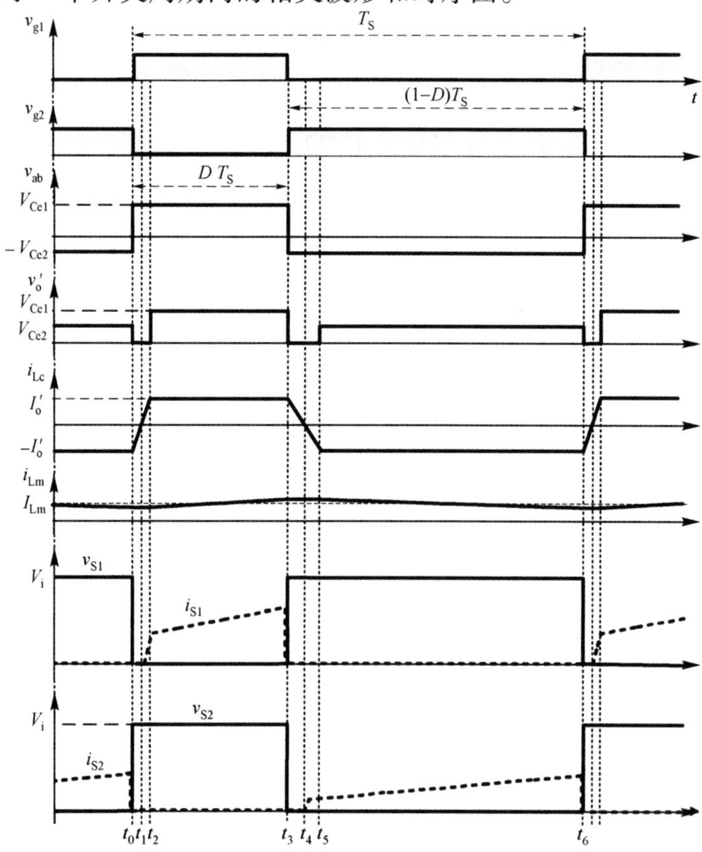

图 10.9　非对称 ZVS-PWM 半桥变换器在一个开关周期内的相关波形和时序图

10.3　数学分析

1. 输出特性

如图 10.10 所示，在时区 Δt_a 和 Δt_b 内电感电流线性变化，而输出电压为零，因此没有能量向负载传输。因为施加在电感上的电压是不对称的，这样电感电流 i_{Lc} 的上升速率在两个时区内是不等的。

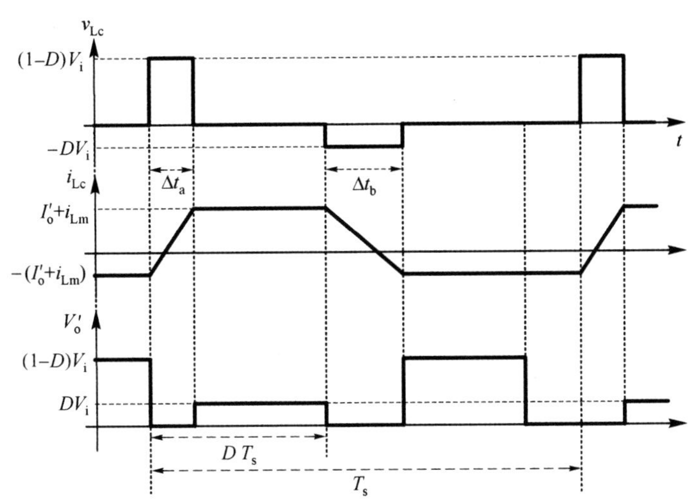

图 10.10　电感 L_c 的电压和电流波形，以及二极管输出电压波形

在时区 Δt_a 内，电感 L_c 的电压由下式给出：

$$v_{Lc}=(1-D)V_i \tag{10.3}$$

此时区长度为

$$\Delta t_a=\frac{2I'_oL_c}{(1-D)V_i} \tag{10.4}$$

类似地，在时区 Δt_b 内电感电压 v_{Lc} 由下式给出：

$$v_{Lc}=DV_i \tag{10.5}$$

时区长度为

$$\Delta t_b=\frac{2I'_oL_c}{DV_i} \tag{10.6}$$

平均输出电流为

$$V'_o=\frac{1}{T_s}\left[\int_{\Delta t_a}^{DT_s}(1-D)V_i\mathrm{d}t+\int_{DT_s+\Delta t_b}^{T_s}DV_i\mathrm{d}t\right] \tag{10.7}$$

对式(10.7)进行积分得

$$V'_o=\frac{1}{T_s}\left\{(1-D)V_i(D.T_s-\Delta t_a)+DV_i\left[(1-D)T_s-\Delta t_b\right]\right\} \tag{10.8}$$

经过代数运算、化简，可求得直流电压增益

$$q=\frac{V_o'}{V_i}=\left[2D(1-D)-\frac{4I_o'L_cf_s}{V_i}\right] \tag{10.9}$$

占空比丢失量定义如式(10.10)，它和输出电流成正比

$$\overline{I_o'}=\frac{4I_o'L_cf_s}{V_i} \tag{10.10}$$

将式(10.10)代入式(10.9)，可求得静态增益

$$q=2D(1-D)-\overline{I_o'} \tag{10.11}$$

非对称 ZVS-PWM 半桥变换器的输出特性如图 10.11 所示，它是归一化输出电流的函数，以占空比作为参数进行绘制。可以看到，平均输出电压 V_o' 与负载电流 I_o' 相关(这和前述章节所研究的一致)。

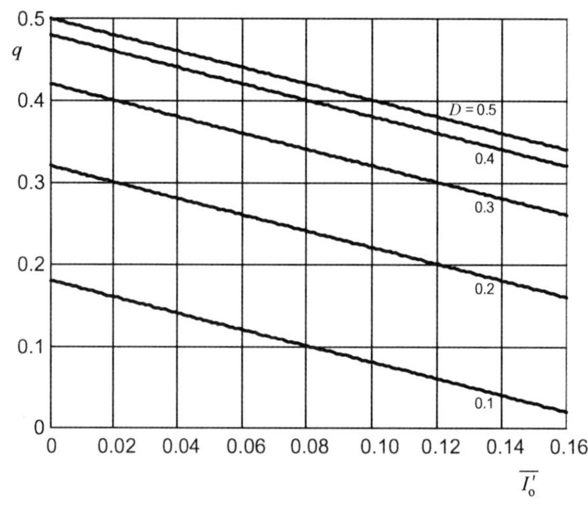

图 10.11　非对称 ZVS-PWM 半桥变换器的输出特性

当 $L_c=0$ 时，ZVS-PWM 半桥变换器的电压传递特性如图 10.12 所示。因为对于一个给定的静态增益，会存在两个占空比值，所以一般限制占空比 $D=0.5$。

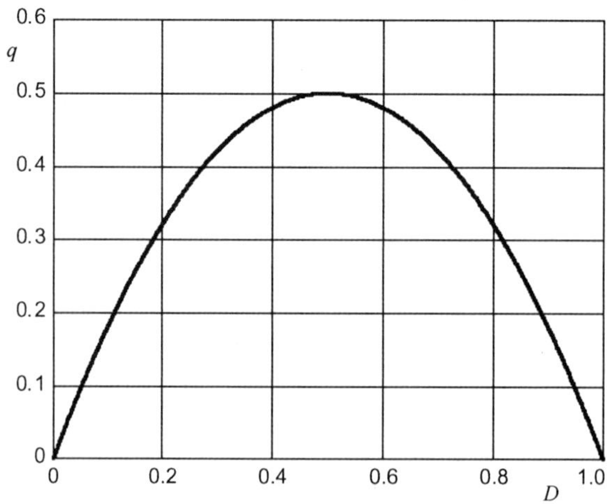

图 10.12　ZVS-PWM 半桥变换器的电压传递特性

2. 励磁电感平均电流

由于其不对称性，励磁电感平均电流不为零。且变压器存在磁通偏置，这和所有的非对称隔离型 DC-DC 中的情形是一样的。

对于图 10.13 所示的非对称 ZVS-PWM 半桥变换器，图 10.14 绘制出了其在稳态工作情况下的励磁电感电流的波形。

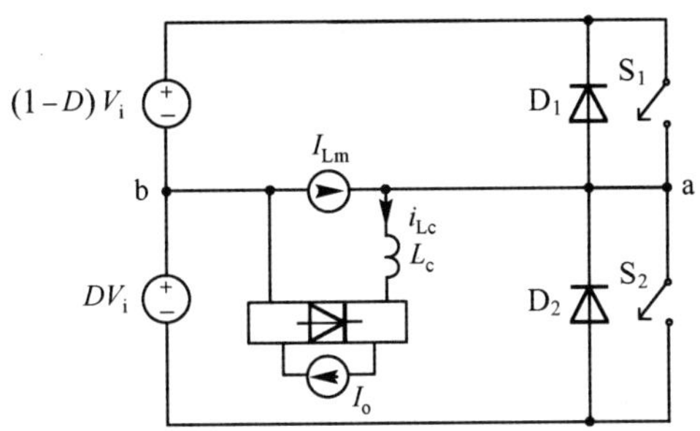

图 10.13 非对称 ZVS-PWM 半桥变换器

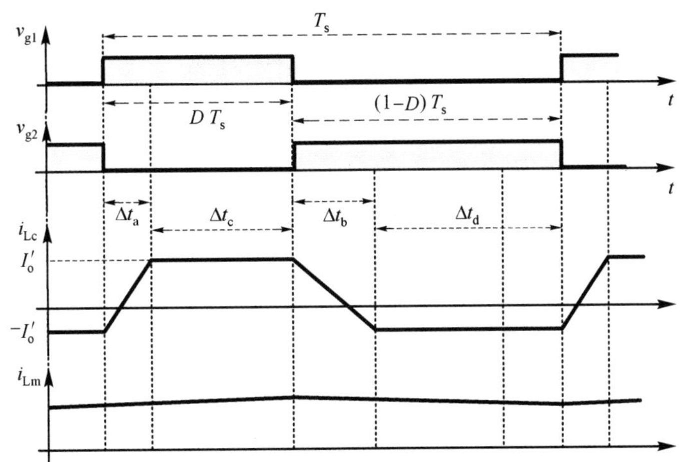

图 10.14 励磁电感电流的波形

之前已经推导出时区 Δt_a 和 Δt_b 的时间长度分别为

$$\Delta t_a = \frac{2L_c I'_o}{(1-D)V_i} \tag{10.12}$$

$$\Delta t_b = \frac{2L_c I'_o}{DV_i} \tag{10.13}$$

定义

$$\Delta t_c = DT_s - \Delta t_a = DT_s - \frac{2L_c I'_o}{(1-D)V_i} \tag{10.14}$$

$$\Delta t_d = (1-D)T_s - \Delta t_b = (1-D)T_s - \frac{2L_c I'_o}{DV_i} \tag{10.15}$$

电感电流 i_{Lc} 的平均值如图 10.14 所示，由下式决定

$$I_{Lc} = I'_o \frac{\Delta t_d - \Delta t_c}{T_s} \tag{10.16}$$

将式(10.14)和式(10.15)代入式(10.16)，并已知平均励磁电流 I_{Lm} 等于 I_{Lc}，可得

$$I_{Lm} = I'_o(1-2D)\left[1 - \frac{2L_c f_s I'_o}{V_i D(1-D)}\right] \tag{10.17}$$

从式(10.17)中可以看到，励磁电感平均电流只有当占空比为 0.5 时为零，即变换器工作于对称情况。如果忽略电感 L_c，有 $I_{Lm} = I'_o(1-2D)$。

3．开关管的 RMS 电流

根据 RMS 电流的定义，开关管 S_1 和 S_2 中的 RMS 电流由下式决定：

$$I_{S1\,RMS} = \sqrt{\frac{1}{T_s}\int_0^{DT_s}[2(1-D)I'_o]^2 dt} \tag{10.18}$$

$$I_{S2\,RMS} = \sqrt{\frac{1}{T_s}\int_0^{(1-D)T_s}[2DI'_o]^2 dt} \tag{10.19}$$

经过积分和化简可以得到

$$\overline{I_{S1\,RMS}} = \frac{I_{S1\,RMS}}{I'_o} = 2(1-D)\sqrt{D} \tag{10.20}$$

$$\overline{I_{S2\,RMS}} = \frac{I_{S2\,RMS}}{I'_o} = 2D\sqrt{1-D} \tag{10.21}$$

开关管 S_1 和 S_2 的归一化 RMS 电流与占空比的关系曲线如图 10.15 所示。可以看到，S_1 中的最大 RMS 电流出现在占空比为 0.333 时，而 S_2 中的最大 RMS 电流出现在占空比为 0.667 时。如果变换器工作于 $D = 0.5$，则两个开关管中的电流相同。

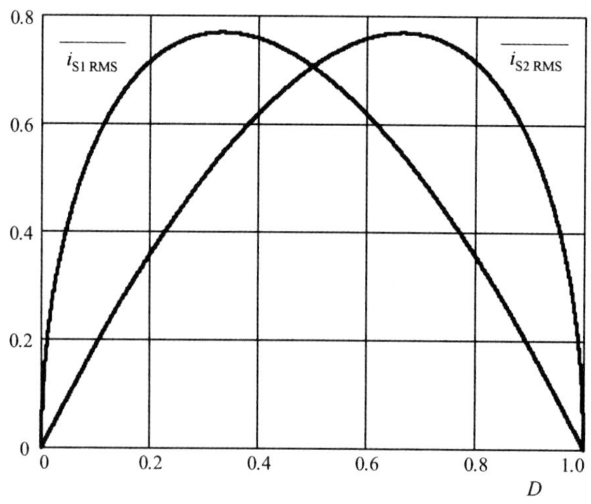

图 10.15 开关管 S_1 和 S_2 的归一化 RMS 电流与占空比的关系曲线

10.4　换流过程分析

本节增加了并联电容，并考虑到了死区时间，所以可以观察到软开关换流现象。因此，在每一个开关周期中增加了四个额外的换流时区。

由于变换器是非对称工作的，所以在不同的条件下换流情形也不同。

10.4.1　开关管 S_1 的换流过程

第一个换流时区发生在开关管 S_1 关断但 S_2 仍然没有导通（死区时刻）的时刻。这是一个线性时区，然后接着发生振荡，如图 10.16 所示。在此线性时区内，电感电流 I'_o，以及电容 C_1 和 C_2 以线性方式完成充放电过程，直到电容 C_1 达到电压 $(1-D)V_i$，这会导致 $v_{ab}=0$。当 v_{ab} 达到零时，输出二极管短路进而开始发生谐振，直到电容 C_2 完全放电。

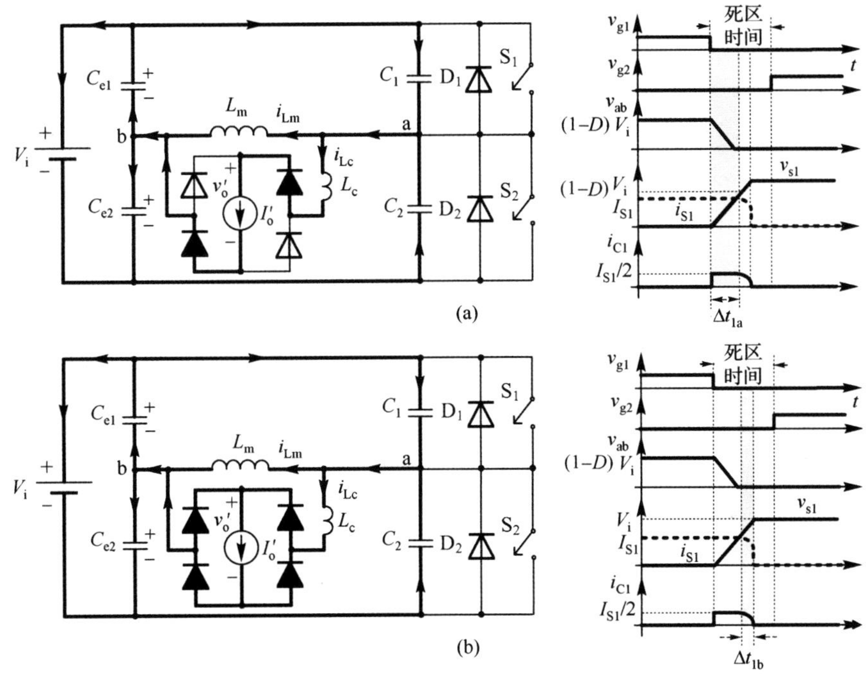

图 10.16　开关管 S_1 换流时的等效电路图和相关波形：（a）线性时区；（b）谐振时区

1. 线性时区 Δt_{1a}

励磁电感峰值电流为

$$I_1 = I_{Lm} + \frac{\Delta i_{Lm}}{2} \tag{10.22}$$

其中，

$$\Delta i_{Lm} = \frac{V_i}{2L_m f_s} \times D(1-D) \tag{10.23}$$

平均励磁电流为

$$I_{\rm Lm}=I_{\rm o}'\times(1-2D)\times\left(1-\frac{2L_{\rm c}f_{\rm s}I_{\rm o}'}{V_{\rm i}D(1-D)}\right) \tag{10.24}$$

开关管 S_1 中的电流在换流时刻的大小为

$$I_{\rm S1}=I_{\rm o}'+I_1 \tag{10.25}$$

将式(10.22)、式(10.23)、式(10.24)代入式(10.25)得

$$I_{\rm S1}=I_{\rm o}'+I_{\rm o}'\times(1-2D)\times\left(1-\frac{2L_{\rm c}f_{\rm s}I_{\rm o}'}{V_{\rm i}D(1-D)}\right)+\frac{V_{\rm i}}{4L_{\rm m}f_{\rm s}}\times D(1-D) \tag{10.26}$$

在换流的线性时区内，开关管 S_1 的电压从零变化到 $(1-D)V_{\rm i}$。此时间长度为

$$\Delta t_{\rm 1a}=\frac{C(1-D)V_{\rm i}}{I_{\rm C1}} \tag{10.27}$$

其中，$I_{\rm C1}=I_{\rm S1}/2$，$C=C_1=C_2$。

2．谐振时区 $\Delta t_{\rm 1b}$

谐振时区的等效电路图如图 10.17 所示。初始条件为 $i_{\rm Lc}(0)=I_{\rm S1}$，$v_{\rm C1}(0)=(1-D)V_{\rm i}$，$v_{\rm C2}(0)=DV_{\rm i}$。此时区的相平面轨迹图如图 10.18 所示。

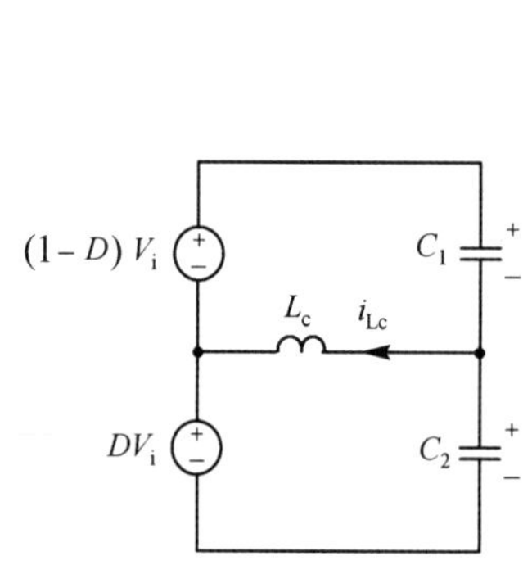

图 10.17 谐振时区的等效电路图

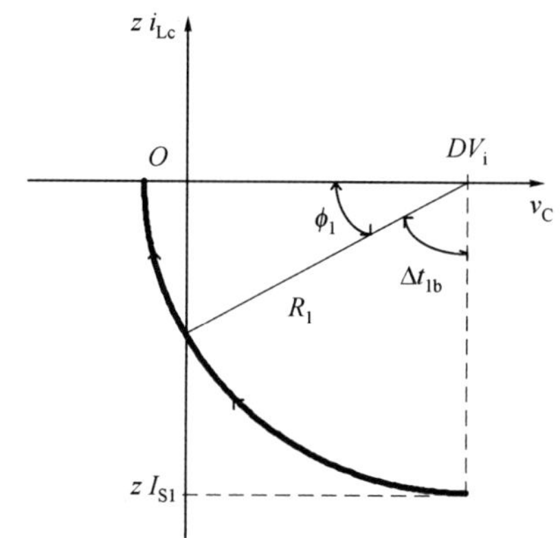

图 10.18 谐振时区的相平面轨迹图

半圆的半径、特征阻抗和角频率分别为

$$R_1=zI_{\rm S1} \tag{10.28}$$

$$z=\sqrt{\frac{L_{\rm c}}{2C}} \tag{10.29}$$

$$\omega=\frac{1}{\sqrt{2CL_{\rm c}}} \tag{10.30}$$

将式(10.26)代入式(10.28)得到

$$R_1=z\left(I_{\rm o}'+I_{\rm Lm}+\frac{\Delta i_{\rm Lm}}{2}\right) \tag{10.31}$$

从图 10.18 可以得到

$$\omega \Delta t_{1b} + \phi_1 = \pi / 2 \tag{10.32}$$

因此有

$$\phi_1 = \arccos\left(\frac{DV_i}{R_1}\right) \tag{10.33}$$

和

$$\Delta t_{1b} = \frac{1}{\omega}\left\{\frac{\pi}{2} - \arccos\left[\frac{DV_i}{z(I_o' + I_{Lm} + \Delta i_{Lm}/2)}\right]\right\} \tag{10.34}$$

换流时长为

$$\Delta t_1 = \Delta t_{1a} + \Delta t_{1b} \tag{10.35}$$

因此，死区时间必须满足约束条件

$$t_{d1} \geqslant \Delta t_{1a} + \Delta t_{1b} \tag{10.36}$$

10.4.2　开关管 S_2 的换流过程

类似地，第二个换流时区开始于当开关管 S_2 关断 S_1 仍没有导通的时刻。它同样是先经历一个线性过程，紧接着一个谐振过程，如图 10.19 所示。在线性时区内，电感电流 I_o'，电容 C_1 和 C_2 充放电均是以线性方式变化的，直到电容 C_2 达到 DV_i，这样 $v_{ab}=0$。当 v_{ab} 达到零时，输出整流二极管短路且谐振开始，直到 C_1 完全放电。在谐振时，励磁电感电流从负载电流中分流得到，因此这个换流过程的时间相对于 S_1 的换流时间要长得多。

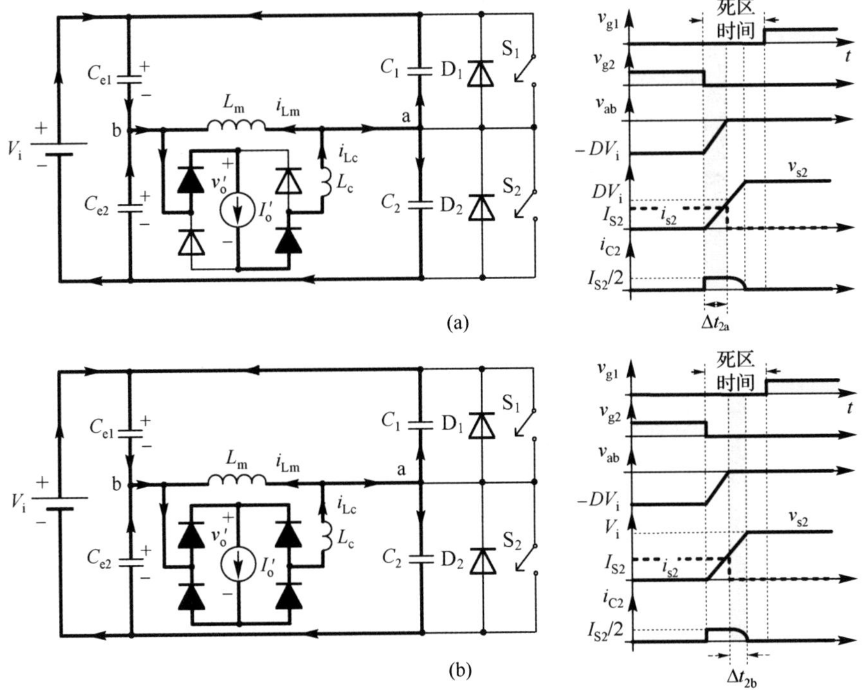

图 10.19　开关管 S_2 换流时的等效电路图和相关波形：(a)线性时区；(b)谐振时区

1. 线性时区 Δt_{2a}

换流时刻的励磁电流为

$$I_2 = I_{\mathrm{Lm}} - \frac{\Delta i_{\mathrm{Lm}}}{2} \tag{10.37}$$

同一时刻开关管电流为

$$I_{\mathrm{S2}} = I'_{\mathrm{o}} - I_2 = I'_{\mathrm{o}} - \left(I_{\mathrm{Lm}} - \frac{\Delta i_{\mathrm{Lm}}}{2} \right) \tag{10.38}$$

因此有

$$\begin{aligned} I_{\mathrm{S2}} = I'_{\mathrm{o}} - I'_{\mathrm{o}} \times (1-2D) \times \left(1 - \frac{2L_{\mathrm{c}} f_{\mathrm{s}} I'_{\mathrm{o}}}{V_{\mathrm{i}} D(1-D)} \right) \\ + \frac{V_{\mathrm{i}}}{4 I_{\mathrm{Lm}} f_{\mathrm{s}}} \times D(1-D) \end{aligned} \tag{10.39}$$

在此线性换流时区，开关管 S_2 上的电压从零变化到 DV_{i}，时间长度如式(10.40)所示，且 $I_{\mathrm{C2}} = I_{\mathrm{S2}} / 2$。

$$\Delta t_{2a} = \frac{CDV_{\mathrm{i}}}{I_{\mathrm{C2}}} \tag{10.40}$$

2. 谐振时区 Δt_{2b}

谐振时区的等效电路图如图 10.20 所示。初始条件为 $i_{\mathrm{Lc}}(0) = I_{\mathrm{S2}}$， $v_{\mathrm{C1}}(0) = (1-D)V_{\mathrm{i}}$，$v_{\mathrm{C2}}(0) = DV_{\mathrm{i}}$。此时区的相平面轨迹图如图 10.21 所示。

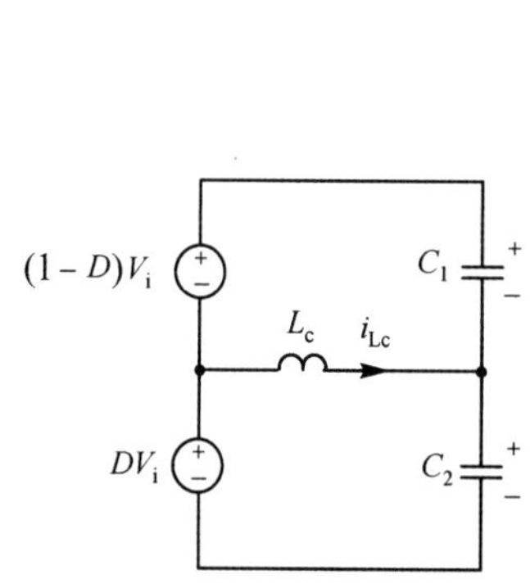

图 10.20 谐振时区的等效电路图

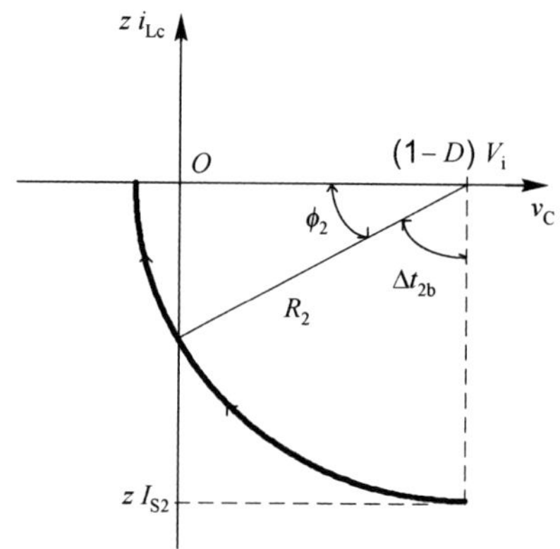

图 10.21 谐振时区的相平面轨迹图

半圆的半径为

$$R_2 = zI_{\mathrm{S2}} \tag{10.41}$$

因此有

$$R_2 = z\left[I'_{\mathrm{o}} - \left(I_{\mathrm{Lm}} + \frac{\Delta i_{\mathrm{Lm}}}{2} \right) \right] \tag{10.42}$$

为了实现软开关换流，半径 R_2 必须满足

$$R_2 \geqslant (1-D)V_{\mathrm{i}} \tag{10.43}$$

将式(10.42)代入式(10.43)，可得

$$z\left[I'_{\mathrm{o}} - \left(I_{\mathrm{Lm}} - \frac{\Delta i_{\mathrm{Lm}}}{2}\right)\right] \geqslant (1-D)V_{\mathrm{i}} \tag{10.44}$$

因为 $I_{\mathrm{S2}} < I_{\mathrm{S1}}$，所以开关管 S_2 换流为临界状态。

对式(10.44)化简有

$$I'_{\mathrm{o\,min}} = \frac{(1-D)V_{\mathrm{i}}}{z} + \left(I_{\mathrm{Lm}} - \frac{\Delta i_{\mathrm{Lm}}}{2}\right) \tag{10.45}$$

$I'_{\mathrm{o\,min}}$ 是为了实现 S_2 软开关管换流，折算到变压器原边侧的最小负载电流。

观察图 10.21 我们可以得到

$$\omega\Delta t_{2\mathrm{b}} + \phi_2 = \pi/2 \tag{10.46}$$

因此

$$\phi_2 = \arccos\left[\frac{(1-D)V_{\mathrm{i}}}{R_2}\right] \tag{10.47}$$

将式(10.47)代入式(10.46)有

$$\omega\Delta t_{2\mathrm{b}} = \frac{\pi}{2} - \arccos\left[\frac{(1-D)V_{\mathrm{i}}}{R_2}\right] \tag{10.48}$$

因此

$$\Delta t_{2\mathrm{b}} = \frac{1}{\omega}\left\{\frac{\pi}{2} - \arccos\left[\frac{(1-D)V_{\mathrm{i}}}{I'_{\mathrm{o}} - \left(I_{\mathrm{Lm}} + \frac{\Delta i_{\mathrm{Lm}}}{2}\right)}\right]\right\} \tag{10.49}$$

换流时长为

$$\Delta t_2 = \Delta t_{2\mathrm{a}} + \Delta t_{2\mathrm{b}} \tag{10.50}$$

死区时间必须满足

$$t_{\mathrm{d2}} \geqslant \Delta t_2 \tag{10.51}$$

10.5　简化设计方法及一个换流参数设计实例

本节分析一种简化的设计方法，并根据之前章节的数学分析给出一个设计实例。变换器的参数规格如表 10.1 所示。

考虑变压器匝数比 $n = 3.2$，输出电流 I'_{o} 及输出电压 V'_{o}（均是折算到原边侧的值）分别为

$$\begin{aligned} I'_{\mathrm{o}} &= \frac{I_{\mathrm{o}}}{n} = \frac{10}{3.2} = 3.125\ \mathrm{A} \\ V'_{\mathrm{o}} &= V_{\mathrm{i}}n = 50 \times 3.2 = 160\ \mathrm{V} \end{aligned} \tag{10.52}$$

静态增益

$$q=\frac{V_o'}{V_i}=\frac{160}{400}=0.4\ \text{V} \tag{10.53}$$

考虑占空比丢失为 5%，换流电感为

$$L_c=\frac{\overline{I_o'}V_i}{4f_sI_o'}=\frac{0.05\times 400}{4\times 40\times 10^3\times 3.125}=40\ \mu\text{H} \tag{10.54}$$

表 10.1 变换器的参数规格

直流输入电压 V_i	400 V
直流输出电压 V_o	50 V
直流输出电流 I_o	10 A
输出功率 P_o	500 W
开关频率 f_s	40 kHz
励磁电感 L_m	4 mH

额定占空比由式(10.19)计算得到

$$D_{nom}=\frac{1}{2}-\sqrt{\frac{V_i-8I_o'L_cf_s-2V_iq}{4V_i}}=0.342 \tag{10.55}$$

直流母线电容的平均电压为

$$\begin{aligned} V_{Ce1}&=V_i(1-D_{nom})=263.25\ \text{V}\\ V_{Ce2}&=V_iD_{nom}=136.75\ \text{V}\end{aligned} \tag{10.56}$$

励磁电感电流平均值和纹波电流分别由式(10.17)和式(10.23)计算得到，

$$I_{Lm}=(1-2D_{nom})I_o'\left(1-\frac{2L_cf_sI_o'}{V_iD_{nom}(1-D_{nom})}\right)=0.878\ \text{A} \tag{10.57}$$

$$\Delta i_{Lm}=\frac{V_i}{2L_mf_s}\times D_{nom}(1-D_{nom})=0.281\ \text{A} \tag{10.58}$$

考虑换流电容 $C=C_1=C_2=4\ \text{pF}$，开关管 S_1 的谐振电容和换流时区分别计算如下：

$$\omega=\frac{1}{\sqrt{2CL_c}}=5.59\times 10^6\ \text{rad/s} \tag{10.59}$$

$$z=\sqrt{\frac{L_c}{2C}}=223.6 \tag{10.60}$$

$$I_{S1}=2I_{C1}=2\times\frac{(I_o'+I_{Lm}+\Delta i_{Lm}/2)}{2}=4.144\ \text{A} \tag{10.61}$$

$$\Delta t_{1a}=\frac{C(1-D_{nom})V_i}{I_{C1}}=50.82\ \text{ns} \tag{10.62}$$

$$\Delta t_{1b}=\frac{1}{\omega}\left\{\frac{\pi}{2}-\arccos\left[\frac{DV_i}{z(I_o'+I_{Lm}+\Delta i_{Lm}/2)}\right]\right\}=26.5\ \text{ns} \tag{10.63}$$

$$\Delta t_1=\Delta t_{1a}+\Delta t_{1b}=77.32\ \text{ns} \tag{10.64}$$

开关管 S_2 的换流电流和换流时区长度分别为

$$I_{S2}=2I_{C2}=2\times\frac{(I_o'-I_{Lm}+\Delta i_{Lm}/2)}{2}=2.387\ \text{A} \tag{10.65}$$

$$\Delta t_{2a}=\frac{C(1-D_{nom})V_i}{I_{C2}}=45.83\ \text{ns} \tag{10.66}$$

$$\Delta t_{2b}=\frac{1}{\omega}\left\{\frac{\pi}{2}-\arccos\left[\frac{(1-D_{nom})V_i}{z(I_o'-I_{Lm}+\Delta i_{Lm}/2)}\right]\right\}=92.25\ \text{ns} \tag{10.67}$$

$$\Delta t_2 = \Delta t_{2a} + \Delta t_{2b} = 138.1\,\text{ns} \tag{10.68}$$

最小死区时间等于 Δt_2 且长度为

$$t_{\text{d min}} = \Delta t_2 = 138.1\,\text{ns} \tag{10.69}$$

10.6　仿真结果

对如图 10.22 所示的非对称 ZVS-PWM 半桥变换器，以及 10.5 节的分析进行仿真验证，死区时间为 150 ns。图 10.23 为额定功率下的相关波形。可以看到，电容 C_{e1} 和 C_{e2} 的平均电压由于不对称而不相同。

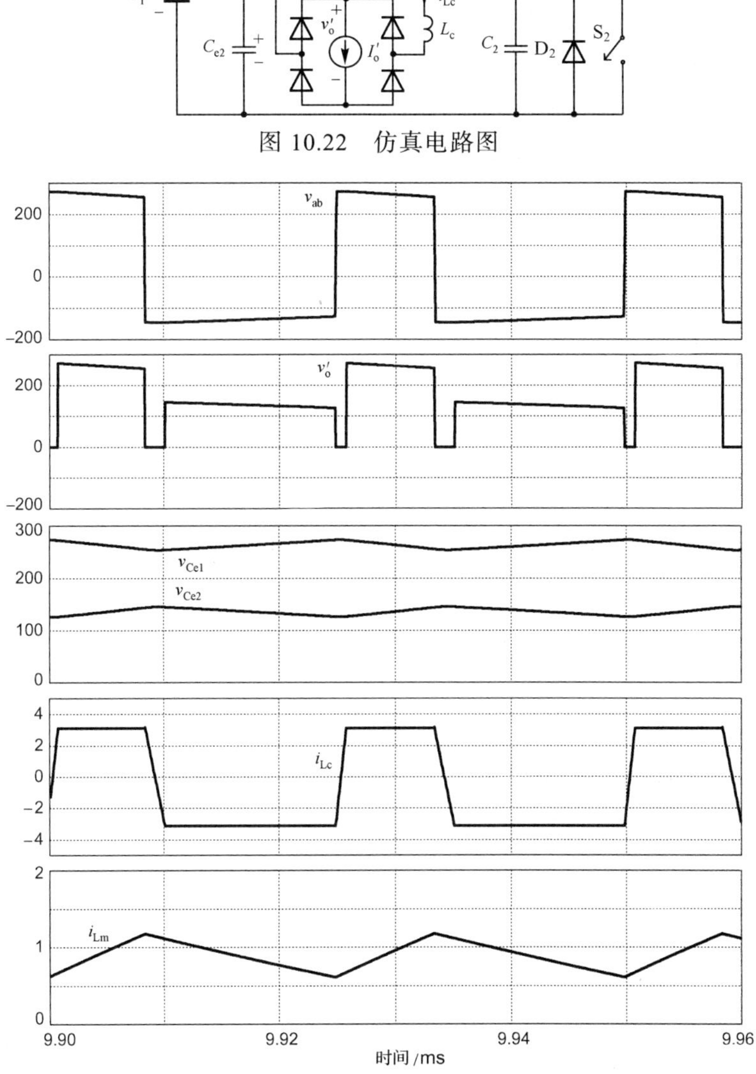

图 10.22　仿真电路图

图 10.23　在额定功率下，非对称 ZVS-PWM 半桥变换器的电压 v_{ab}，v'_o，v_{Ce1}，v_{Ce2} 及电流 i_{Lc} 和 i_{Lm} 的仿真波形

表 10.2 为理论值和仿真结果对比，可以看到二者基本一致，证明数学分析是正确的。

表 10.2　理论值和仿真结果对比

	理 论 值	仿真结果
V_o'[V]	160	161.6
$i_{S1\ RMS}$[A]	2.40	2.26
$i_{S2\ RMS}$[A]	1.73	1.75
V_{Ce1}[V]	263	263.2
V_{Ce2}[V]	137	136.8

开关管 S_1 和 S_2 的换流过程如图 10.24 所示。用于 S_2 换流的电流较小，因此它是临界换流。图 10.25 给出了开关管 S_2 关断时的详细情形，可以看到关断时实现了软开关。

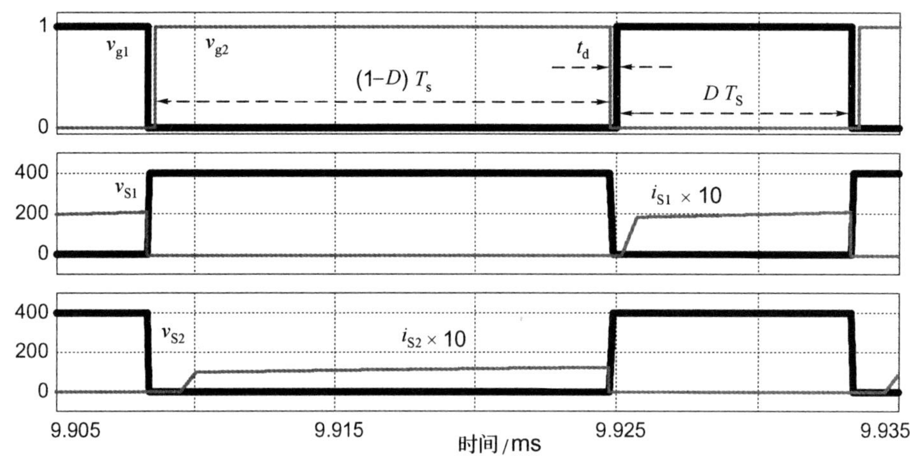

图 10.24　开关管 S_1 和 S_2 的换流过程：S_1 和 S_2 的驱动信号，以及开关管的电压和电流波形

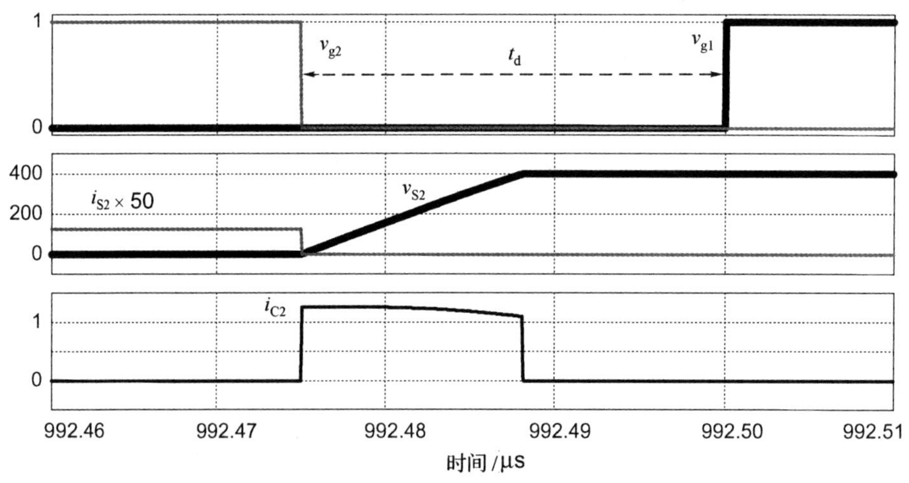

图 10.25　开关管 S_2 换流时的详细情形：S_1 和 S_2 的驱动信号、开关管 S_2 上的电压和电流波形，以及电容 C_2 中的电流波形

10.7 习题

1．带输出滤波电感的非对称 ZVS-PWM 半桥变换器如图 10.26 所示。其参数如下：

$$V_i = 400\ \text{V},\quad N_p / N_s = 50\ \text{V},\quad R_o = 2\ \Omega,\quad f_s = 40\times10^3\ \text{Hz},\quad L_o = 200\ \mu\text{H},$$
$$C_o = 50\ \mu\text{F},\quad D = 0.3,\quad L_c = 10\ \mu\text{F},\quad L_m = 20\ \text{mH}$$

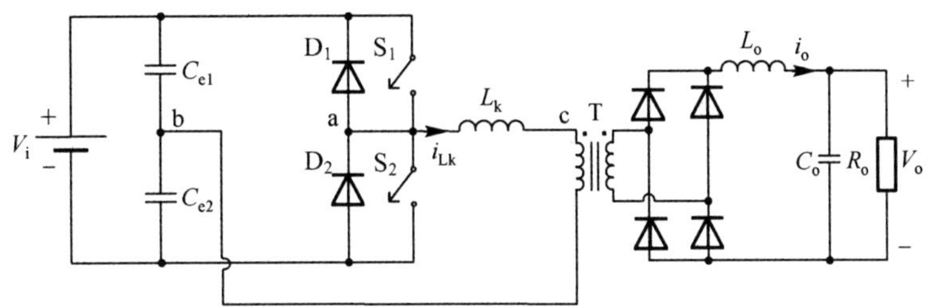

图 10.26　非对称 ZVS-PWM 半桥变换器

求：

(a) 平均输出电压 V_o、平均输出电流 I_o 和输出功率 P_o；

(b) 励磁电感平均电流；

(c) 母线电容平均电压；

(d) 励磁电感中的纹波电流。

答案：

(a) $V_o = 31.1\ \text{V}$，$I_o = 15.56\ \text{A}$，$P_o = 484\ \text{W}$；

(b) $I_{Lm} = 1.15\ \text{A}$；

(c) $V_{Ce1} = 230\ \text{V}$，$V_{Ce2} = 120\ \text{V}$；

(d) $\Delta i_{Lm} = 1.05\ \text{A}$。

2．考虑如图 10.27 所示的非对称 ZVS-PWM 半桥变换器，谐振电容 $C_1 = C_2 = 2\ \text{nF}$，同时有一个很大的漏感和励磁电感，变换器的其他参数为

$$V_i = 400\ \text{V},\quad N_p / N_s = 50\ \text{V},\quad R_o = 2\ \Omega,\quad f_s = 40\times10^3\ \text{Hz},$$
$$C_o = 50\ \mu\text{F},\quad D = 0.3,\quad L_k = 10\ \mu\text{H}$$

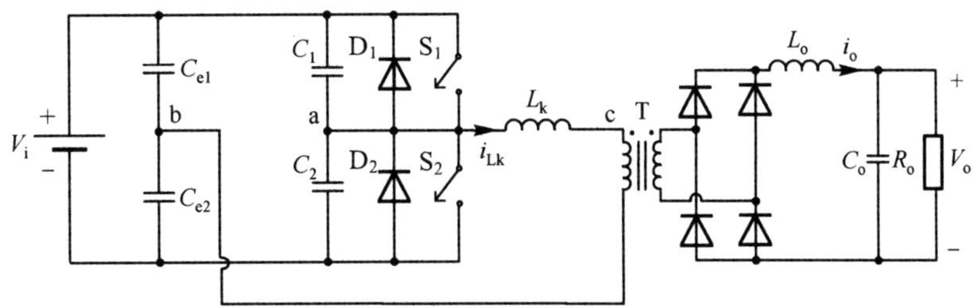

图 10.27　非对称 ZVS-PWM 半桥变换器

计算两个开关管的换流时间。

答案：$t_{c1} = 252.5\ \text{ns}$，$t_{c2} = 357\ \text{ns}$。

3．非对称 ZVS-PWM 变换器如图 10.27 所示，且参数如下：

$$V_i = 400\text{ V},\quad N_p = N_s,\quad C_1 = C_2 = 0.47\text{ nF},\quad R_o = 2\,\Omega,\quad L_m = 10\text{ mH},$$
$$f_s = 40\times10^3\text{ Hz},\quad C_{e1} = C_{e2} = 10\,\mu\text{F},\quad D = 0.3,\quad L_r = 20\,\mu\text{H}$$

求：

(a) 为实现两个开关管 ZVS 换流的最小负载电流 $I_{o\min}$；

(b) ZVS 换流所需要的死区时间。

答案：(a) $I_{o\min} = 3.1\text{ A}$；(b) $t_d = 216\text{ ns}$。

4．非对称 ZVS-PWM 半桥变换器的变种如图 10.28 所示，变换器参数如下：

$$V_i = 400\text{ V},\quad N_p = N_s = 1,\quad R_o = 10\,\Omega,\quad f_s = 40\times10^3\text{ Hz},\quad L_o = 500\,\mu\text{H},$$
$$C_o = 50\,\mu\text{F},\quad D = 0.3,\quad L_r = 20\,\mu\text{H},\quad C_r = 10\,\mu\text{F},\quad L_m = 20\text{ mH}$$

求：

(a) 谐振电容纹波电压；

(b) 谐振电容平均电压。

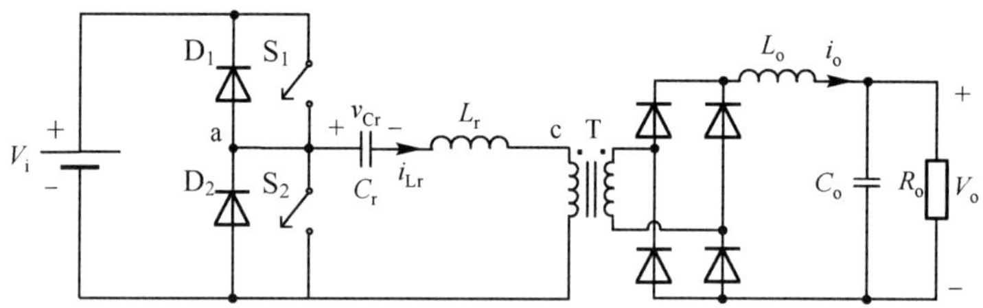

图 10.28 非对称 ZVS-PWM 半桥变换器的变种

答案：(a) $\Delta V_{Cr} = 13.64\text{ V}$；(b) $V_{Cr} = 120\text{ V}$。

参考文献

1. Imbertson, P., Mohan, N.: Asymmetrical duty cycle permits zero switching loss in PWM circuits with no conduction loss penalty. In: IEEE, pp. 1061–1066 (1991 October)

第 11 章　有源钳位 ZVS-PWM 正激变换器

符 号 表

V_i	直流输入电压
V_o	直流输出电压
P_o	额定输出功率
C_o	输出滤波电容
L_o	输出滤波电感
R_o	输出负载电阻
ZVS	零电压开关
q	静态增益
D	占空比
D_{nom}	额定占空比
f_s	开关频率
T_s	开关周期
t_d	死区时间
n	变压器匝数比
T	变压器
N_1，N_2 和 N_3	变压器绕组
L_c	谐振电感(变压器漏感或外接的电感)
i_{Lc}	谐振电感电流
L_m	变压器励磁电感
i_{Lm}（I_{Lm}）	变压器励磁电感电流，以及其平均电流
v_o'（V_o'）	折算到变压器原边侧的直流输出电压，以及其归一化值
v_{Lm}	励磁电感电压
V_{C3}（$\overline{V_{C3}}$）	折算到变压器原边侧的直流输出电压，以及其归一化值
I_o'（$\overline{I_o'}$）	折算到变压器原边侧的平均输出电流，以及其归一化值
i_i（I_i）	直流母线电流，以及其平均值
i_{Lm}(I_{Lm})	励磁电感电流，以及其平均值
Δi_{Lm}	励磁电感纹波电流
I_1	在时区 4 结束时的励磁电感电流
I_2	在时区 8 结束时的励磁电感电流
S_1	主开关管
S_2	有源钳位开关管
D_1， D_2	反并联二极管(或 MOSFET 体二极管)
D_3， D_4	输出整流二极管
C_1， C_2	开关管并联电容(或 MOSFET 寄生电容)

续表

v_{ab}（V_{ab}）	a 和 b 两点之间的交流电压，以及其平均值
v_{S1}， v_{S2}	开关管电压
i_{S1}， i_{S2}	开关管电流
i_{C1}， i_{C2}， i_{C3}	电容电流
Δt_1	第一步和第二步工作过程的时区（t_2-t_0）
Δt_2	第三步和第四步工作过程的时区（t_4-t_2）
Δt_3	第五步、第六步和第七步工作过程的时区（t_7-t_4）
Δt_{32}	CCM 下第三步工作过程的时区（t_3-t_2）
I_{S1RMS}（$\overline{I_{S1RMS}}$）	开关管 S_1 的 RMS 电流，以及其归一化值

11.1 引言

传统的无源钳位正激变换器的电路图如图 11.1 所示，隔离变压器 T 有一个辅助绕组 N_3 用来实现磁复位。但是，变压器漏感 L_c 中的能量不会通过辅助绕组移除。为了保护开关管 S_1 在关断瞬间不会产生过压应力，通常会采用一个无源 RCD 钳位电路来钳位电压并将漏感中的能量消耗掉，但是这样极大地牺牲了变换器的效率。

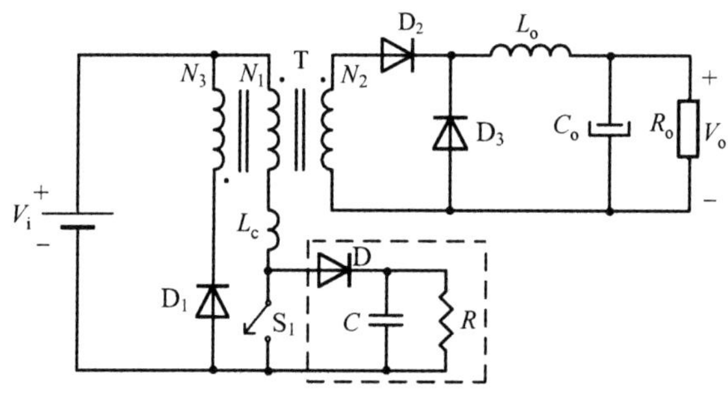

图 11.1　无源钳位正激变换器的电路图

图 11.2 为一个有源钳位正激变换器的电路图[1]，增加的开关管 S_2 和电容 C_3 提供变压器磁复位，同时将累积在变压器漏感中的能量循环送到输入电压源 V_i。开关管以恒定开关频率工作，并在驱动信号中存在一定的死区时间。正因为如此，这种有源钳位正激变换器的效率要高于传统的结构。

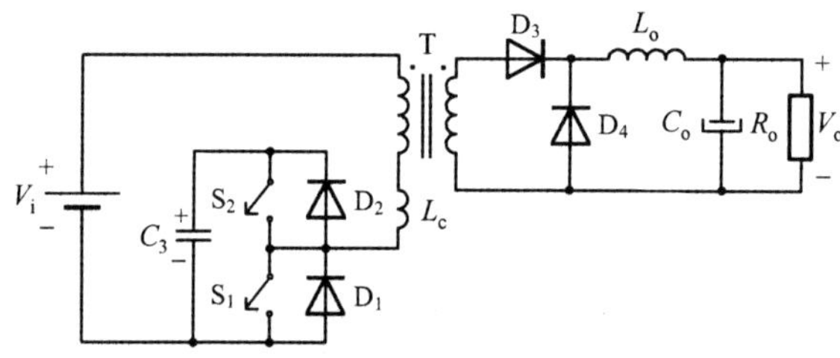

图 11.2　有源钳位正激变换器的电路图

如果在开关管 S_1 和 S_2 上并联合适的电容，可以实现 ZVS 换流[2]，如图 11.3 所示，这样变换器的效率得到进一步提升。此时，变压器漏感用于软开关换流且一般不需要外部电感。

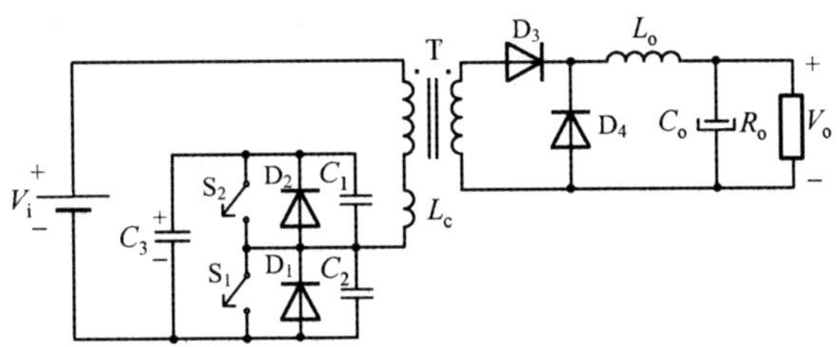

图 11.3　有源钳位 ZVS-PWM 正激变换器的电路图

11.2　电路工作过程分析

本节将对开关管上无并联电容的有源钳位 PWM 正激变换器进行分析(换流分析会在 11.4 节进行)，其电路图如图 11.4 所示。为简化分析，作如下假设：

- 所有器件均为理想器件；
- 变换器工作于稳态；
- 输出滤波器用直流电流源 I_o' 代替，其值为折算到变压器原边侧的输出平均电流；
- 变换器通过 PWM 控制，且在开关管驱动信号之间不考虑死区时间。

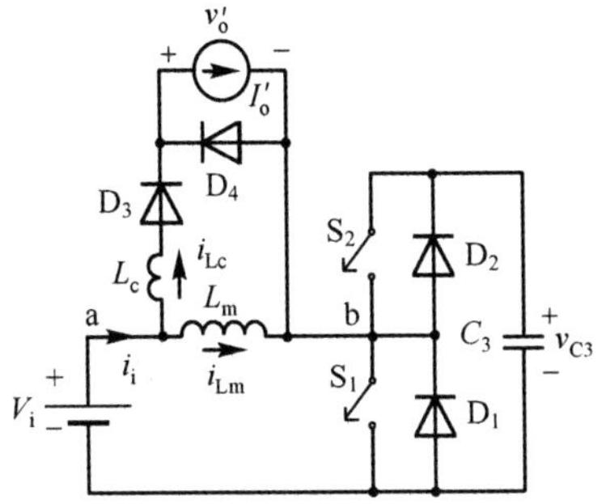

图 11.4　有源钳位 PWM 正激变换器(折算到变压器原边侧的结果)

变换器的一个开关周期的工作过程被分成 8 个时区，每个时区有不同的电路状态。

1．时区 Δt_1（时区 1，$t_0 \leqslant t \leqslant t_1$）

时区 Δt_1 的等效电路图如图 11.5 所示，它开始于时刻 $t=t_0$，此时开关管 S_1 导通，而开关管 S_2 关断。虽然开关管 S_1 是导通的，但因为母线电流 i_i 为负，所以开关管 S_1 中仍然没有电流流过。二极管 D_1 中流过母线电流，且 L_m 被退磁而 L_c 被磁化。

2．时区 Δt_2（时区 2，$t_1 \leqslant t \leqslant t_2$）

此时区的等效电路图如图 11.6 所示，它开始于时刻 $t=t_1$，此时直流母线中的电流 i_i 达到零且开关管 S_1 导通。在此时区内 L_m 继续退磁，L_c 继续被磁化。

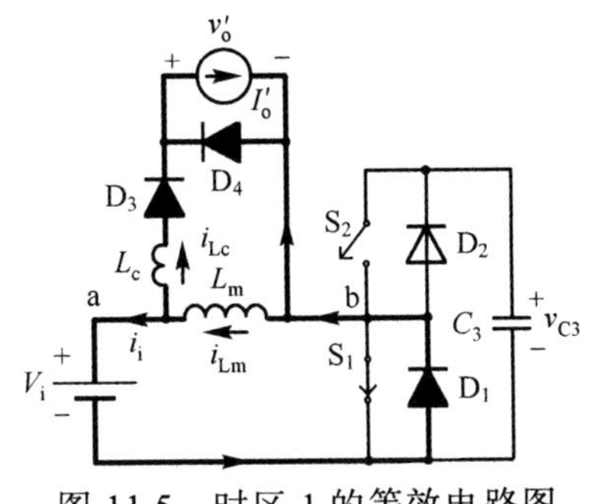

图 11.5　时区 1 的等效电路图

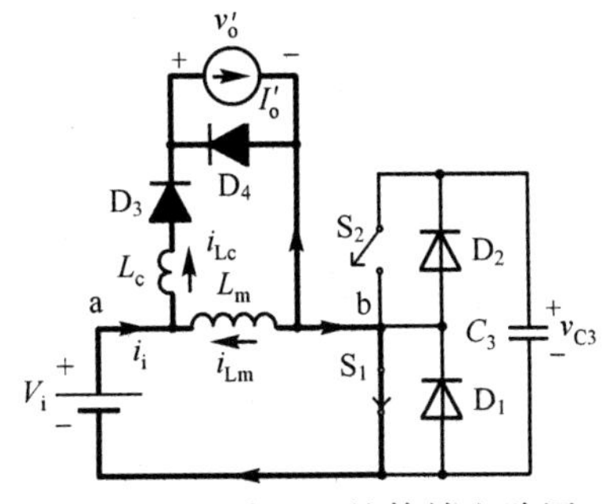

图 11.6　时区 2 的等效电路图

3．时区 Δt_3（时区 3，$t_2 \leqslant t \leqslant t_3$）

此时区的等效电路图如图 11.7 所示，当谐振电感电流达到 I'_o 时此时区开始，此时二极管 D_4 被关断。在此时区内，L_m 电流线性下降且换流电感电流为恒定值。

4．时区 Δt_4（时区 4，$t_3 \leqslant t \leqslant t_4$）

此时区的等效电路图如图 11.8 所示，它开始于时刻 $t = t_3$，此时励磁电感电流降到零并线性增大。

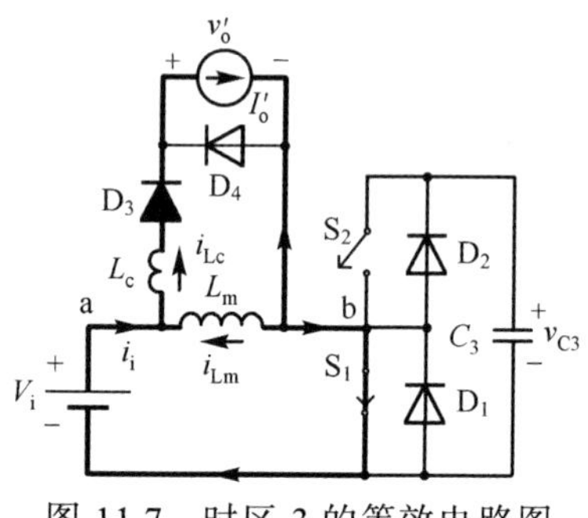

图 11.7　时区 3 的等效电路图

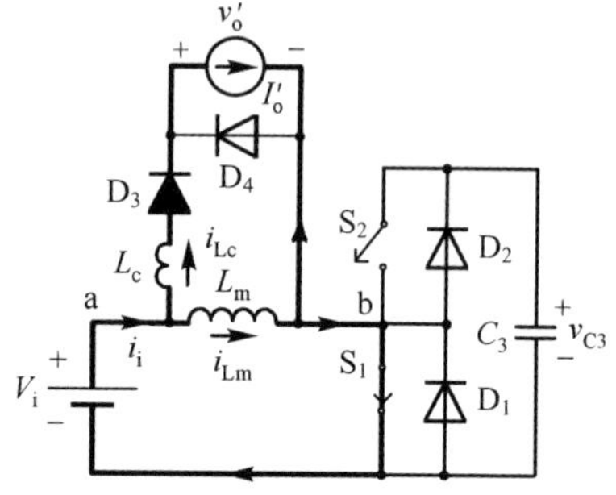

图 11.8　时区 4 的等效电路图

5．时区 Δt_5（时区 5，$t_4 \leqslant t \leqslant t_5$）

此时区的等效电路图如图 11.9 所示，它开始于时刻 $t = t_4$，此时开关管 S_2 导通而 S_1 关断。虽然开关管 S_2 是导通的，但是由于母线电流 i_i 为正，它不流过电流。因此，二极管 D_2 导通，开启另一个时区，L_m 和 L_c 以线性电流的方式退磁。此时二极管 D_4 将负载短路。

6．时区 Δt_6（时区 6，$t_5 \leqslant t \leqslant t_6$）

此时区的等效电路图如图 11.10 所示，它开始于时刻 $t = t_5$。此时励磁电感电流变为负。谐振电感中的电流在此时区内线性增大。

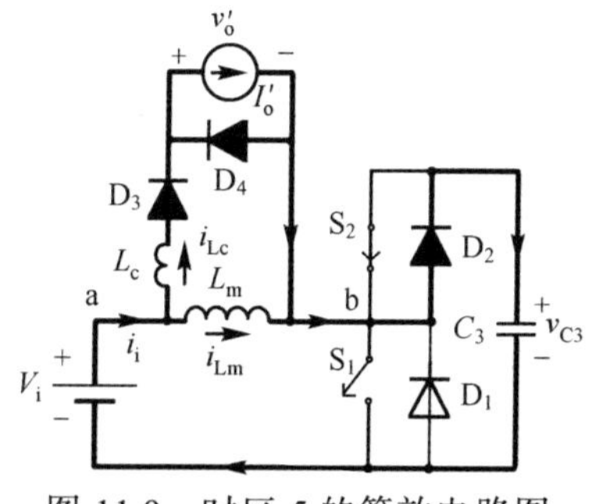

图 11.9　时区 5 的等效电路图

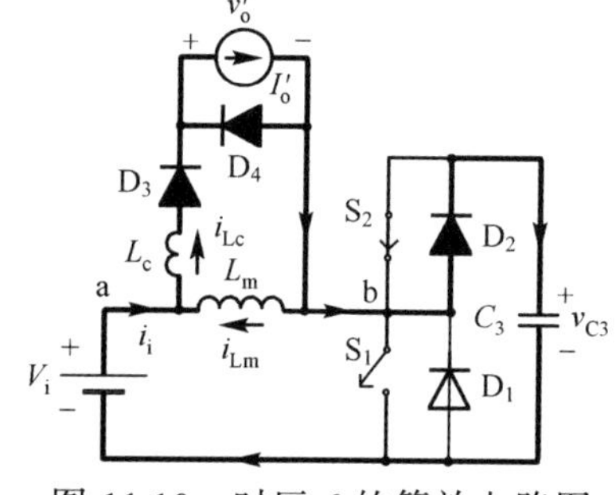

图 11.10　时区 6 的等效电路图

7．时区 Δt_7（时区 7，$t_6 \leqslant t \leqslant t_7$）

此时区的等效电路图如图 11.11 所示，它开始于时刻 $t = t_6$，此时母线电流 i_i 达到零，开关管 S_2 开始导通。流过电感 L_m 和 L_c 的电流线性变化。

8．时区 Δt_8（时区 8，$t_7 \leqslant t \leqslant t_8$）

此时区的等效电路图如图 11.12 所示，它开始于谐振电感电流达到零，此时二极管 D_3 截止关断。在此时区内，L_m 的电流线性增大。

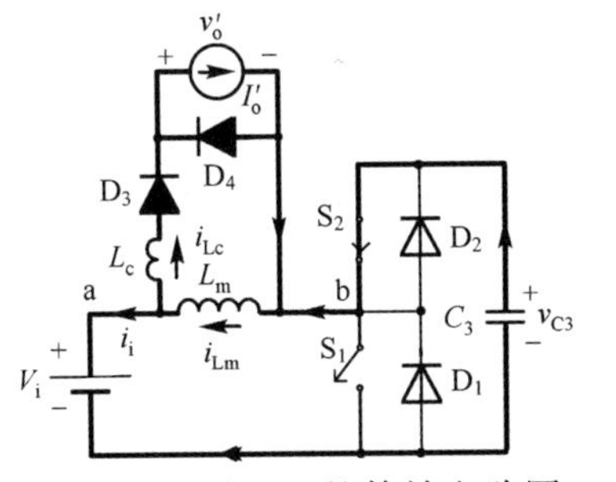

图 11.11　时区 7 的等效电路图

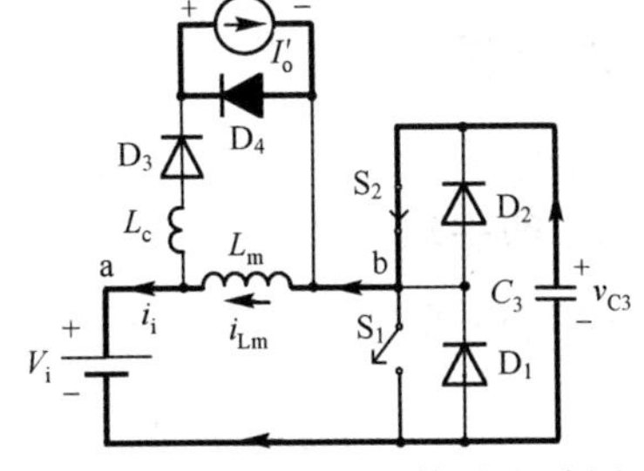

图 11.12　时区 8 的等效电路图

变换器的相关波形和时序图如图 11.13 所示。

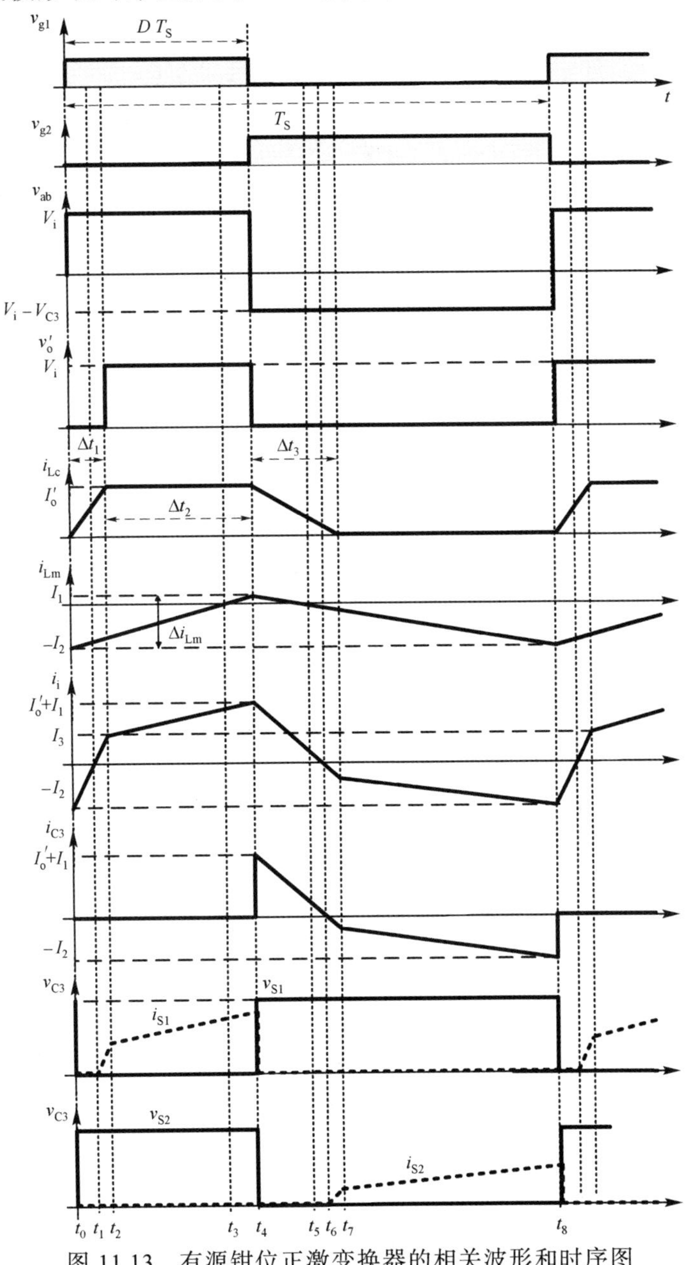

图 11.13　有源钳位正激变换器的相关波形和时序图

11.3 数学分析

1. 电容 C_3 的平均电压

从图 11.13 可以看到，励磁电感平均电流为 $V_{ab}=0$，电压表达式为

$$V_{ab}=\frac{1}{T_s}\left[\int_0^{DT_s}V_i\mathrm{d}t+\int_0^{(1-D)T_s}(V_i-V_{C3})\mathrm{d}t\right]=0 \tag{11.1}$$

因此

$$V_iDT_s=-(V_i-V_{C3})(1-D)T_s \tag{11.2}$$

且

$$\overline{V_{C3}}=\frac{V_{C3}}{V_i}=\frac{1}{1-D} \tag{11.3}$$

$\overline{V_{C3}}$ 为钳位电容 C_3 上的归一化电压。

图 11.14 为 $\overline{V_{C3}}$ 与占空比 D 的关系曲线。

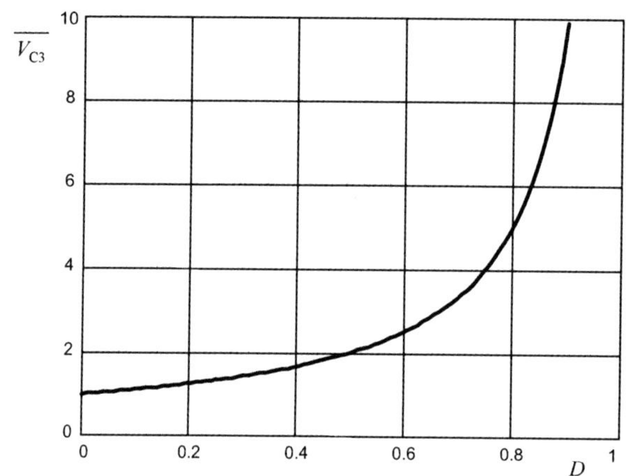

图 11.14 电容 C_3 上的归一化电压与占空比的关系曲线

2. 输出特性

平均输出电压 V_o' 为

$$V_o'=\frac{1}{T_s}\int_0^{\Delta t_2}V_i\mathrm{d}t=\frac{1}{T_s}V_i\Delta t_2 \tag{11.4}$$

时区 Δt_1 和 Δt_2 的长度如图 11.13 所示，由下式分别给出：

$$\Delta t_2=DT_s-\Delta t_1 \tag{11.5}$$

$$\Delta t_1=\frac{I_o'L_c}{V_i} \tag{11.6}$$

将式(11.5)代入式(11.4)可得

$$q=\frac{V_o'}{V_i}=D-\overline{I_o'} \tag{11.7}$$

其中 $\overline{I'_o}=\dfrac{I'_o L_c f_s}{V_i}$ 为占空比丢失量。

可以看到式(11.7)中，占空比丢失量 $\overline{I'_o}$ 是正比于平均输出电流 I'_o 的。图 11.15 为输出特性曲线。由于占空比丢失，负载电压与负载电流相关。

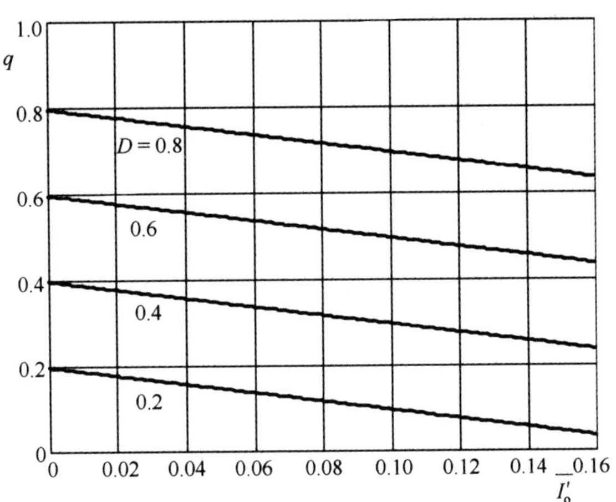

图 11.15　有源钳位正激变换器的输出特性曲线

3. 开关管 S_1 的 RMS 电流

忽略励磁电感电流，开关管 S_1 的 RMS 电流计算如下：

$$I_{S1\,RMS}=\sqrt{\frac{1}{T_s}\int_0^{\Delta t_2} I'^2_o \mathrm{d}t} \tag{11.8}$$

因此有

$$\overline{I_{S1\,RMS}}=\frac{I_{S1\,RMS}}{I'_o}=\sqrt{D-\overline{I'}_o} \tag{11.9}$$

开关管 S_1 的 RMS 归一化电流 $\overline{I_{S1\,RMS}}$ 与归一化输出电流的函数关系曲线(以占空比为参变量)如图 11.16 所示。

4. 励磁电感平均电流

正激变换器是不对称工作的，因此，励磁电感平均电流不为零，这同样可以在图 11.17 中看到。

在图 11.4 的电路中，对平均电流使用基尔霍夫电流定律，可得

$$I_i=I_{Lc}+I_{Lm} \tag{11.10}$$

其中 I_i，I_{Lc}，I_{Lm} 分别为输入电流、换流电流、励磁电感平均电流。

观察图 11.17 可以得到谐振电感电流的平均值为

$$I_{Lc}=I'_o D+I'_o\frac{\Delta t_3}{2T_s}-I'_o\frac{\Delta t_1}{2T_s} \tag{11.11}$$

由谐振电感电压方程，可以得到时区 Δt_3 的时长为

$$\Delta t_3=\frac{(1-D)}{DV_i}L_c I'_o \tag{11.12}$$

根据能量守恒定律，有

$$I_{\mathrm{i}}V_{\mathrm{i}} = I'_{\mathrm{o}}V'_{\mathrm{o}} \tag{11.13}$$

将式(11.7)代入式(11.13)可得

$$I_{\mathrm{i}} = I'_{\mathrm{o}}\left(D - \frac{f_{\mathrm{s}}L_{\mathrm{c}}I'_{\mathrm{o}}}{V_{\mathrm{i}}}\right) \tag{11.14}$$

将式(11.6)、式(11.12)、式(11.14)代入式(11.10)可得

$$I_{\mathrm{Lm}} = -\frac{f_{\mathrm{s}}L_{\mathrm{c}}I'^{2}_{\mathrm{o}}}{2DV_{\mathrm{i}}} \tag{11.15}$$

即变压器励磁电流的平均值。

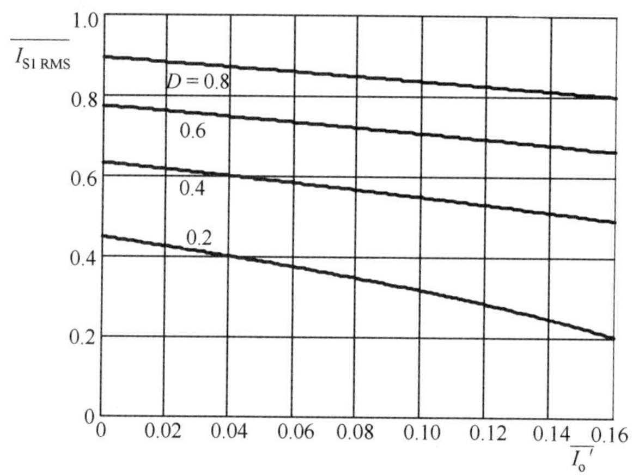

图 11.16 开关管 S_1 的 RMS 归一化电流 $\overline{I_{\mathrm{S1\,RMS}}}$ 与归一化输出电流的函数关系曲线(以占空比为参变量)

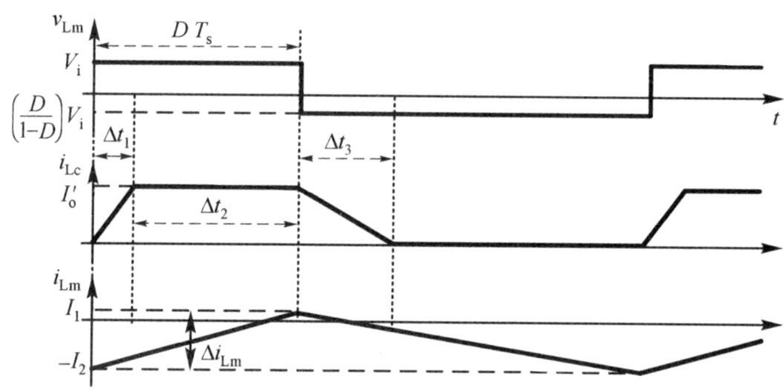

图 11.17 波形从上到下为：励磁电感电压 v_{Lm}、谐振电感电流 i_{Lc}、励磁电感电流 i_{Lm}

11.4 换流过程分析

为了分析功率开关管的换流过程，在开关管上并联了电容，并在开关管驱动信号中考虑了死区时间。因此，在每一个开关周期中额外增加了 4 个时区。

由于变换器非对称工作，换流过程发生于不同的状态下。在开关管 S_1 关断的时刻，

电流可以用于向换流电容充放电，此电流为负载电流和励磁电感电流 I_1 之和，如图 11.18 所示。但是，在开关管 S_2 关断的时刻，给换流电容充放电的电流只是励磁电感电流 I_2，因为负载被二极管 D_4 短路，如图 11.19 所示。因此，第二个换流比第一个换流更为临界。但两个换流过程均发生于 ZVS(如果在变换器设计时选择合适的参数)。

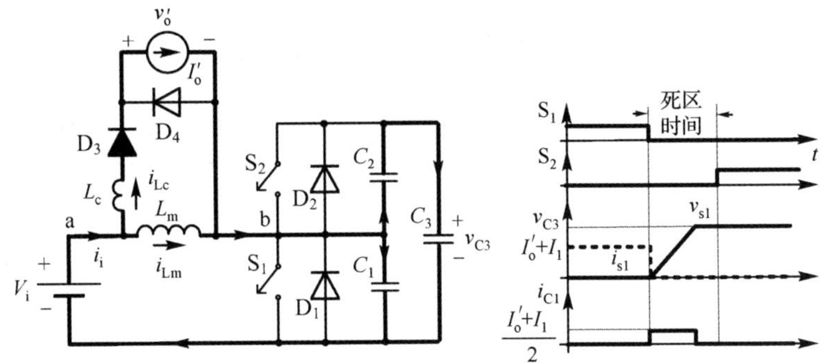

图 11.18　第一个换流时区的等效电路图和相关波形

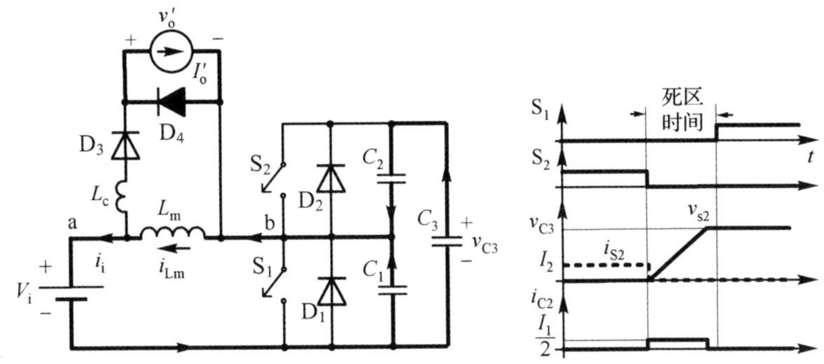

图 11.19　第二个换流时区的等效电路图和相关波形

励磁电感纹波电流为

$$\Delta i_{\rm Lm} = V_{\rm i}\frac{D}{(1-D)}\frac{T_{\rm s}(1-D)}{L_{\rm m}} = \frac{V_{\rm i}DT_{\rm s}}{L_{\rm m}} \tag{11.16}$$

换流电流 I_2 计算如下：

$$I_2 = I_{\rm Lm} + \frac{\Delta i_{\rm Lm}}{2} \tag{11.17}$$

因此

$$I_2 = \frac{f_{\rm s}L_{\rm c}I_{\rm o}'^2}{2V_{\rm i}} + \frac{V_{\rm i}D}{2L_{\rm m}f_{\rm s}} \tag{11.18}$$

确保开关管 S_2 能够实现 ZVS 换流的最小死区时间为

$$t_{\rm d} = \frac{CV_{\rm C3}}{I_2/2} \tag{11.19}$$

其中，$C_1 = C_2 = C$。

11.5 简化设计方法及一个换流参数设计实例

在本节中，利用上述章节数学分析的结果，提出了一种设计方法和一个简化设计实例。变换器的参数规格如表 11.1 所示。

在这个简化实例中，变压器匝数比为 $n=3.2$，输出电流 I_o' 和输出电压 V_o'（均为折算到变压器原边侧的值）分别为

$$I_o'=\frac{I_o}{n}=\frac{10}{3.2}=3.125\ \text{A}$$

$$V_o'=V_i n=50\times3.2=160\ \text{V}$$

表 11.1 变换器的参数规格

输入直流电压 V_i	400 V
输出直流电压 V_o	50 V
输出直流电流 I_o	10 A
输出功率 P_o	500 W
开关频率 f_s	40 kHz
励磁电感 L_m	4 mH

静态增益

$$q=\frac{V_o'}{V_i}=\frac{160}{400}=0.4$$

考虑到占空比丢失 5%，谐振电感为

$$L_c=\frac{\overline{I_o'}V_i}{f_s I_o'}=\frac{0.05\times400}{400\times10^3\times3.125}=160\ \mu\text{H}$$

由式(11.7)，工作点的占空比为

$$D=q+\overline{I_o'}$$

因此

$$D=0.45$$

电容 C_3 的平均电压为

$$V_{C3}=\frac{V_i}{1-D_{nom}}=\frac{400}{1-0.45}\cong728\ \text{V}$$

开关管 S_1 的 RMS 电流为

$$I_{S1\,RMS}=I_o'\sqrt{D-\overline{I_o'}}=3.125\times\sqrt{0.45-0.05}=1.97\ \text{A}$$

假设变压器励磁电感为 4 mH，此时，励磁电感纹波电流为

$$\frac{\Delta i_{Lm}}{2}=\frac{V_i D}{2L_m f_s}=\frac{400\times0.45}{2\times4\times10^{-3}\times40\times10^3}=0.56\ \text{A}$$

励磁电感平均电流为

$$I_{Lm}=\frac{-f_s L_c I_o'^2}{2DV_i}=\frac{-40\times10^3\times160\times10^{-6}\times3.125^2}{2\times0.45\times400}=-0.1736\ \text{A}$$

用于开关管 S_2 换流的电流大小为

$$|I_2|=I_{Lm}+\frac{\Delta i_{Lm}}{2}=0.1736+0.56=0.7336\ \text{A}$$

假设谐振电容 $C_1=C_2=200\ \text{pF}$，因此，实现 ZVS 换流的最小死区时间为

$$t_d=\frac{2CV_{C3}}{I_2}=\frac{2\times200\times10^{-12}\times728}{0.7336}=0.397\ \mu\text{s}$$

11.6　仿真结果

有源钳位 ZVS-PWM 正激变换器的电路图如图 11.20 所示，对照 11.5 节的设计过程进行仿真验证，其中死区时间为 450 ns。图 11.21 展示了电容 C_3 的电压 v_{C3}、电压 v_{ab}、输出电压 v_o'、谐振电感电流 i_{Lc}，以及励磁电感电流 i_{Lm} 的波形。

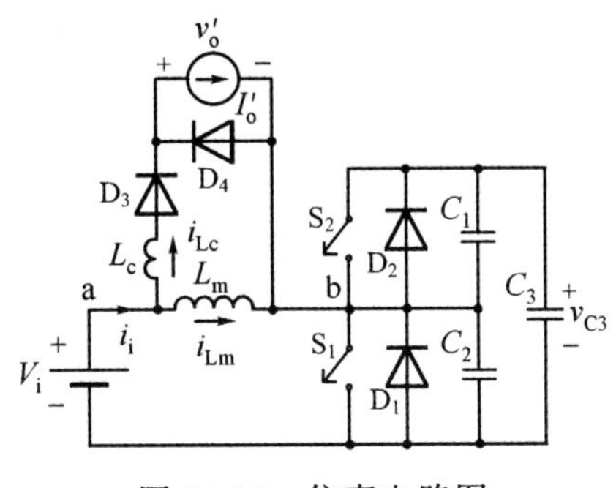

图 11.20　仿真电路图

表 11.2 给出了理论计算和仿真结果的对比。

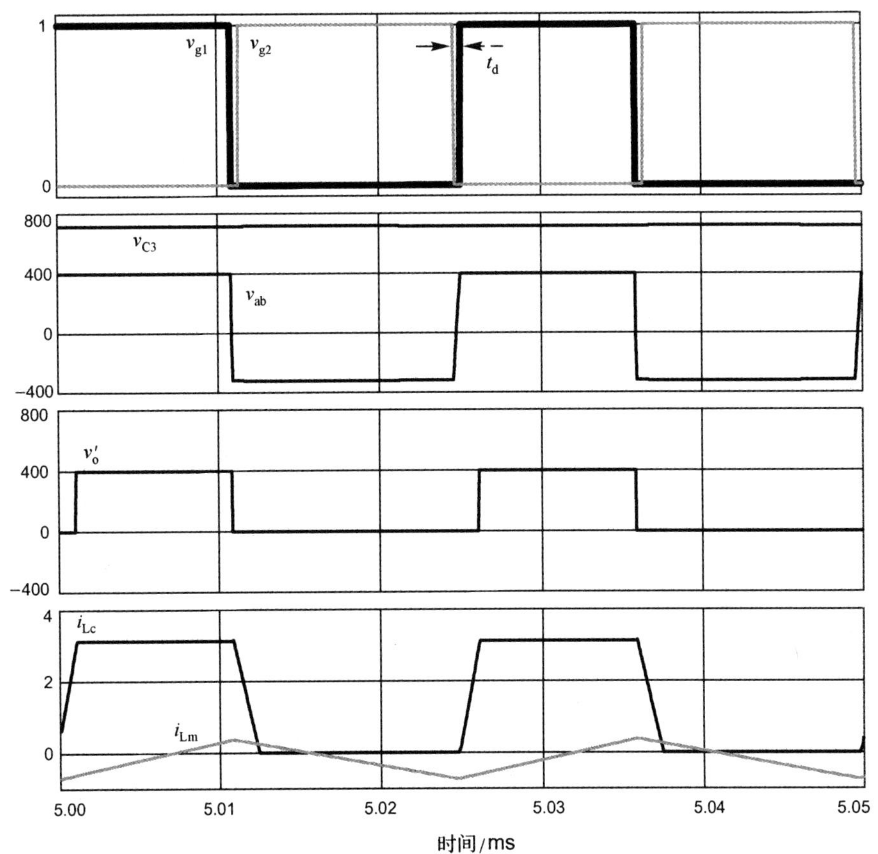

图 11.21　有源钳位 ZVS-PWM 正激变换器的仿真波形，从上到下依次为：电压 v_{C3}、v_{ab}、v_o'、谐振电感电流 i_{Lc}、励磁电感电流 i_{Lm}

开关管 S_1 和 S_2 的换流过程如图 11.22 和图 11.24 所示。开关管 S_1 和 S_2 关断时的详细情况如图 11.23 和图 11.25 所示。可以看到，两个开关管均实现了软开关。而用于开关管 S_2 换流的电流较小，因此它的换流更为临界。

表 11.2　理论值和仿真结果对比

	理 论 值	仿真结果
V_o'[V]	160	160.16
$i_{S1\,RMS}$[A]	1.97	1.91
V_{C3}[V]	728	719.8
I_2[A]	0.73	0.79

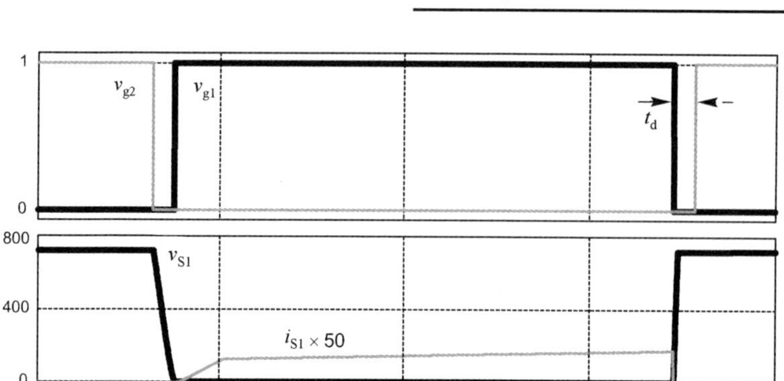

图 11.22　开关管 S_1 的电压和电流波形

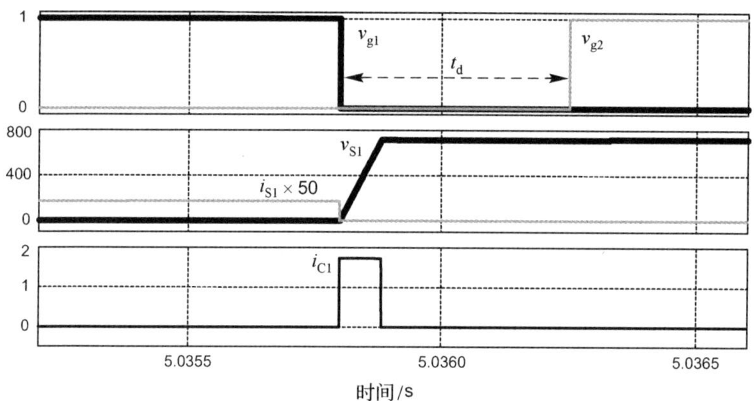

图 11.23　开关管 S_1 关断时的波形：S_1 和 S_2 的驱动信号、开关管 S_1 的电压和电流波形、电容 C_1 的电流波形

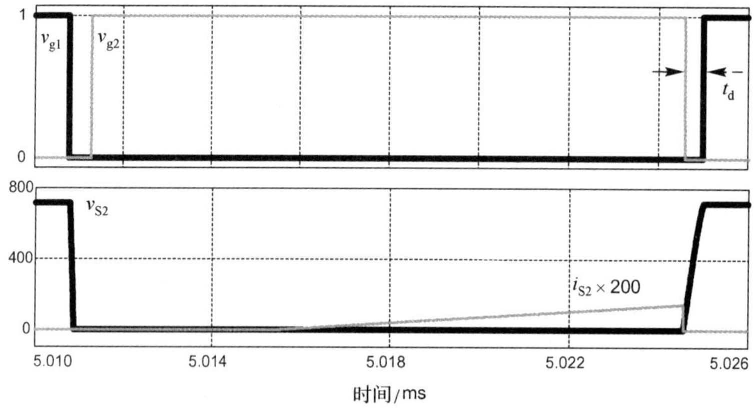

图 11.24　开关管 S_2 的电压和电流波形

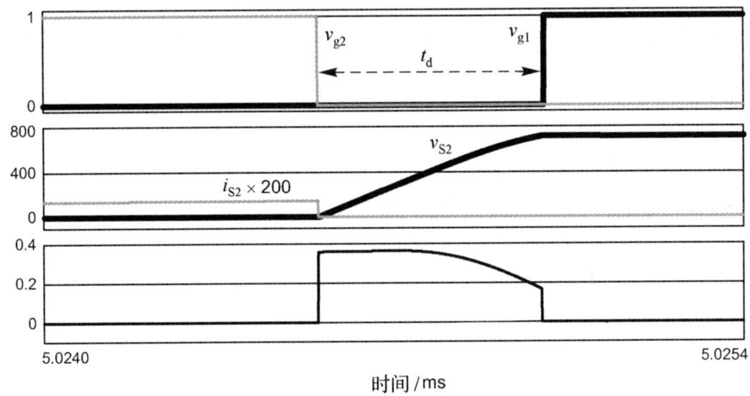

图 11.25　开关管 S_2 关断时的波形：S_1 和 S_2 的驱动信号、开关管 S_2 的电压和电流波形、电容 C_2 的电流波形

11.7　习题

1．有源钳位正激变换器如图 11.26 所示，其参数为

$$V_i = 100\ \text{V},\quad C_3 = 10\ \mu\text{F},\quad R_o = 2\ \Omega,\quad f_s = 50\times10^3\ \text{Hz},\quad L_m = 1\ \text{mH},$$
$$C_o = 10\ \mu\text{F},\quad D = 0.4,\quad L_r = 10\ \mu\text{H},\quad L_o = 500\ \mu\text{H},\quad N_p = N_s$$

(a) 描述一个开关周期内的工作过程、等效电路图，并绘出相关波形；
(b) 计算电容 C_3 的平均电压；
(c) 计算 V_o'，I_o'，以及输出功率 P_o；
(d) 计算励磁电感电流平均值；
(e) 计算励磁电感纹波电流。

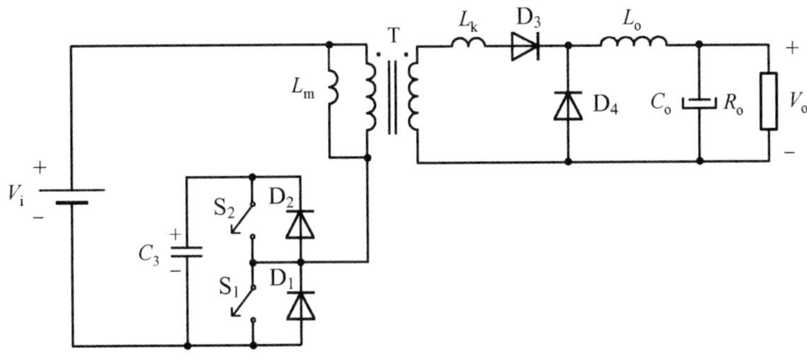

图 11.26　有源钳位正激变换器

答案：(b) $V_{C3} = 166.7\ \text{V}$；(c) $V_o' = 32\ \text{V}$，$I_o' = 16\ \text{A}$，$P_o = 512\ \text{W}$；(d) $I_{Lm} = 1.6\ \text{A}$；(e) $\Delta i_{Lm} = 4\ \text{A}$。

2．考虑如图 11.26 所示的变换器，其并联电容为 2 nF，忽略电感 L_o 的纹波电流，计算：

(a) 换流时刻的开关管电流；
(b) 换流时区长度。

答案：(a) $i_{S1} = 15.7\ \text{A}$，$i_{S2} = 354\ \text{A}$；(b) $\Delta t_1 = 42.46\ \text{ns}$，$\Delta t_2 = 188\ \text{ns}$。

3．图 11.27 为一个有源钳位正激变换器的变种：

(a)描述其一个开关周期内的工作过程，画出其等效电路图，并绘出相关波形；

(b)推导电容 C_3 的平均电压的表达式；

(c)假设 $\Delta V_{C3}=0$，求开关管上的电压；

(d)若 $N_p=N_s$，求输出电压平均值；

(e)分析此电路图与图 11.3 的电路图的优劣；

(f)对变换器进行仿真验证。

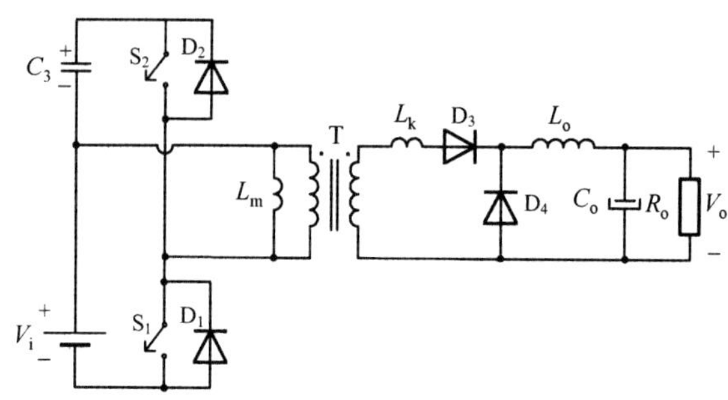

图 11.27 有源钳位正激变换器的变种

答案：(b) $V_{C3}=\dfrac{D}{(1-D)}V_i$；(c) $V_S=\dfrac{V_i}{(1-D)}$；(d) $V_o=DV_1-\dfrac{L_r f_s I_o}{V_i}$

4．非对称 ZVS-PWM 变换器如图 11.27 所示，其参数如下：

$$V_i=400\text{ V},\quad N_p=N_s,\quad C_1=C_2=0.47\text{ nF},\quad R_o=2\,\Omega,\quad L_m=10\text{ mH},$$

$$f_s=40\times10^3\text{ Hz},\qquad C_{e1}=C_{e2}=10\,\mu\text{F},\quad D=0.3,\quad L_r=20\,\mu\text{H}$$

计算：

(a)为实现两个开关管 ZVS 换流所需要的最小输出电流 $I_{o\min}$；

(b)为实现 ZVS 换流所需要的死区时间。

答案：(a) $I_{o\min}=3.1\text{ A}$；(b) $t_d=216\text{ ns}$。

5．有源钳位正激变换器如图 11.28 所示，漏感出现在变压器原边侧绕组中。

(a)描述一个开关周期内的工作过程，画出等效电路图，并绘出相关波形；

(b)假设 $N_p=N_s$，求静态增益方程，以及钳位电容 C_3 上的平均电压的表达式。

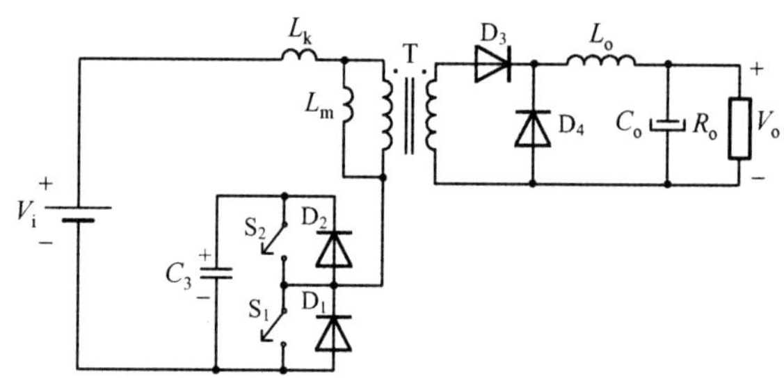

图 11.28 有源钳位正激变换器(变压器原边侧存在漏感)

答案：(b) $V_o=DV_i-\dfrac{L_r f_s I_o}{V_i}$；$V_{C3}=\dfrac{V_i}{(1-D)}$。

6．有源钳位反激变换器[3]如图 11.29 所示。

(a)描述一个开关周期内的工作过程，画出等效电路图，并绘出相关波形；

(b)假设 $N_p = N_s$，求输出电压的表达式；

(c)求变压器励磁电感中的平均电流的表达式。

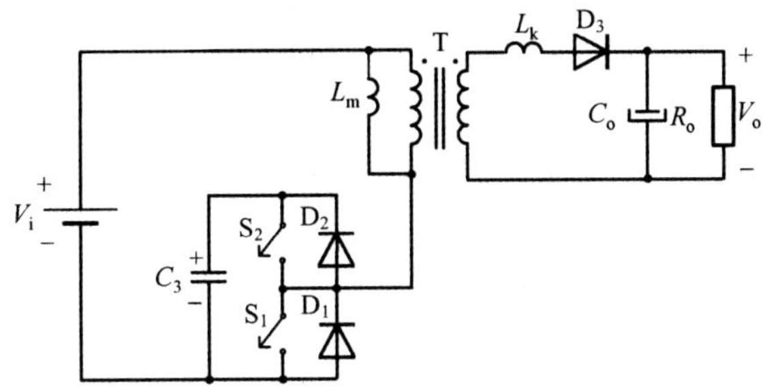

图 11.29　有源钳位反激变换器

答案：(b) $V_o = V_i \dfrac{D-\Delta D}{[1-(D-\Delta D)]}$，其中 $\Delta D = \dfrac{2L_r f_s I_o}{V_i}$；(c) $I_{Lm} = \dfrac{I_o}{1-(D-\Delta D)}$

参考文献

1. Jitaru, I.D., Cocina, G.: High efficiency DC-DC converter. In: IEEE APEC 1994, pp. 638–644(1994)

2. Duarte, C.M.C., Barbi, I.: A family of ZVS-PWM active-clamping DC-to-DC converters: synthesis, analysis, design, and experimentation. IEEE Trans. Circ. Syst. 44(8) (1997)

3. Watson, R., Lee, F.C., Hua, G.C.: Utilization of an active-clamp circuit to achieve soft switching in flyback converters. IEEE Trans. Power Electron., 162–169(1996)

反侵权盗版声明

举报电话：（010）88254396；（010）88258888

传　　真：（010）88254397

E-mail：　dbqq@phei.com.cn

通信地址：北京市万寿路 173 信箱

电子工业出版社总编办公室

邮　　编：100036